HEIZUNG UND LÜFTUNG

WARMWASSERVERSORGUNG, BEFEUCHTUNG UND ENTNEBELUNG

*

LEITFADEN FÜR
ARCHITEKTEN UND BAUHERRN

VON

INGENIEUR M. HOTTINGER

BERATENDER INGENIEUR UND PRIVATDOZENT AN DER EIDGENÖSSISCHEN
TECHNISCHEN HOCHSCHULE IN ZÜRICH

MIT 210 ABBILDUNGEN IM TEXT

MÜNCHEN UND BERLIN 1926
DRUCK UND VERLAG VON R. OLDENBOURG

Vorwort

Im letzten Jahrhundert hat die Technik große Fortschritte gemacht und ist in besonderem Maße auch in die Gebäude eingedrungen. Sie hat Annehmlichkeiten gebracht, auf die wir nicht verzichten möchten. Gebäude mit mangelhaften technischen Einrichtungen werden heute nicht mehr als vollwertig taxiert, sie mögen noch so schöne Fassaden und bequeme Grundrißeinteilungen besitzen. Daraus folgt, daß sich Architekten und Bauherren bis zu einem gewissen Grade mit diesen Einrichtungen vertraut machen müssen, um Fehler zu vermeiden, deren Behebung später nicht mehr oder nur noch mit großen Opfern möglich ist.

Zu den wichtigsten und am meisten Kenntnisse erfordernden Installationen gehören die Heizungs-, Warmwasserbereitungs- und Lüftungsanlagen, weshalb ich es unternommen habe, das hierüber für Architekten und Bauherren Wissenswerte zusammenzustellen. Ein solches Buch fehlt bisher. Die bestehenden Druckschriften sind entweder für Heizungsingenieure geschriebene eigentliche Lehrbücher oder kleine, weder erschöpfende noch der Neuzeit angepaßte Broschüren.

Das vorliegende Buch soll daher eine Lücke ausfüllen; möge es sich als zuverlässiger Berater erweisen. Vielleicht wird es auch von den Heiztechnikern gerne zur Hand genommen werden und dadurch mithelfen, den dringend notwendigen Kontakt zwischen Architekt und Heizungsingenieur zu befestigen.

Für die aus der Praxis erhaltenen zahlreichen Mitteilungen und Abbildungsunterlagen sei der verbindlichste Dank ausgesprochen. Die Namen der betreffenden Firmen sind im Text und unter den Abbildungen so vollständig als möglich angegeben.

Zürich, im Oktober 1925.

M. Hottinger.

Inhaltsverzeichnis

Zeichenerklärung.

kcal Wärmeeinheit oder Kilogrammkalorie. Diejenige Wärmemenge, welche es braucht, um 1 kg Wasser von 0^0 C auf 1^0 C zu erwärmen.

W Wärmemenge in kcal.

t und δ Temperatur in ^{0}C.

T absolute Temperatur $(t + 273)$.

k Wärmedurchgangszahl. Diejenige Wärmemenge in kcal, die pro Stunde bei 1^0 C Temperaturunterschied durch 1 m² einer Wand hindurchgeht.

λ Wärmeleitzahl. Diejenige Wärmemenge in kcal, welche stündlich von einer Fläche von 1 m² des Stoffes zu einer andern, im Abstand von 1 m gelegenen, bei 1^0 C Temperaturunterschied, überströmt.

a Wärmeübergangszahl. Diejenige Wärmemenge in kcal, welche stündlich zwischen einem Gas oder einer Flüssigkeit und 1 m² einer Wand bei 1^0 C Temperaturunterschied übertritt.

m Meter.

mm Millimeter.

e Mauerdicke in m.

J Rauminhalt in m³.

kg Kilogramm.

g Gramm und Beschleunigung der Schwere $= 9{,}81$.

l Liter.

s Sekunde.

h Zeit in Stunden.

γ spezifisches Gewicht.

mm WS Millimeter Wassersäule.

at Atmosphäre effektiv (Überdruck).

at abs. Atmosphäre absolut (bezogen auf den absoluten Nullpunkt, also $=$ Atm. eff. $+ 1$).

v Geschwindigkeit in m/s.

F Fläche in m².

H Kamin- resp. Abluftkanalhöhe in m.

f Kamin- respektive Luftkanalquerschnitt.

c Zahl der monatlichen Heiztage.

K jährlicher Koksverbrauch in kg.

p prozentualer monatlicher Brennmaterialverbrauch.

z Anheizdauer in Stunden.

n Zeit von der Beendigung der täglichen Benutzung eines Raumes bis zum Beginn des Anheizens.

h Heizkörperhöhe in m.

q erforderlicher Luftquerschnitt bei den Heizkörperverkleidungen in cm².

kW Kilowatt.

kWh elektrische Arbeit in Kilowattstunden.

V Volt.

Fr. Schweizerfranken.

I. Einteilung, Anordnung und Eignung der verschiedenen Heizsysteme.

Die gebräuchlichen Heizarten lassen sich einteilen in:

Ofenheizung:

Wohnküchenherde,
Kochöfen,
Kachelanbauten zur Ausnützung der Abgase von Herden und Öfen (z. B. sog. Sitzkunsten),
tragbare und aufgesetzte Kachelöfen,
eiserne Öfen,
kombinierte Kachel- und Eisenöfen,
kombinierte Ofen-Warmwasserheizungen,
Dauerbrandöfen (Füllöfen),
Ventilationsöfen,
Cheminées für Holz-, Kohlen- oder Gasfeuerung,
direkt wirkende elektrische Öfen,
elektrische Speicheröfen.

Zentralheizung:

Warmwasserheizungen: Schwerkraft- und Pumpen-Nieder- und Mitteldruck-Heizung. Anlagen mit unterer oder oberer Verteilung, Zwei- und Einrohrsystem.
Dampfheizungen: Nieder-, Mittel- und Hochdruck- sowie Vakuumheizung, ebenfalls mit unterer oder oberer Verteilung.
Luftheizungen: Feuer-, Dampf-, Warmwasser- und Elektro-Luftheizung.
Kombinierte Zentralheizungen, z. B. Dampf-Warmwasserheizung.

Die Feuerstellen der Zentralheizungen können mit festen Brennstoffen, Öl oder Gas gefeuert werden.

Elektrische Heizung:

Direkt wirkende, tragbare Zimmerheizkörper mit festen Widerständen,
elektrische Fußbankheizungen in Kirchen,

Elektro-Dampfheizungen in Kirchen,
Elektro-Pulsionsluftheizungen in Kirchen und anderen Räumen,
elektrische Zugs- und Tramwagenheizungen,
elektrische Fußbodenheizungen,
elektrische Linearheizungen,
elektrisch betriebene Warmwasser- und Dampf-Zentralheizungen
     mit Durchlaufkesseln oder Wärmespeichern,
elektrische Speicheröfen.

Der elektrische Strom kann durch feste Widerstände oder Elektrodenheizung in Wärme umgesetzt werden.

Gasheizung mit in den Räumen aufgestellten Gasöfen resp. Gascheminées oder Beheizung des Zentralheizkessels mit Gas.

Dampf- und Warmwasser-Fernheizungen zum Beheizen von Häusergruppen (Krankenanstalten usw.) und ganzen Stadtteilen, bisweilen in Verbindung mit Elektrizitätswerken.

Verbindung von Warmwasserversorgungen, Befeuchtungs-, Entnebelungs-, Trocken-, Koch-, Glätte- und anderen wärmeverbrauchenden Anlagen mit den Heizungen.

Abwärmeverwertungsanlagen zu Heizzwecken zur Verwendung sonst verloren gehender Feuer- und Rauchgaswärme, Ausnützung von Ab- und Zwischendampf von Dampfmaschinen, Dampfturbinen, Dampfhämmern, Förder- und Walzenzugsmaschinen usw. sowie der Auspuffgas- und Kühlwasserabwärme von Diesel-, Gas- und Benzinmotoren usw.

Im folgenden wird auf die Anordnung und Eignung dieser Systeme kurz eingetreten.

1. Lokalheizung (Öfen).

a) Anforderungen an alle Ofenarten.

1. Von Ofenheizung erwartet man, daß sie in der Anschaffung und im Betrieb billiger als Zentralheizung sei. Wie später gezeigt, ist der Unterschied in den Anschaffungskosten jedoch nur bei einfachen, tragbaren Öfen von Belang, bei Verwendung von feststehenden Kachelöfen dagegen gering, und Zeichnungsöfen in Luxusausführung können sogar teurer sein als Zentralheizungen. Dagegen sind die Betriebskosten bei Ofenheizung gewöhnlich kleiner, weil man, der größeren Umständlichkeit wegen, weniger Zimmer beheizt und in den Übergangszeiten an Brennmaterial spart.

2. Die Bedienung der Öfen muß einfach sein. Komplizierte Reguliervorrichtungen sind zu vermeiden, weil sie erfahrungsgemäß nicht bedient werden und daher mehr schaden als nützen.

3. Zur Regelung der Feuerung genügen verstellbare Luftöffnungen in den Aschen- und Heiztüren. Sofern sie beim völligen Zustellen dicht schließen, sind Rauchrohrklappen nicht erforderlich. Die Anbringung von Rauchrohrklappen ist an vielen Orten sogar bau- resp. feuerpolizeilich verboten oder nur gestattet, wenn sie mit einer genügend großen freien Öffnung versehen sind, damit die Rauchabzüge nie vollständig abgeschlossen werden können.

4. Die Ofenart ist den lokalen Bedürfnissen entsprechend zu wählen.

5. Die Öfen sind so groß zu bemessen, daß Überanstrengung nicht erforderlich ist. Überheizen hat nicht nur unangenehme sondern auch unhygienisch hohe Oberflächentemperaturen, ferner rasches Zugrundegehen der Öfen und großen Brennmaterialverbrauch zur Folge.

6. Aus Annehmlichkeits- und hygienischen Gründen sollen die Oberflächen auch keine Staubsammler sein. Sie sind daher möglichst glatt, leicht putzbar und vertikalstehend anzuordnen. Stark vorspringende Verzierungen wie Simse usw. sind außerdem zu vermeiden, weil sie die Luftzirkulation und damit die Wärmeabgabe der Ofenoberflächen beeinträchtigen.

7. Von besonderer Wichtigkeit für das einwandfreie Funktionieren aller Feuerstellen, also auch der Öfen, ist ein guter Kaminzug, weshalb der Kaminerstellung größte Aufmerksamkeit zu schenken ist.

8. Zur Erzielung langer Lebensdauer und geringer Reparaturkosten sollen die Öfen solid und fachgemäß, aus nur besten Materialien, erstellt werden; insbesondere ist auf die Ausführung des Feuerraumes Sorgfalt zu verlegen. Bestehen die zunächst dem Brennmaterial gelegenen Teile aus Gußeisen, so sind sie leicht auswechselbar zu machen[1]).

9. Bei richtiger Bedienung sollen die Öfen gute Ausnützung des Brennmaterials ermöglichen. Hierzu muß:

α) Der feuerungstechnische Wirkungsgrad gut sein infolge vollkommener Verbrennung, geringen Luftüberschusses und weitgehender Nutzbarmachung der in den Feuergasen enthaltenen Wärme (kleine Kamin- und Rostverluste);

β) der wärmetechnische oder Raumwirkungsgrad hoch sein, indem die Ofenwärme möglichst restlos dahin abgegeben wird, wo sie benötigt wird (kleine Nachström- und Leitungsverluste).

---

[1]) se. „Der Ofenbau", vom 15. Januar und 15. Februar 1922: Grundsätze im Kachelofenbau.

Zur Erfüllung dieser Forderungen ist zu achten auf:

1. **Richtige konstruktive Ausbildung der Feuerung und Verwendung geeigneter Brennstoffe.**

Es darf vor allem kein Kohlenoxyd- und Kohlenwasserstoffgas mit den Rauchgasen abziehen. 1% Kohlenoxyd vermindert den Wirkungsgrad der Feuerung um 4 bis 6%.

Brennmaterial und Feuerraum müssen zueinander passen. Kurzflammige Brennstoffe, wie Anthrazit und Koks, benötigen keine großen Feuerräume und eignen sich, weil sie gasarm sind, auch für Füllfeuerungen. Brennstoffe, die ihres großen Gasreichtums wegen mit langen Flammen verbrennen, wie Holz, Torf, Braunkohlen, Flammkohlen usw. erfordern große, mit langen, weiten Rauchzügen in Verbindung stehende Feuerräume (vgl. Abb. 9a bis c).

Verluste durch unverbrannte Teile treten besonders bei defekten Rosten und zu feinkörnigem oder im Feuer zerfallendem Brennmaterial, ferner bei starker Schlackenbildung auf.

2. **Sachgemäße Anordnung der Ofenzüge** derart, daß sie den abziehenden Gasen nicht mehr Widerstand als nötig entgegensetzen, dieselben aber trotzdem weitgehendst auf ihren Wärmeinhalt ausnützen. Zu weit darf mit der Abkühlung allerdings auch nicht gegangen werden, weil sonst der Auftrieb beeinträchtigt wird, d. h. der Kaminzug leidet. **Die Länge der Züge muß in jedem Falle dem Kaminzug angepaßt werden.**

3. **Zur Vermeidung des Eintrittes falscher Luft**, welche die Leistungsfähigkeit der Öfen, infolge des entstehenden Wärmeverlustes und verminderten Kaminzuges, beeinträchtigt, sind alle Undichtigkeiten in der Ummantelung und im Kamin zu vermeiden.

4. Weiter ist für **rechtzeitigen Abschluß der Reguliervorrichtung bei nachlassender Glut** zu sorgen, weil sonst unnötigerweise Luft aus dem Raum durch den Ofen in den Kamin abzieht und einen großen Teil der aufgespeicherten Wärme mit fortträgt. Dies kann ein Hauptgrund für ungenügende Heizwirkung und teueren Betrieb sein.

5. Auch ist erforderlich, daß die **Rauchzüge der Öfen rechtzeitig gereinigt werden,** weil Ruß und Flugasche schlechte Wärmeleiter sind und bei ihrer Anhäufung in den Rauchzügen die Wärmewirkung und den Kaminzug nachteilig beeinflussen. **Es muß daher Gelegenheit zur bequemen Reinigung geboten sein.**

Asche entsteht aus den mineralischen, unverbrennlichen Substanzen in den Brennstoffen.

Ruß ist unverbrannter Kohlenstoff.

Bei unvollkommener Verbrennung entweichen mit den Verbrennungsgasen außer Kohlenoxyd in besonderen Mengen Kohlen- und Wasserstoff. Sie bilden mit den bei der Zersetzung des Brennstoffes sich entwickelnden Nebenprodukten den Rauch. Die Kohlenwasserstoffverbindungen können sich entweder zersetzen, wobei der Wasserstoff verbrennt und sich der Kohlenstoff als fester Bestandteil, zum Teil als Ruß, in den Feuerzügen absetzt, zum Teil als schwarzer Rauch durch den Kamin entweicht. Es kann aber auch eine Vereinigung zu Teer stattfinden, wobei der in die Atmosphäre gehende dicke Rauch ein gelbliches Aussehen hat und sich in den Feuerzügen Glanzruß ablagert, der hin und wieder die Veranlassung zu Kaminbränden bildet.

6. Von besonderer Bedeutung für einen wirtschaftlichen Betrieb ist die richtige Aufstellung der Öfen in den Räumen. Hinter den Öfen erwärmen sich die Mauern besonders stark und leiten dadurch Wärme ab. Um diesen Verlust klein zu halten, ist zwischen Ofen und Wand ein Luftraum von mindestens 15 bis 20 cm frei zu lassen, durch den die Raumluft hochsteigen kann. Er darf, wie schon erwähnt, nicht durch vorspringende, die Luftzirkulation behindernde Simse verengt werden. Besonders groß ist der Wärmeverlust durch die Mauern bei vollständig in die Zimmerecken eingebauten Ecköfen. Hierbei ist oft über die Hälfte der Heizfläche von der Luftbewegung ausgeschlossen. Bei angebauten Kachelöfen, die von einem Nebenraum her gefeuert werden, ist der obere Teil von der Feuerwand abzusetzen.

7. Weiter soll die Temperatur der Ofenflächen keine großen Unterschiede aufweisen. Am zweckmäßigsten ist es, wenn sich die untersten Teile am höchsten erwärmen. Wird der Ofen nur in den oberen Partien richtig warm, so findet die Luftzirkulation hauptsächlich im oberen Teil des Raumes statt und bleibt die untere Partie verhältnismäßig kalt.

a) Übersicht über die Ofenarten.

Ofenart	Eignung für	Vorzüge	Nachteile	geeignete Brennstoffe
Grudeherde	Wohnküchen von Kleinwohnungen (bescheidene Ein- und Zweizimmerwohnungen)	Billigkeit in Anschaffung und Betrieb	wenig hygienisch. Die Zeiten des größten Wärmebedarfes (morgens u.abends) fallen nicht mit der Hauptkochzeit (mittags) zusammen.	Grude (Rückstand bei der trockenen Destillation von Braunkohle)
Wohnküchenherde				Flammkohlen, Holz, Torf.
Kachelanbaufen zur weiteren Ausnützung der Abgase von Herden und Öfen (z. B. sog. Sitzkunsten)	Bequeme Erwärmung von Aufenthaltsräumen in den Übergangszeiten	Annehmlichkeit. Billiger Betrieb		langflammige Brennstoffe
Kachelöfen, aufgesetzte und tragbare	Aufenthaltsräume mit gleichmäßigem Wärmebedarf, wo Zentralheizung nicht in Frage kommt, ferner in Verbindung mit Zentralheizung als Aushilfsheizung in den Übergangszeiten. Wohnräume, Schulzimmer in Landschulen	dekorative Wirkung, angenehme Wärmeabgabe (niedere Oberflächentemperaturen, nicht zu starke Strahlung) Wärmespeicherung, Feuerungsmöglichkeit von einem Vorraum aus. Gleichzeitige Kochmöglichkeit	große Platzinanspruchnahme. Fehlende Regelungsmöglichkeit der Wärmeabgabe bei plötzlichen Witterungsumschlägen. Langsames Erwärmen der Räume	Holz, Anthrazit, Braunkohlenbriketts

a) Übersicht über die Ofenarten.

Ofenart	Eignung für	Vorzüge	Nachteile	geeignete Brennstoffe
Eiserne Öfen	Räume die rasches Aufheizen verlangen. Aufenthaltsräume die nur vorübergehend benutzt werden. Kleinere Fabrikräume, Verkaufsläden, Magazine, Turnhallen, ländliche Kirchen, Wartesäle einfacher Bahnhöfe	Rasche Wärmewirkung, unmittelbar nach dem Anheizen, Leichte Regelbarkeit der Wärmewirkung. Geringe Platzinanspruchnahme	Intensive Wärmestrahlung, Staubversengung, infolge der hohen Oberflächentemperaturen. Rasches Erkalten nach dem Ausgehen des Feuers.	Anthrazit, Braunkohlenbriketts, sortierter Koks
Kombinierte Kachel- und Eisenöfen. Kachelöfen mit Gußeiseneinsatz	Rasche und nachhaltige Wärmewirkung. Z. B. Aufenthaltsräume, die von den Bewohnern nur am Abend benützt werden	Weisen die Vor- und Nachteile der Kachel- und Eisenöfen auf		wie bei Kachelöfen
Kombinierte Ofen-Warmwasser-Zentralheizung mit Feuerungsmöglichkeit von der Küche oder einem anderem untergeordneten Raume aus	kleine Einfamilienhäuser und größere Etagenwohnungen	Ausnützung der Wärmeabgabe des Heizkessels zur Beheizung des Wohnraumes. Verbindung des billigen Ofenbetriebes in den Übergangszeiten mit d. Bequemlichkeit d. Zentralheizung im Winter	Feueuerung in der Wohnung wie bei Etagenheizung	Koks; für den Ofen allein Holz und Braunkohlenbriketts
Dauerbrandöfen (Füllöfen)	die Beheizung einzelner großer, oder die gleichzeitige Erwärmung mehrerer kleiner Räume. Werkstatträume. Aufstellung in den Korridoren kleiner Wohnungen.	Geringe Bedienungsarbeit. Leichte Regelbarkeit der Heizwirkung. Angenehme Wärmeabgabe.		Anthrazit, sortierter Koks
Ventilationsöfen	Räume, die in stärkerem Maße, als nur durch die natürliche Lüftung gelüftet werden sollen, für die eine eigentliche Lüftungsanlage, der Kosten wegen, jedoch nicht in Frage kommt. Ländliche Schulen	Erböhung des natürlichen Lüftungseffektes mit geringen Anlagekosten	Die Luftkanäle können oft nicht leicht genug, oder überhaupt nicht, gereinigt werden. Der Lüftungseffekt ist nicht groß und abhängig von der Witterung	Die obigen, je nach Art des Ofens.
Kamine (Cheminées)	architektonisch schön ausgestattete Räume. Rauchzimmer	dekorative Wirkung. Erhebliche Steigerung des natürlichen Luftwechsels	geringe Wirtschaftlichkeit der Wärmeausnützung	Holz, Steinkohle
Elektrische Öfen: Gewöhnliche elektr. Heizöfen, Strahlöfen	Aushilfszwecke in den Übergangszeiten	Keine Belästigung durch Rauch, Ruß und Asche. Bequeme Bedienung. Bei direkt wirkenden Öfen sofortige Ein- und Ausschaltbarkeit sowie leichte Regelbarkeit der Heizwirkung. Geringe Platzinanspruchnahme. Einfache Montage der Stromzuführungsdrähte. Keine Kamine erforderlich	bei Strommangel nicht verwendbar, oft unhygienisch hohe Oberflächentemperaturen. Bei Verwendung von Tagstrom hohe Betriebskosten. Bei Speicheröfen geringe Regelbarkeit der Wärmeabgabe.	
Speicheröfen. Elektr. Fußbodenheizung. Fußbankheizung in Kirchen, Linearheizung in Fabriken, Magazinen usw.	Verwendungsmöglichkeit von Nacht-, Sonntags- und Abfallstrom.			

Eiserne Öfen

Abb. 1 zeigt einen billigen, eisernen Dauerbrandofen, der sich, je nach Größe, für einen Rauminhalt von 50 bis 550 m³ eignet.

Während bei Kachelöfen, infolge ihres großen Speichervermögens, die leichte Wärmeregulierbarkeit fehlt, kann die Wärmeabgabe bei den Eisenöfen innerhalb weiter Grenzen rasch geändert und damit der Witterung angepaßt werden. Nach dem Anfeuern geben sie sofort Wärme ab und eignen sich deshalb für Räume, die nur zeitweise benützt werden und rasches Anheizen verlangen. Schnelle, behagliche Wärmeabgabe ist namentlich in Arbeiterwohnungen am Morgen und nach der Heimkehr von der Arbeit erwünscht, damit sich ausgekühlte und durchnäßte Leute bald wieder wohl fühlen. Auch ist die Platzinanspruchnahme eiserner Öfen gering; entsprechend Abschnitt I 1 c braucht die Oberfläche für gleiche Heizwirkung nur ca. $1/4$ bis $1/5$ derjenigen der Kachelöfen zu sein. Anderseits sind dadurch aber hohe Temperaturen bedingt, deren lästige Wirkung gewünschtenfalls durch Ofenschirme, oder indem man die Eisenöfen nach Abb. 5 in Kachelmäntel einbaut, vermindert werden kann.

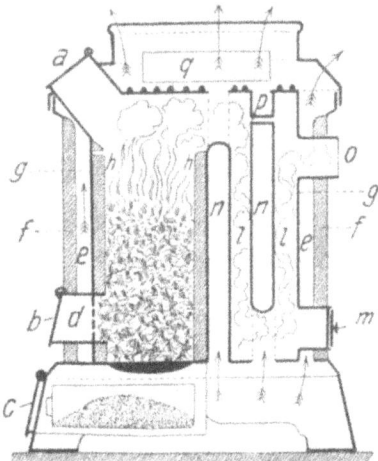

Abb. 1. Billiger, eiserner Dauerbrandofen des von Rollschen Eisenwerkes Clus für 50 bis 550 m³ Rauminhalt.

Abb. 2. Eisenofen der Ofenfabrik Sursee für 1000 bis 1500 m³ Rauminhalt. *a* Fülltüre. *b* Feuertüre. *c* Aschentüre (Schiebtüre zum Regulieren). *d* Grilltüre. *e* Zwischenräume für Luftzirkulation zwischen Mantel und Heizkörper. *f* Kachelmantel. *g* Gußeiserne Rippenheizkörper. *h* Ausmauerung des Feuerraumes mit Schamottesteinen. *l* Rauchkanäle. *m* Rußkapsel mit Ventilationsscheibe. *n* Luftheizkanäle. *o* Rauchrohransatz. *p* Gasabzug. *q* Wasserschale.

Für Werkstätten, ländliche Kirchen, Turnhallen usw. eignen sich eiserne Öfen nach der Abb. 2. Weiter sind in den Abb. 3 und 4 ein

Abb. 3. Der irische Dauerbrandofen »Cora« der Burger Eisenwerke, G. m. b. H.

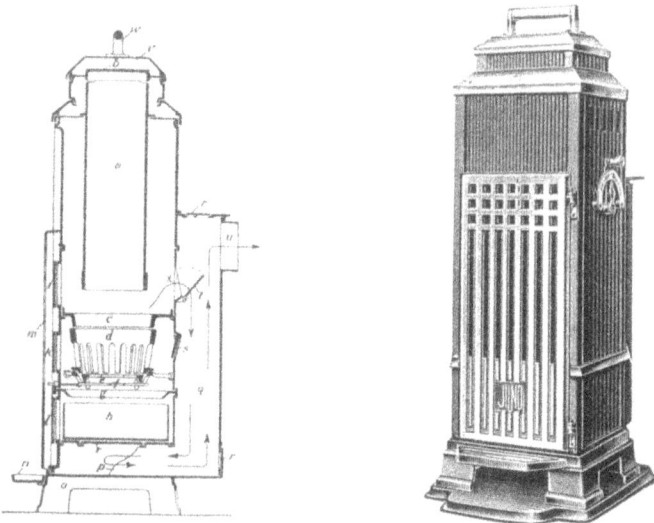

Abb. 4. Der amerikanische Dauerbrandofen »Juno« der Burger Eisenwerke, G. m. b. H.

irischer und ein amerikanischer Dauerbrandofen mit Korbrost wiedergegeben. Bisweilen baut man nach Abb. 6 auch Eiseneinsätze in Kachelöfen ein oder verbindet in anderer Weise Eisen- und Kachelheizflächen miteinander. Dadurch entstehen Öfen mit rascher und nachhaltiger Heizwirkung, die sich beispielsweise für Aufenthaltsräume eignen, die von den Bewohnern nur am Abend benützt werden.

Nicht selten findet man auch sog. »Multiplikatore« (Abb. 7), »Sparer« usw. angewendet, die demselben Zwecke dienen und außerdem zur wei-

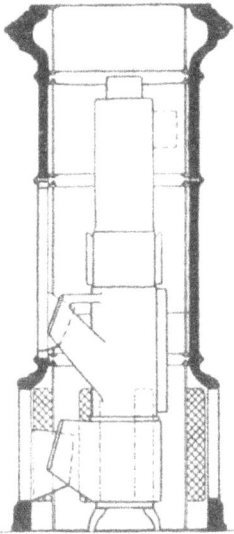

Abb. 5. Von Kachelmantel umgebener Eisenofen.

Abb. 6. Kachelofen mit Eiseneinsatz der Rießner-Werke, A.-G., Nürnberg.

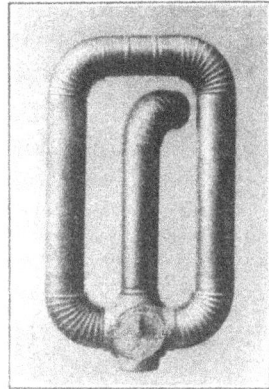

Abb. 7. Multiplikator der Ofenfabrik Sursee.

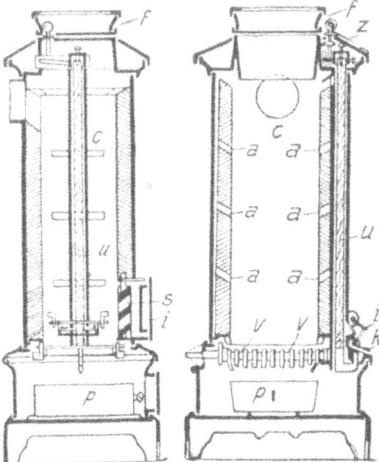

Abb. 8. »Automat«-Ofen mit Gußmantel der Firma Affolter, Christen & Co. A.-G., Basel, für 60 bis 200 m³ Rauminhalt.
f Fülltüre. c Ausgemauerter, mit Abzugschlitzen a versehener Füllschacht. v Rost, bestehend aus zwei Walzen. p Aschenbehälter. i Feuertüre. s Stehrost. z Zeiger mit Skala zur Kontrolle der Wärmeleistung. u Regulierstab.

teren Ausnützung der Rauchgaswärme beitragen. In letzterer Hinsicht sind sie allerdings mehr als Notbehelf für zu klein gewählte Öfen aufzufassen. Ferner werden lange, den Raum durchziehende Ofenrohre angebracht, die keinen Zimmerschmuck darstellen, aber ebenfalls der Erhöhung der Wirtschaftlichkeit dienen und unter Umständen erforderlich sind, wenn die Öfen nicht in Kaminnähe aufgestellt werden können.

Der in Abb. 8 dargestellte eiserne »Automat«-Ofen ist selbstregulierend, indem ein an der rechten Seite, zwischen Ausmauerung und Eisenplatte angebrachter Regulierstab die Luftzuführungsklappe k schließt und die Gegenzugklappe i öffnet, sobald der Ofen zu warm wird. Dadurch ist die Luftzufuhr zur Feuerung und damit die Heizwirkung des Ofens von der Zimmertemperatur abhängig gemacht.

Kachelöfen

eignen sich für Aufenthaltsräume mit gleichmäßigem Wärmebedarf. Sie verbinden angenehme Wärmeabgabe mit dekorativer Wirkung und lassen sich gewünschtenfalls leicht zum Kochen einrichten. Die Feuerstellen werden nach Abb. 9a bis c, je nach dem Brennmaterial, verschieden ausgeführt. Abb. 9a zeigt eine Anordnung ohne Rost, wie sie zur Verbrennung von Holz, Torf und Briketts dienen kann. Für

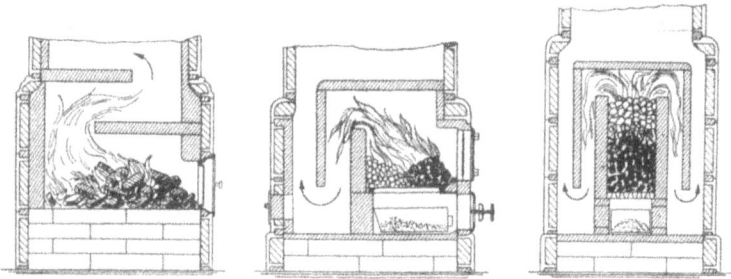

Abb. 9a bis 9c. Verschiedene Kachelofen-Feuerungen.
Entnommen aus Riedl, Feuerungs- und Heizungstechnik für Kachelofensetzer, Albert Lüdtke Verlag, Berlin.

Kohle sind Roste erforderlich. Abb. 9b gibt eine Ausführung für langflammige, Abb. 9c eine solche für kurzflammige, d. h. sich für Füllfeuerung eignende, Brennstoffe wieder.

Man unterscheidet tragbare und aufgesetzte Kachelöfen.

Abb. 10 zeigt einen freistehenden Ofen mit Bodenzug, d. h. die Feuergase gehen zuerst unter dem Aschenbehälter (20 cm über Boden, Fugenverband erforderlich) durch. Solche Öfen mit absteigenden Zügen verlangen guten Kaminzug. Auf der Rückseite ist der Ofen bis auf Brusthöhe (ca. 1 m) mit Luftzirkulation versehen, was kurze Anheizzeit zur Folge hat.

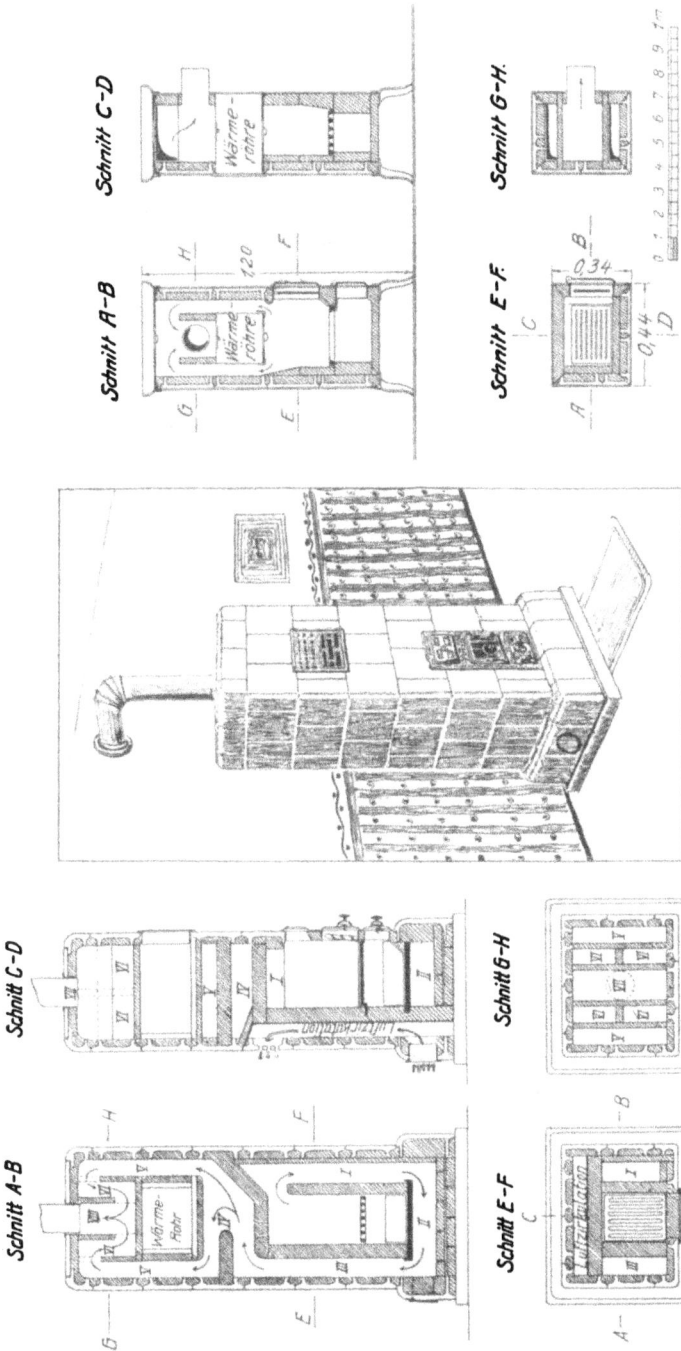

Abb. 11. Tragbarer Schlafzimmerofen.
(Entnommen aus Heiz- und Koch-Anlagen für Kleinhäuser, herausgegeben von der Bayerischen Landeskohlenstelle, München.)

Abb. 10. Freistehender. Kachelofen mit Bodenzug.
(Gezeichnet von der Heiztechnischen Kommission des Schweiz. Hafnergewerbes.)

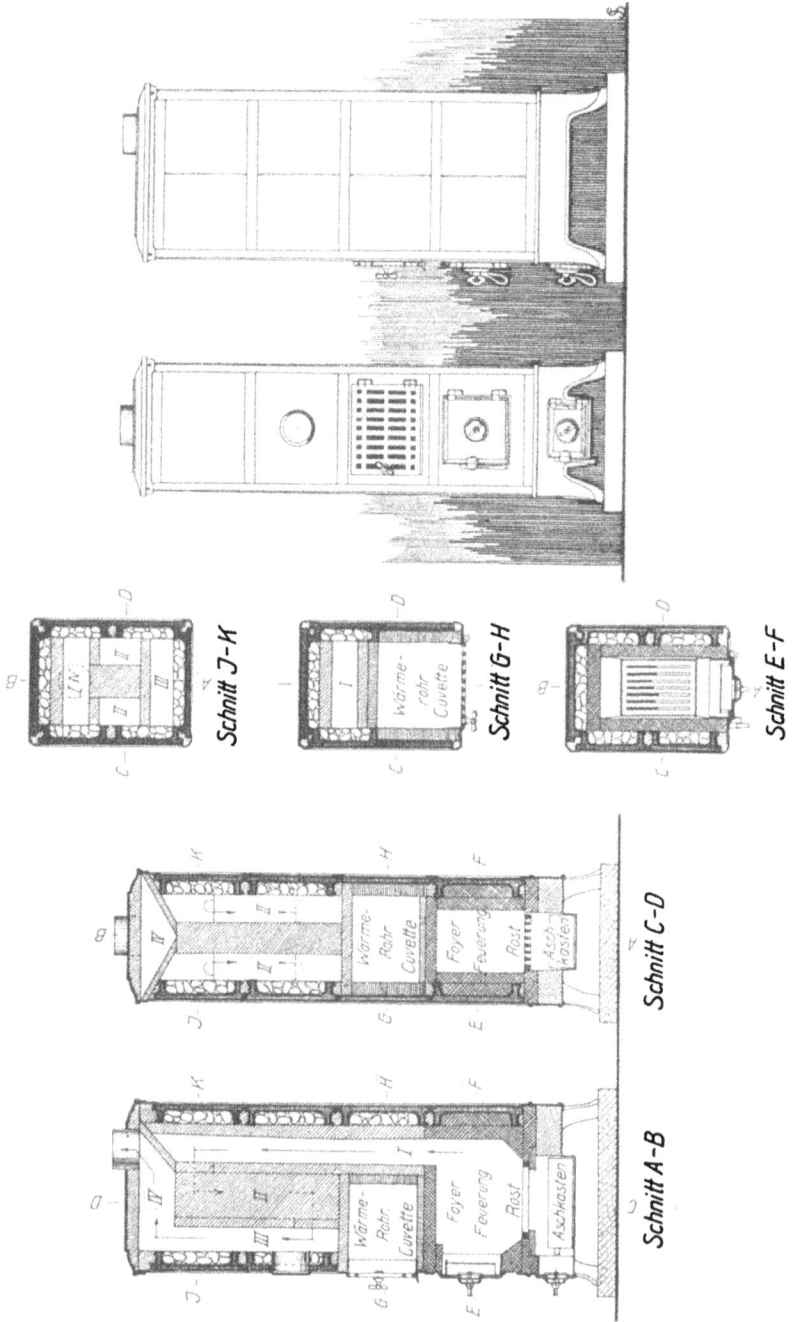

Abb. 12. Tragbarer Cluser-Gußrahmenofen für Schlaf- und einfache Wohnzimmer.
(Gezeichnet von der Heiztechnischen Kommission des Schweiz. Hafnergewerbes.)

Oft verwendet für kleine Verhältnisse (Schlaf- und einfache Wohnzimmer) werden Rahmenkachelöfen, da sie billig und solid sind, schnell
warm werden und das Brennmaterial gut ausnützen. Die Rahmen werden in verschiedenen Höhen erstellt, wodurch zwei- bis vierreihige Öfen
entstehen.

Abb. 11 zeigt eine einfache Ausführung für Wohnzimmer bis 30 m³
und Schlafzimmer bis 50 m³ Inhalt. Sie eignen sich für jedes Brennmaterial, die Wärmeabgabe erfolgt rasch. Das Wärmerohr kann zur Tee-
und Kaffeezubereitung und Warmstellung von Speisen benützt werden.

Abb. 12 veranschaulicht einen vierreihigen Cluser-Rahmenofen,
Abb. 13 den gußeisernen Rahmen dazu. Statt der Kacheln werden
auch bisweilen Email-Majolikaeinlagen verwendet.

Abb. 13. Gußrahmen zum Ofen
Abb. 12.

Abb. 14. Gußeisernes Rahmengestell m. Koch-
u. Wärmrohr für Wohnküchen, des von Rollschen Eisenwerks Clus.

Wie die Abb. 14, 15 und 17 erkennen lassen, werden die Rahmen-
öfen auch als eigentliche Kochöfen ausgeführt. Kochrohre, in denen
Fleisch gesotten, Gemüse gekocht und gebacken werden kann, sind
möglichst direkt über dem Feuerraum anzuordnen. Höher oben gelegen
werden sie zu wenig warm und können daher nur noch als Wärme-
rohre benützt werden. Die Kochröhren müssen mit Dunstabzügen versehen werden, die am besten nach Abb. 18 direkt in den Kamin geführt
werden. Münden sie entsprechend den Abb. 15 und 17 in die Ofenzüge

ein, so sind sie zur Verhinderung des Hineinfallens von Ruß mit Schutz-
abdeckung zu versehen. Wasserschiffe sind nach Abb. 15 im obersten
Teil der Öfen anzubringen.

Zur Beheizung von Wohnküchen werden bisweilen auch die Herde
benützt. Kohlenherde haben aber einen sehr schlechten Wirkungsgrad
und ergeben, wenn sie nur zum Kochen gebraucht werden, keine Dauerheizung. Zudem fallen die Zeiten des größten Wärmebedarfs (am
Morgen und Abend) mit der Hauptkochzeit (Mittag) nicht zusammen.
Besser liegen in dieser Beziehung die Verhältnisse bei den Grudeherden,
die aber nur in Frage kommen an Orten, wo Grude (Braunkohlen-
koks) billig erhältlich ist. Da die Glut in ihnen nie ausgeht, geben sie
dauernd Wärme ab. Die Intensität der Wärmeentwicklung kann nach
Wunsch geregelt werden. Bei Verwendung von Grudeherden sollte für
den Hochsommer und zum raschen Zubereiten von Speisen außerdem
ein Gasherd vorhanden sein. Außer Grudeherden werden auch Grude-
öfen erstellt.[1])

Günstigere Wirkungen als mit Herden allein ergeben sich, wenn
nach Abb. 16 ein Kachelaufbau (Sesselofen) mit dem Herd in Verbindung gebracht wird, wobei es durch einfache Klappen- oder Schieber-
umstellung möglich ist, die Rauchgase im Sommer direkt in den Kamin,
im Winter zuerst durch den Kachel-
aufbau zu leiten. Auch solche Heizeinrichtungen kommen jedoch nur
für ganz bescheidene Ein- und
Zweizimmerwohnungen in Frage.

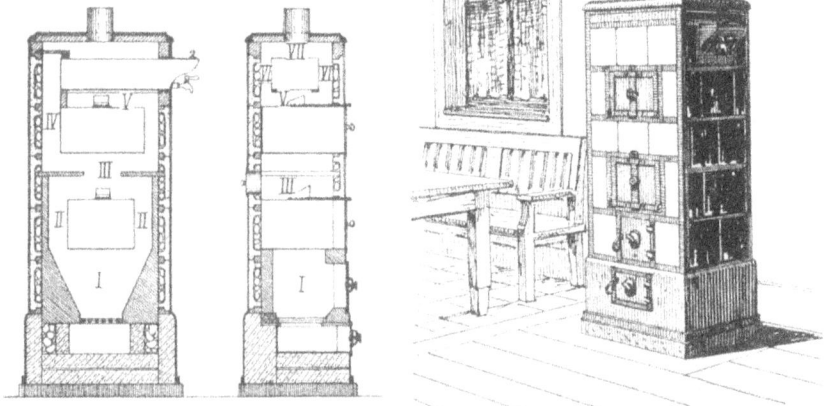

Abb. 15. Rahmenofen mit zwei Kochrohren und Wasserschiff in einer Wohnküche.
(Gezeichnet von der Heiztechnischen Kommission des Schweiz. Hafnergewerbes.)

---

[1]) S. Archiv für Wärmewirtschaft, August 1921, Seite XXIV: »Die Bedeutung
des Grudeherdes und der Grudeheizung für Haushalt und Volkswirtschaft«.

Aus hygienischen und Behaglichkeitsgründen sollen, wenn immer möglich, Küche und Wohnzimmer voneinander getrennt sein. Dabei ist eine Verbindung von Herd und Ofen jedoch ebenfalls möglich, ent-

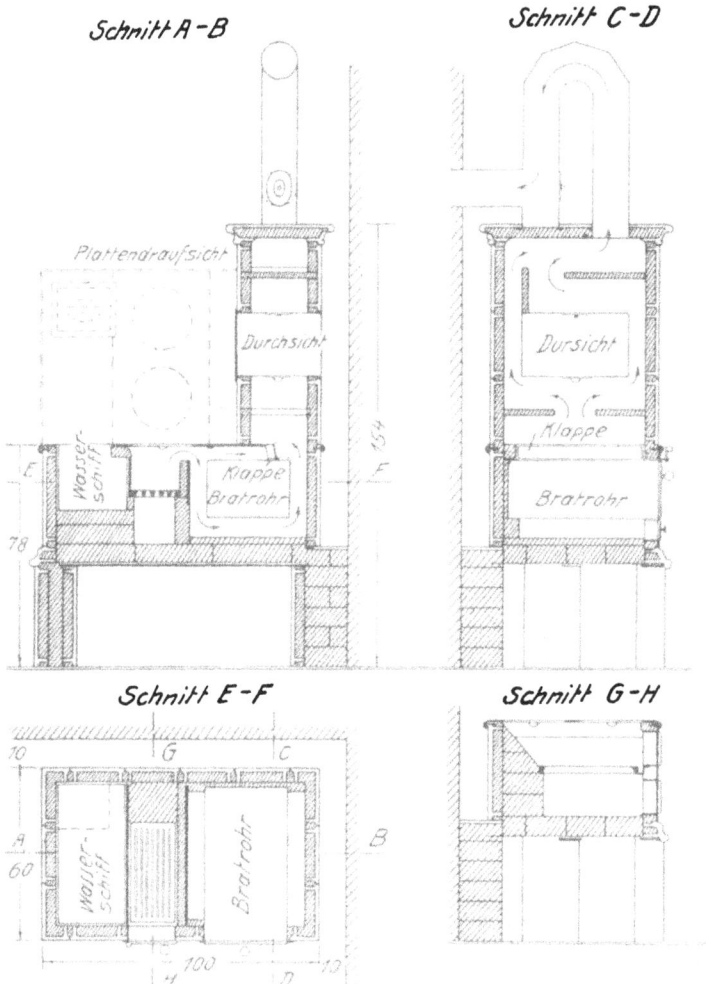

Abb. 16. Kochofen (Sesselofen) für Wohnküchen bis zu 70 m² Inhalt, ausreichend zum Kochen für einen Haushalt bis zu 10 Personen.
(Entnommen aus: Kachelöfen und Kachelherde in Bayern, herausgegeben von der Bayerischen Landeskohlenstelle, München).

weder indem von der Küche her zu feuernde Öfen mit Kochrohren (Abb. 17 bis 19) aufgestellt werden, wodurch gleichzeitig die Küche angenehm erwärmt wird, oder indem nach Abb. 20 im Wohnzimmer ein mit dem Herd in Verbindung stehender und außerdem für sich allein feuerbarer Kachelofen vorgesehen wird. Selbstverständlich dürfen

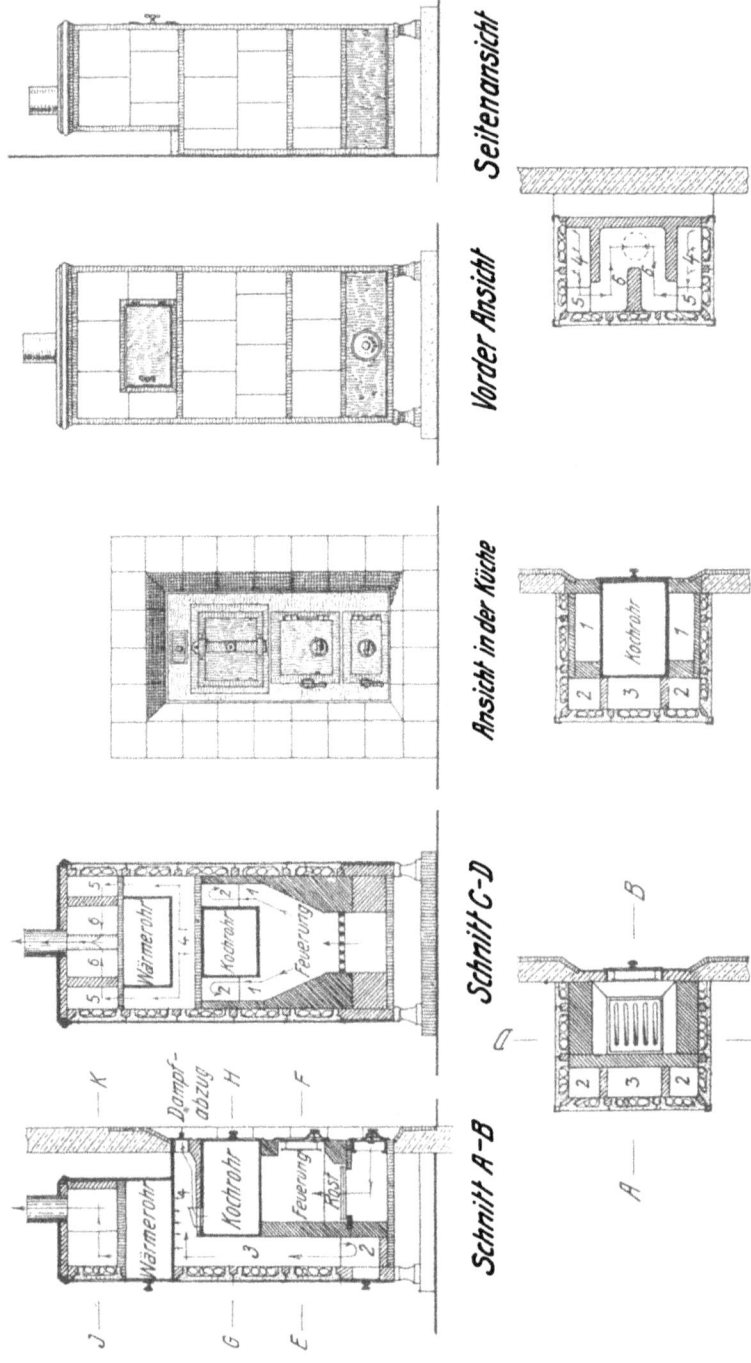

Seitenansicht

Vorder Ansicht

Ansicht in der Küche

Schnitt C-D

Schnitt A-B

Schnitt J-K

Schnitt G-H

Schnitt E-F

Abb. 17. Angebauter Rahmenkachelofen mit Kochrohr für Kleinwohnungen. (Gezeichnet von der Heiztechnischen Kommission des Schweiz. Hafnergewerbes.)

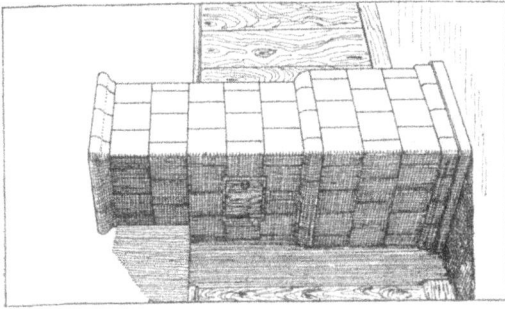

Ansicht im Zimmer

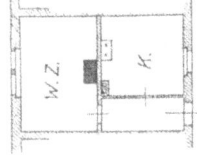

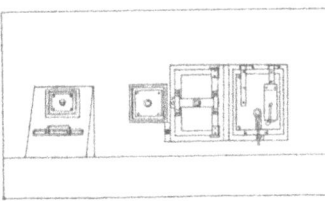

Ansicht in der Küche

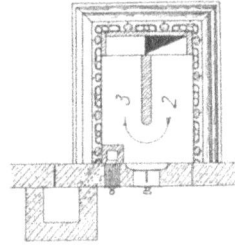

Schnitt C-D

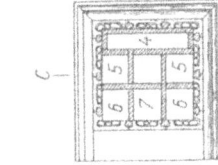

Schnitt G-H

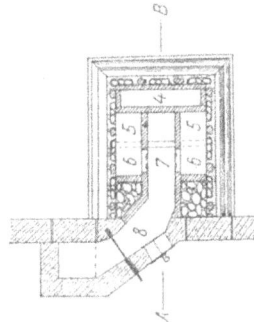

Schnitt J-K

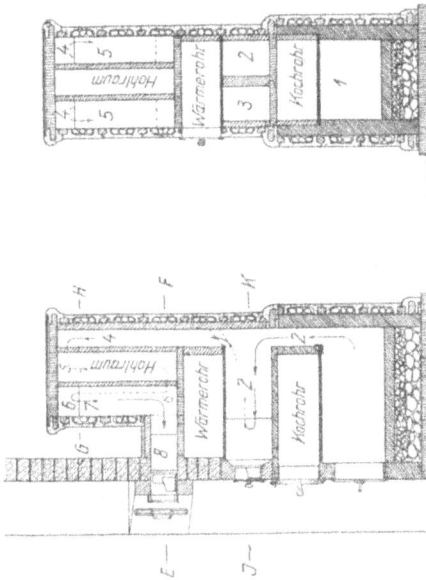

Schnitt A-B

Schnitt E-F

Abb. 18. Angebauter Kachelofen mit abgesetztem Oberteil, Außenfeuerung und Kochrohr. (Gezeichnet von der Heiztechnischen Kommission des Schweiz. Hafnergewerbes.)

durch solche Einrichtungen die Gase nicht zu stark abgekühlt werden, weil sonst der Zug leidet.

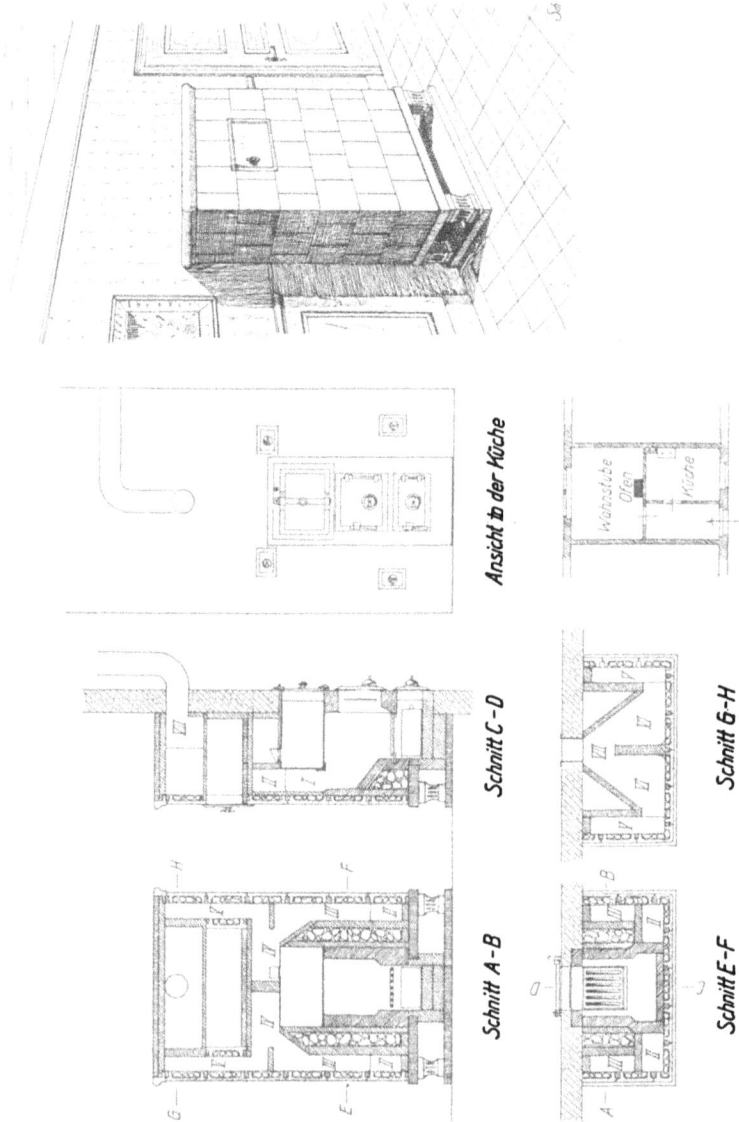

Abb. 19. Langer, wenig ins Zimmer vorspringender Kachelofen mit getrennten Zügen und Wärmespeicher. (Gezeichnet von der Heiztechnischen Kommission des Schweiz. Hafnergewerbes.)

Abb. 17 veranschaulicht einen angebauten Rahmenofen mit Kochrohr, wie sie im Jahre 1920 in der Wohnkolonie an der Wiesendangerstraße in Zürich und seither oft in Mietwohnungen aufgestellt worden sind. Sie weisen richtige Rostkonstruktion und leichte Reinigungs-

möglichkeit auf und ergeben eine gleichmäßige Erwärmung der Kachel-
oberfläche.

Abb. 18 ist ein angebauter Ofen mit abgesetztem Oberteil, Außenfeuerung und Kochrohr. Der Rauchabzug erfolgt ohne Rohr. Alle Teile

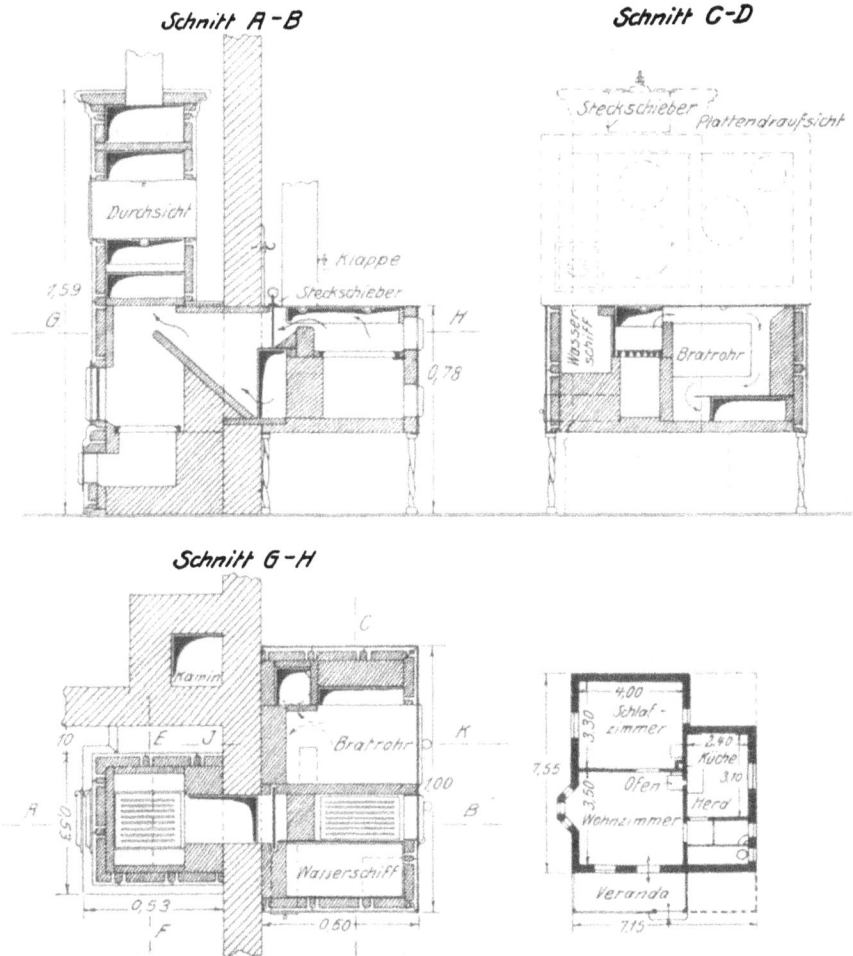

Abb. 20. Gestellherd und Kachelofen mit Sonderfeuerung, ausreichend zum Kochen für einen
Haushalt bis zu 8 Personen und Beheizen einer Küche während des Kochens bis zu 30 m³ Inhalt.
Der Ofen heizt durch das direkte Herdfeuer ein Anschlußzimmer bis zu 30 m³ Inhalt auf Wohn-
und bis zu 60 m³ Inhalt auf Schlafzimmertemperatur. Bei Inbetriebnahme der Sonderfeuerung
kann ein Wohnzimmer mit bis zu 50 m³ Inhalt beheizt werden.
(Entnommen aus Heiz- und Kochanlagen für Kleinhäuser, herausgegeben von der Bayerischen
Landeskohlenstelle, München.)

können von der Küche aus gerußt werden. Die Zeichnung bezieht sich
auf Holz- und Torffeuerung. Durch Anbringen eines Rostes kann der
Ofen leicht für Kohlenfeuerung eingerichtet werden.

2*

In Abb. 19 sind die langen, wenig ins Zimmer vorspringenden Öfen in der Wohnkolonie Laubegg an der Gießhübelstraße in Zürich wiedergegeben. Der getrennten Züge wegen ist die Verwendung von langflammigem Brennmaterial angezeigt, da bei kurzflammigem oft nur eine Seite warm wird. In dieser Beziehung sind Öfen mit getrennten Zügen etwas heikel, sie erfordern größte Sorgfalt bei der Aufstellung.

Schließlich ist in Abb. 21 noch ein Kamin (Cheminée) im Grundriß und Schnitt wiedergegeben. Mit Kaminen lassen sich hübsche dekorative Wirkungen erzielen, auch ist es behaglich, an kühlen Herbst- und Frühjahrsabenden davor zu sitzen. Als alleinige Heizart führen

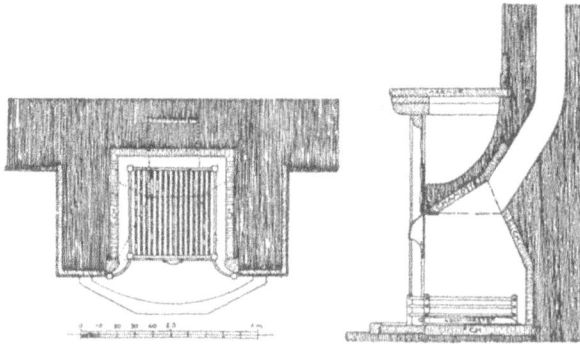

Abb. 21. Kamin (Cheminée) in Grundriß und Schnitt.
(Entnommen aus H. Muthesius: Wie baue ich mein Haus.)
(Verlag von F. Bruckmann, A.-G., München.)

sie dagegen in rauhen Klimaten zu großem Brennstoffverbrauch, weil ein beträchtlicher Teil der erzeugten Wärme durch den Schornstein abzieht und auch eine kräftige Lüftung der Räume herbeigeführt wird. In letzter Hinsicht eignet sich ihr Einbau für Rauchzimmer. In Ländern mit billigen Kohlenpreisen trifft man Kamine häufiger an, u. a. auch in eiserner Ausführung in Wohnküchen, wobei sie gleichzeitig als Kochgelegenheit benützt werden. Das geeignetste Brennmaterial ist Holz, bei entsprechender Konstruktion können auch Steinkohlen verfeuert werden.

Beim Setzen von Wandkachelöfen ist, ihres großen Gewichtes wegen, darauf zu achten, daß solide Unterzüge (Auswechslungen) erstellt werden. Senken sich die Öfen auf der Zimmerseite nur um ca. 1 mm, so lösen sie sich oben um 1 cm und mehr von der Feuermauer und werden dadurch undicht.

Damit die Wärmeabgabe richtig erfolgt, sollen die Feuerzüge zuerst möglichst unten herum und erst nachher so durch den Ofen gezogen werden, daß alle Teile seiner Oberfläche gleichmäßig warm werden.

Die Kacheln sind zu unterst, der hohen Temperaturen wegen, mit feuerfestem Material zu füllen. Weiter oben können Kieselsteine und Lehm verwendet werden, wodurch gute Wärmespeicher entstehten. Bisweilen wird daselbst von einer Füllung auch abgesehen, damit die Wärmeangabe nach dem Anfeuern raschmöglichst beginnt. Die Fütterung im Unterteil hat, der hohen daselbst auftretenden Temperaturen wegen, aus feuerfesten Steinen zu bestehen.

Neue und umgesetzte Kachelöfen sind während ca. 8 Tagen bei geöffneter Aschen- und evtl. Feuertüre langsam anzuheizen, weil sie sonst, der sich im Innern bildenden Wasserdämpfe wegen, auseinandergetrieben werden.

c) Größenbestimmung der Ofenoberflächen.

In der Zentralheiztechnik ist zur Ermittelung der Heizkörpergrößen die Berechnung des Wärmebedarfes der Räume gebräuchlich (s. Abschnitte VII und VIII). Die Aufstellung genauer Wärmebedarfsberechnungen ist dort erforderlich, weil Heizkörper, die z. B. für 90° C Warmwasservorlauf- und 70° C Rücklauftemperatur oder Dampf von rund 100° C bestimmt sind, nicht mit wesentlich höheren Temperaturen betrieben werden können. Öfen lassen sich dagegen forcieren oder, bei unterbrochenem Betrieb, erforderlichenfalls zweimal am Tage anheizen. Aus diesen Gründen braucht ihre Größenbestimmung nicht so genau zu erfolgen, wie diejenige von Zentralheizungskörpern. Immerhin dürfen sie, aus den schon genannten Gründen, keinesfalls zu klein bemessen werden. Ihre Wahl erfolgt gewöhnlich auf Grund des Kubikinhaltes der zu beheizenden Räume. Für Überschlagsrechnungen genügt es, wenn man pro m³ Rauminhalt bei —20° C Außentemperatur je nach der Bauausführung, den Windverhältnissen, der Himmelsrichtung usw. für auf 18° C beheizte Wohnräume mit einem stündlichen Wärmebedarf von 25 bis 40 kcal, für normale Fälle mit 30 kcal, rechnet und die Wärmeabgabe pro m² Ofenoberfläche für mäßige Beanspruchung (nach Rietschel) annimmt:

für Kachelöfen . . . . zu 500 bis 600 kcal/h
» eiserne Öfen bei unterbrochenem Betrieb . » 2500 »
» » » » ununterbrochenem Betrieb » 1500 » 2000 »

Beispiel. Ein Wohnzimmer mit mittelgroßem Wärmeverlust messe 6 × 5 × 3 m = 90 m³. Der ungefähre maximale stündliche Wärmebedarf wird somit 2700 kcal betragen, so daß erforderlich ist:

ein Kachelofen von 4,5 bis 5,5 m² oder

ein eiserner Ofen bei unterbrochenem Betrieb von etwa 1,1 m²

oder ein eiserner Dauerbrandofen von 1,4 bis 1,8 m² Oberfläche.

2. Vergleich zwischen Ofen- und Zentralheizung.

Ofenheizung kommt vor allem für kleine, billige Wohnungen, ferner zu Aushilfszwecken in den Übergangszeiten neben Zentralheizung in Frage. Bisweilen wird sie jedoch auch in größeren Wohnungen, als alleinige Heizmöglichkeit, vorgezogen.

Die guten Eigenschaften der Ofenheizung kommen namentlich im Frühjahr und Herbst zur Geltung, wenn nur ein Wohnraum schwach erwärmt werden soll, was mit einem Ofen leicht und billig erreicht werden kann, während das jedesmalige Ausräumen und Anfeuern des Zentralheizkessels mühsam ist und mehr Brennmaterial erfordert, weil der Kessel, die Leitungen und der Wasserinhalt zuerst angewärmt werden müssen, bevor die Wärmewirkung im Zimmer spürbar wird. Zudem treten beim Transport der Wärme erhebliche Verluste auf. Der letztere Umstand macht sich auch im Winter bei Dauerheizung geltend und außerdem kommt hinzu, daß mit Zentralheizung gewöhnlich bedeutend mehr Räume, wie Schlafzimmer, Korridore, Aborte usw., gewärmt werden. Dies sind die Hauptgründe für den teureren Betrieb.

Für Einfamilienhäuser und größere Etagenwohnungen besteht eine geschickte Verbindung von Ofen- und Zentralheizung darin, daß der Heizkessel in den Kachelofen des Wohnraumes hineingestellt wird, wobei es möglich ist, den Ofen für sich allein oder Ofen und Zentralheizung gemeinsam in Betrieb zu nehmen. Für ganz einfache Verhältnisse werden auch besondere Zentralheizkessel, die eine Kachelumkleidung nicht erfordern, hergestellt. (Näheres hierüber s. Abschnitt I 3 a.) Dadurch lassen sich die Annehmlichkeiten der Ofenheizung in den Übergangszeiten mit der Bequemlichkeit der Zentralheizung im Winter vereinigen.

Die Nachteile der Ofenheizung bestehen in der größeren Mühe bei Beheizung sehr großer oder vieler kleiner Einzelräume. Auch machen sich oft Unannehmlichkeiten durch Kohlen- und Aschenstaub, Rauch und Ruß geltend, bisweilen kommen sogar Unglücksfälle durch Kohlenoxydgasvergiftungen vor, die allerdings auch bei Zentralheizung nicht ausgeschlossen sind.

Niemandem wird es heute mehr einfallen, in Verwaltungsgebäuden, großen Banken, städtischen Schulen, Spitälern, Kaufhäusern, Bureaugebäuden, Theatern und Saalbauten, ausgedehnten Fabriken und in ähnlichen Gebäuden Ofenheizung zur Anwendung zu bringen. Auch bei Einfamilienhäusern und vielzimmerigen Etagenwohnungen ist Zentralheizung (evtl. Etagenheizung) angezeigt. Die Vorteile der Zentralheizung kommen um so mehr zum Ausdruck, je ausgedehnter die Anlagen sind, in besonderem Maße bei den Fernheizungen, wobei ganze Häuserkomplexe und sogar Stadtviertel von einer Zentrale aus beheizt werden.

Dagegen sollte überall da, wo die Mittel zur sachgemäßen Erstellung und zum richtigen Betrieb einer Zentralheizung nicht ausreichen, Ofenheizung gewählt werden. Zentralheizungen mit zu kleinen Kesseln und Heizkörpern einzubauen nur um sagen zu können, es sei Zentralheizung im Hause, ist verfehlt und rächt sich. Solche Anlagen müssen forciert werden und befriedigen daher weder in hygienischer noch wirtschaftlicher Beziehung, auch gehen die Kessel infolge der Überanstrengung rasch zugrunde.

Daß sich mit Kachelöfen schöne dekorative Wirkungen erzielen lassen, ist bekannt, ebenso daß Zentralheizkörper oft als unschön empfunden werden. Hierbei ist allerdings zu berücksichtigen, daß verschiedene Modelle zur Verfügung stehen und häßliche Wirkungen oft mehr daher rühren, weil der projektierende Heiztechniker zu wenig Sorgfalt auf ihre zweckmäßige Auswahl und Placierung legt, oder der Maler den Anstrich nicht unauffällig genug macht. In Fällen, wo die unbedingte Notwendigkeit dazu vorliegt, lassen sich die Heizkörper auch verkleiden (hierüber s. Abschnitt V 3 und 4).

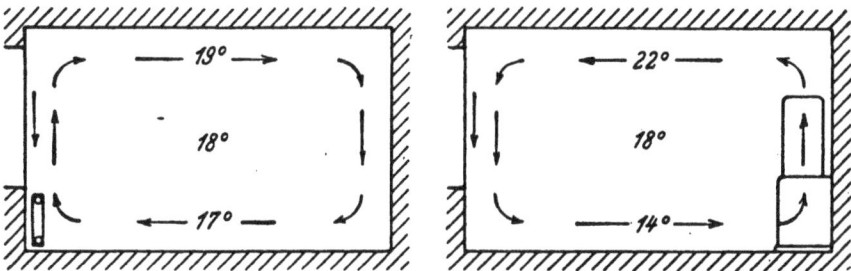

Abb. 22. Schema der Luftströmung und Temperaturverteilung bei Aufstellung der Heizfläche unter den Fenstern, resp. an den Innenflächen.

Vorteilhaft bei den Zentralheizungen ist die geeignete Aufstellungsmöglichkeit der Heizkörper an den der Abkühlung besonders stark ausgesetzten Orten (unter den Fenstern, in Erkern usw.), während Öfen in der Nähe der Kamine, d. h. normalerweise an den Innenwänden, untergebracht werden müssen. Dadurch, sowie ihrer Größe wegen, nehmen sie viel Platz und, unter Umständen, auch Licht weg.

Die Aufstellung von Öfen und Zentralheizkörpern an den Innenwänden hat ferner zur Folge, daß die kalte Luft an den Außenwänden niedersinkt, über den Boden den Öfen zuströmt, an ihnen hochsteigt und als warmer Luftstrom unter der Decke entlang den Außenwänden wieder zufließt (Abb. 22). Daher hat man bei längerem Aufenthalt in solchen Räumen, besonders im Parterre, dem von unten her keine Wärme zuströmt, leicht kalte Füße, sogar wenn die obere Raumpartie überheizt ist.

Wenn immer möglich, sind die Heizkörper der Zentralheizungen daher in den Fensternischen unterzubringen, wobei zur Erzielung vollkommener Zugfreiheit außerdem erforderlich ist, daß die kalte von den Fenstern niedersinkende Luft hinter die Heizkörper herunterströmen kann und der warme Luftstrom davor aufsteigt (s. Abschn. V 3.)

Ein weiterer Vorteil der Zentralheizungen ist der, daß sie weniger Kamine erfordern. Dafür sind jedoch andere bauliche Arbeiten, wie Mauer- und Deckendurchbrüche, eventuell auch Mauerschlitze und Bodenkanäle, zur Unterbringung der Leitungen auszuführen. (s. Abschnitt VI.) Auch sollte mit der Ersparung von Kaminen nicht allzuweit gegangen werden. Der Fall ist nicht selten, daß bestehende Kamine nachträglich, z. B. zur Aufstellung eines Zimmer-, Glätteoder Badeofens, erwünscht sind.

Schließlich ist noch ein Wort zu sagen über die im Vergleich zur Ofenheizung stärker austrocknende Wirkung der Zentralheizungen.

Nichtfachleute sind gewöhnlich der Meinung, die austrocknende Wirkung der Öfen sei geringer, weil die nötige Verbrennungsluft aus den Räumen entnommen und dadurch feuchte Luft aus dem Freien in die Räume hineingesaugt werde. Hiezu ist jedoch zu bemerken, daß bei Feuerung der Öfen von einem Nebenraume her überhaupt keine solche Ventilation stattfindet und sie, bei Öfen, die von den Räumen aus geheizt werden, im Gegenteil austrocknende Wirkung hat, weil sich die angesaugte Außenluft beim Eintritt in die Räume erwärmt und dadurch relativ trocken wird. Weist die Außenluft beispielsweise 0^0 C und $80^0/_0$ relative Feuchtigkeit auf und erwärmt sie sich beim Einströmen in die Räume auf 18^0 C, so geht ihr relativer Feuchtigkeitsgehalt auf $24^0/_0$ zurück.

Die Ventilationswirkung der Öfen ist also durchaus nicht die Ursache der größeren Luftfeuchtigkeit, auch ist es gleichgültig, ob sich die Luft an einem feuerbeheizten Ofen oder einem Zentralheizkörper erwärmt. Der Grund für die genannte Erscheinung ist vielmehr darin zu suchen, daß die Zentralheizungen gewöhnlich ununterbrochen, Tag und Nacht weiter betrieben werden und die Raumluft daher keine Gelegenheit hat, sich, wie bei unterbrochenem Ofenbetrieb, über Nacht abzukühlen und dadurch relativ wieder höher zu sättigen. Will man diesen Zustand auch bei Zentralheizung herbeiführen und dadurch die unangenehmen Folgen großer Trockenheit, wie Springen der Möbel und Täfer, Fugen in Parkettböden, Kränkeln der Zimmerpflanzen usw. vermeiden, so müssen die Heizkörper über Nacht abgestellt oder wenigstens stark gedrosselt werden.

Anderseits ist Dauerheizung von angenehmer Wirkung, weil die Raumwände dabei bis auf größere Tiefen durchwärmt werden.

Bisweilen versucht man die Trockenheit durch auf die Heizkörper gesetzte, mit Wasser gefüllte Dunstschalen zu vermindern. Der dadurch erzielbare Effekt ist jedoch, wie sich durch Rechnung und Messung leicht nachweisen läßt, sehr gering. Muß die Luft in gewissen Räumen, z. B. Spinnereien und Webereien, befeuchtet werden, so kann das durch die unter Abschnitt XIV besprochenen Befeuchtungseinrichtungen erreicht werden. Mit auf die Heizkörper gesetzten Dunstschalen ist jedoch keine nennenswerte Wirkung erzielbar, weil die Verdunstungsoberfläche zu klein ist und das Wasser sich nicht hoch erwärmt. Besonders gering ist die Wasserverdunstung aus solchen Schalen wenn sie des Aussehens wegen, durch Marmor- oder Eisenplatten abgedeckt werden, so daß für den Luftzutritt zur Wasserfläche nur ganz kleine Öffnungen übrig bleiben. Trotzdem läßt sich oft eine suggestive Wirkung beobachten, indem die Leute behaupten, seit Aufstellung solcher Schalen seien die Luftverhältnisse viel angenehmer geworden.

Der Effekt der Dunstschalen ist aber nicht nur gering, sondern sie können bei Benützung als Ablagerungsplatz von Zigarrenstummeln, Apfelkernen, Nußschalen u. dgl. direkt zu einem Übelstande werden, weil diese Dinge oft lange Zeit darin liegen bleiben und bei der Inbetriebnahme der Heizung im Herbst geröstet werden.

Um die Wirkung der Verdunstungsschalen zu verbessern, sind verschiedene Apparate auf den Markt gebracht worden. Z. B. läßt man vertikal stehende hygroskopische Flächen ins Wasser eintauchen, die sich vollsaugen und dadurch die Verdunstungsoberfläche vergrößern. Sie verkalken jedoch bald und werden dadurch unwirksam. Dasselbe ist zu sagen von porösen Tonkörpern, die etwa zwischen die Elemente der Radiatoren gehängt werden. Sogar Zimmerfontänen sind schon zur Aufstellung gebracht worden. Alle diese Einrichtungen haben ebenfalls geringen Wert, einzelne taugen überhaupt nichts, andere versagen bald oder werden, wenn der Reiz der Neuheit vorüber ist, nicht mehr benützt.

Abgesehen von den schon erwähnten Ausnahmefällen in der Textilindustrie, ferner bei gewissen Krankheitserscheinungen, in Spitälern ist Luftbefeuchtung überhaupt nicht am Platz. Trockene Luft ist gesünder als feuchte. Wenn wir uns im Sommer, etwa an einem schönen Junitag, recht wohl fühlen, ist die Luft vielleicht 50 bis 60 % gesättigt, also gar nicht besonders feucht. Lungenkranke schickt man nach Davos, wo die Luft beim Einatmen infolge der Erwärmung in der Lunge einen hohen Grad von Trockenheit annimmt und den Organen dadurch Feuchtigkeit entzieht, oder nach Algier, wo die Luft schon vor dem Einatmen warm und trocken ist. Wie unangenehm feuchtwarme Luft empfunden wird, wissen wir von den Treibhäusern sowie Versammlungssälen und Eisenbahnwagen her, wenn sie überheizt sind und die Besucher bei Regenwetter mit nassen Kleidern hereinkommen.

Oft wird die Wirkung des an den Heizflächen versengenden Staubes mit Trockenheit der Luft verwechselt, weil in beiden Fällen ähnliche

Reizerscheinungen auf die Schleimhäute ausgeübt werden. Die Staubversengung kann durch Befeuchtung der Luft nicht vermieden, höchstens etwas vermindert werden. Wie die Hygieniker festgestellt haben, treten die nachteiligen Wirkungen der Staubversengung in besonderem Maße an Heizflächen auf, deren Temperatur 70° C übersteigt, und zwar handelt es sich dabei nicht nur um Staub, der auf den Heizflächen liegt, sondern auch um denjenigen, der in der Luft schwimmt. Bei seiner Destillation entstehen Versengungsprodukte, welche die erwähnte Reizwirkung auf die Schleimhäute ausüben. Bei starker Verstaubung der Heizflächen entsteht, namentlich beim erstmaligen Anheizen im Herbst, auch der bekannte, unangenehme Ofengeruch. Reinlichkeit, insbesondere bei eisernen Öfen, hoch erhitzten elektrischen, sowie Dampf- und mit hohen Temperaturen betriebenen Warmwasserheizkörpern, ferner möglichste Staubfreiheit der an den Heizkörpern vorbeistreichenden Luft sind daher wichtig. Als zweckmäßig hat sich erwiesen, die Heizkörper im Herbst, vor Inbetriebnahme der Heizung, mit einem feuchten Lappen zu überfahren, ferner gibt es zu ihrer Reinigung besonders geformte Bürsten und an den Staubsaugern anzubringende Mundstücke.

3. Zentralheizung.

Wie in der Einleitung bemerkt unterscheidet man: Warmwasser-, Dampf- und Luft- sowie kombinierte Zentralheizungen, z. B. Dampfwarmwasserheizungen, Dampf- oder Warmwasserluftheizungen, Elektro — Warmwasser- und -Dampfheizungen. Ferner werden die Warmwasserheizungen in Schwerkraft- und Pumpenheizungen mit unterer und oberer Verteilung, Überdruckheizungen, die Dampfheizungen in Vakuum-, Nieder-, Mittel- und Hochdruckheizungen unterteilt. Bei Beheizung eines Gebäudekomplexes von einer Zentrale aus spricht man von Fernheizung. Wasser, Dampf und Luft spielen bei diesen Systemen lediglich die Rolle des Wärmeträgers, der die Wärme von der Feuerstelle (dem Heizkessel) nach den zu heizenden Räumen, resp. bei den kombinierten Heizungen ans eigentliche Heizmedium, überträgt.

Für die Wahl des einen oder anderen Systems sind verschiedene Gründe maßgebend. Eine Sonderstellung nimmt die in wasserkraftreichen Ländern in steigendem Maße zur Anwendung kommende elektrische Heizung ein. Gasheizung, wobei das Gas (Generator- oder Leuchtgas) in den Zentralheizungskesseln oder in Gasöfen resp. Gascheminées in den Räumen selber verbrannt wird, sind selten. Dagegen hat an Orten, wo das Öl im Vergleich zu Koks billig ist, die Ölheizung, unter Verwendung von Gasöl als Heizmittel, Verbreitung gefunden.

a) Schwerkraft-Warmwasserheizung.

Unter den Zentralheizungen sind die Warmwasserheizungen am verbreitetsten. Sie geben eine angenehme, milde Wärme ab und besitzen zentrale Regulierbarkeit, indem das Wasser im Kessel, je nach der Außentemperatur, verschieden hoch erwärmt werden kann. Ferner arbeiten sie zuverlässig und geräuschlos. Sie eignen sich zur Beheizung fast aller Räumlichkeiten (s. Abschnitt I 5).

Bei den Schwerkraft-Warmwasserheizungen (Abb. 23 bis 26, 82 und 84) zirkuliert das Wasser infolge des Gewichtsunterschiedes zwischen dem gewöhnlich 20 bis 30° C kälteren, also spezifisch schwereren Rücklauf-, gegenüber dem wärmeren Vorlaufwasser. Bei den Pumpenheizungen wird in die Rückleitung eine Pumpe eingeschaltet.

Früher erstellte man die Anlagen gewöhnlich für 80° C maximale Vorlauf- und 60° C Rücklauftemperatur. Mit zunehmender Steigerung der Materialpreise und Arbeitslöhne wurde die maximale Vorlauftemperatur auf 90° C erhöht. Darüber hinaus sollte bei den oben offenen, somit unter Atmosphärendruck stehenden Niederdruck-Schwerkraftheizungen nicht gegangen werden, weil sonst keine Möglichkeit mehr besteht, unvorhergesehenen Anforderungen durch weitere Steigerung der Wassertemperatur gerecht zu werden. Auch übersteigt die Temperatur von 90° C bereits die Grenze, welche vorstehend, in Hinsicht auf die Staubversengung, als erstrebenswert bezeichnet wurde. Da sie jedoch nur ausnahmsweise an den kältesten Wintertagen zur Anwendung gebracht wird, kann dieser Nachteil in Kauf genommen werden. Legt man bei —20° C Außentemperatur 90° C Vorlauf- und bei Schwerkraftheizung 70° C, bei Pum-

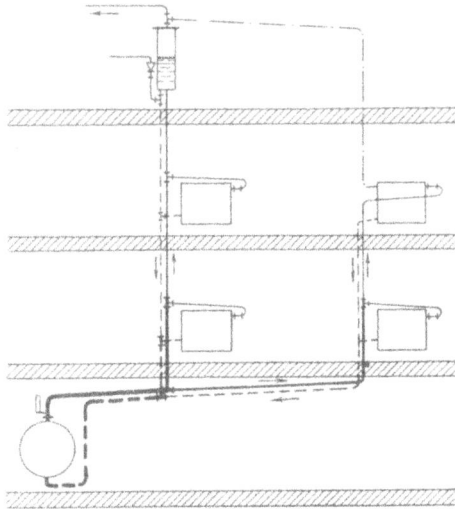

Abb. 23. Schematische Darstellung einer Niederdruck-Warmwasserheizung mit unterer Verteilung nach dem Zweirohrsystem.

penheizung 80° C Rücklauftemperatur zugrunde, so ergeben sich für verschiedene Außentemperaturen folgende erforderlichen Heizwassertemperaturen:

Zahlentafel 1.

Außentemperatur	bei Schwerkraftheizung		bei Pumpenheizung	
	Vorlauf ⁰C	Rücklauf ⁰C	Vorlauf ⁰C	Rücklauf ⁰C
— 20	90	70	90	80
— 10	75	60	77	68
0	58	48	60	53
+ 10	37	32	39	34

Weniger zweckmäßig in hygienischer Beziehung sind die mit einem belasteten Sicherheitsventil versehenen Mitteldruckheizungen, da in ihnen Drücke bis zu zwei Atmosphären und dementsprechend Wassertemperaturen bis 130⁰ C auftreten. Sie werden jedoch nur ausnahmsweise erstellt, etwa wenn die Heizung außer für Raumheizung noch für andere, z. B. Kochzwecke, verwendet oder eine bestehende Dampfheizung, ohne Vergrößerung der Heizkörper, in eine Warmwasserheizung umgebaut werden soll, ferner zum Wärmetransport bei Pumpenfernheizungen, weil dadurch pro Liter Wasser bedeutend mehr Wärme gefördert werden kann als bei niedrigeren Temperaturen. Während 1 l Wasser bei 20⁰ C Abkühlung nur 20 kcal abgibt, können bei einer Abkühlung von beispielsweise 130 auf 70⁰ C 60 kcal/l transportiert werden. Hierbei kommt aber das 130 grädige Wasser, wie nachstehend unter Abschnitt I 3e dargelegt, in den Räumen selber nicht zur Wirkung.

Der gute Gang der Schwerkraftheizungen hängt von richtiger Bemessung aller Teile, sorgfältiger Rohrführung und guter Entlüftung ab. Durch Luftsäcke, die infolge unrichtiger Verlegung der Leitungen oder bei Luftansammlungen in den Heizkörpern entstehen, wird die Wasserzirkulation unterbrochen und dadurch das richtige Warmwerden einzelner Heizkörper oder ganzer Heizstränge verunmöglicht. Oft genügt zur Beseitigung dieser Erscheinung das Öffnen vorhandener Luftschrauben oder Lufthähne. Fehler in der Leitungsbemessung oder -führung oder entstandenes rückläufiges Gefälle der Leitungen infolge Gebäudesenkungen sind durch Ummontieren oder nachträgliches Anbringen von Lufthähnen zu beheben. Will man die Bedienung von Entlüftungsvorrichtungen vermeiden, so sind von den Scheitelpunkten Luftleitungen (¼″) durch Schleifen mit nahegelegenen Steigleitungen zu verbinden oder an unauffälligen Orten bis über den Wasserstand hochzuführen. Man bezeichnet dies als selbsttätige Entlüftunng.

An der höchsten Stelle des Systems ist ein Expansionsgefäß anzubringen, das die Ausdehnung des Wassers bei der Erwärmung aufnimmt. Dasselbe soll einen freien Inhalt von mindestens 4% des gesamten Wasservolumens besitzen. Es ist gegen Einfrieren gut zu schützen. Bei

Aufstellung im unbenützten und daher starker Auskühlung unterworfenen Dachboden können eine Bretterverschalung und Ausfüllen des Zwischenraumes mit Sägemehl gute Dienste leisten. Trockenes Sägemehl ist ein vorzügliches Wärmeschutzmittel. Auch die in den Dachboden hinaufragenden Luftleitungen sind vor dem Einfrieren zu bewahren, sonst können Drucksteigerungen im System mit unangenehmen Folgeerscheinungen auftreten.

Vom Expansionsgefäß führt die sog. Überschüttleitung in die Kanalisation oder über Dach. Durch sie steht das Innere der Anlage mit der Atmosphäre in Verbindung und kann beim Überheizen des Kessels der entstehende Dampf entweichen. Mündet die Leitung über Dach, so ist ihr Ende so abzubiegen, daß beim Abblasen vor dem Haus vorübergehende Personen nicht vom Dampf und dem eventuell mitgerissenen heißen Wasser getroffen werden.

Normalerweise erstellt man die Anlagen nach Abb. 23 mit unterer Verteilung, indem die horizontalen Verteilleitungen an die Kellerdecke verlegt werden. Um die Leitungsverluste und die Erwärmung der Kellerräume möglichst niedrig zu halten, sind die Leitungen gut zu isolieren und nach Möglichkeit in Vorkellern, Waschküchen, Kohlenräumen, Glättezimmern, Pflanzenkellern usw. unterzubringen. Die abgegebene Wärme geht übrigens nicht vollständig verloren, sondern kommt zum größten Teil dem Parterrefußboden zugute. Aus diesem Grunde und um gewisse Räume, wie z. B. Pflanzenkeller, ständig etwas zu temperieren, werden gewisse Leitungsteile bisweilen absichtlich unisoliert gelassen, auch legt man den Kesselraum, der sich besonders hoch erwärmt, am besten unter ständig benützte und neben zu temperierende Räume.

Sind bestehende Gebäude ganz oder teilweise nicht unterkellert und soll von der Erstellung von Bodenkanälen abgesehen werden oder sind Gewölbe vorhanden, deren Mauern nicht wohl durchbrochen werden können, oder liegt sonst ein zwingender Grund vor, so erstellt man die Anlagen mit oberer Verteilung, wobei die horizontalen Verteilleitungen an die Decke der obersten Wohnung resp. in den unbenützten Dachboden hinauf und die Rückleitungen in den Keller resp. in Bodenkanäle zu liegen kommen. Bei Verlegung in die oberste Wohnung helfen sie mit, die von ihnen durchzogenen Räume zu heizen, was jedoch dazu führen kann, daß kleine Zimmer bei mildem Wetter, selbst bei abgestellten Heizkörpern, überwärmt werden. Zudem bilden die meist großen Leitungen in den Räumen keine Zierde, um so weniger, als die darüber liegenden Decken, infolge der Staubversengung, geschwärzt werden. Bei Unterbringung der Leitungen im unbenützten Dachboden geht die abgegebene Wärme verloren und ist daher besonders gute Isolation, z. B. mit Seidenzöpfen, Holzverschalung und Sägemehlauffüllung, des Zwischenraumes erforderlich.

Zur Erlangung möglichst billiger Anlagen sollen die Heizkörper in den verschiedenen Stockwerken übereinanderstehend angeordnet werden, so daß sich möglichst viele an die gleichen Vertikalleitungen anschließen lassen. Bei versetzter Aufstellung wird das Leitungsnetz wesentlich teurer.

Die Vor- und Rückleitungen legt man meist unmittelbar nebeneinander, weil dies die unauffälligste Anordnung und die geringste Zahl von Mauer- und Deckendurchbrüchen bedingt.

Es gibt auch Einrohr-Warmwasserheizungen (Abb. 24), so genannt, weil die Vor- und Rückleitungen einen geschlossenen, nicht durch Heizkörper unterbrochenen Strang bilden, mit dem die Heizkörper durch besondere Zu- und Rückleitungsteilstücke verbunden werden. Bei abgeschlossenen Heizkörperhahnen zirkuliert das Wasser nur durch die Hauptleitungen, beim Öffnen derselben geht ein Teil des umlaufenden Wassers durch die Heizkörper hindurch. Das Leitungsnetz fällt dabei etwas einfacher und dementsprechend billiger aus, dagegen müssen die Heizkörper der unteren Etagen größer als beim Zweirohrsystem gemacht werden, weil ihnen, infolge des beigemischten Rücklaufwassers der darüber liegenden Heizkörper, kühleres Heizwasser zufließt. Das System hat keine große Verbreitung gefunden.

Ebenfalls zu den Schwerkraft-Warmwasserheizungen gehören die Etagenheizungen, die zur Beheizung eines Stockwerkes allein dienen. Die Kessel können dabei nach Abb. 25 in den betreffenden Wohnungen selber,

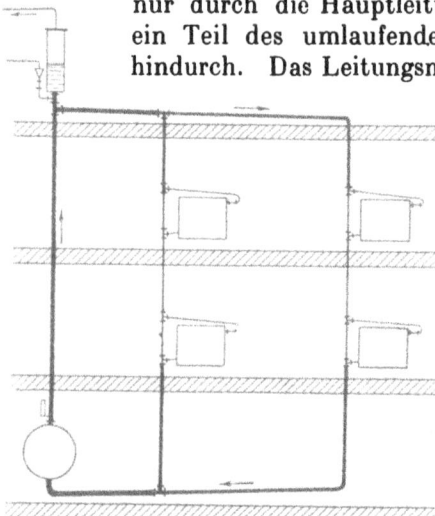

Abb. 24. Schematische Darstellung einer Warmwasserheizung im Einrohrsystem.

z. B. den Küchen, Korridoren oder anderen untergeordneten Räumen aufgestellt werden. Solche Anlagen arbeiten wirtschaftlicher als gewöhnliche Zentralheizungen, weil die Wärmeverluste beim Transport der Wärme nach den Räumen kleiner ausfallen und die Wärmeabgabe des Kessels dem Aufstellungsraum zugute kommt. Auch wird den Kesseln gewöhnlich mehr Aufmerksamkeit geschenkt, als wenn sie im Keller stehen. Dagegen wird bei Aufstellung des Kessels in der Küche, diese leicht überwärmt, und im Korridor ist nicht immer der nötige Platz vorhanden. Aus diesen Gründen erweist sich die bereits erwähnte, nachfolgend eingehend besprochene, Unterbringung im Wohnzimmer oft als praktisch.

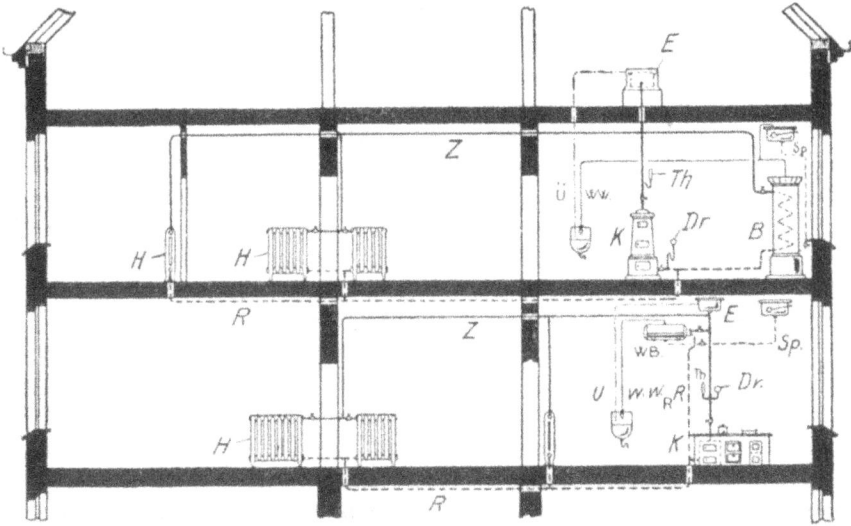

Abb. 25. Gebäude mit Etagenheizungen und Warmwasserversorgungen. Die Kessel sind in den Etagen aufgestellt.
Zeichnung der Gebrüder Körting A.-G., Körtingsdorf bei Hannover.

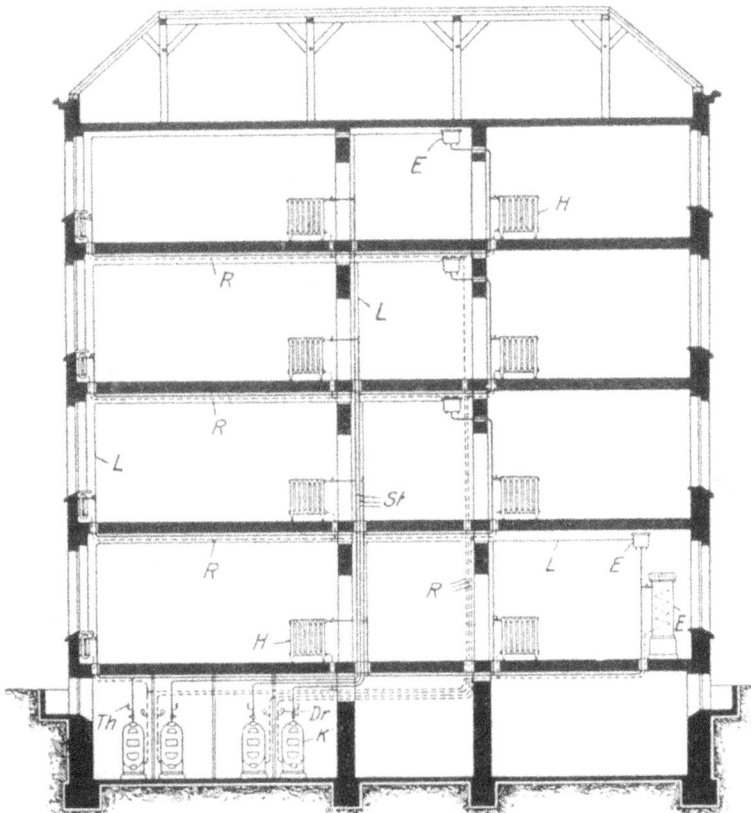

Abb. 26. Gebäude mit Etagenheizungen, deren Kessel im Keller aufgestellt sind.
Zeichnung der Gebrüder Körting A.-G., Körtingsdorf bei Hannover.

Die Aufstellung der Kessel im Keller nach Abb. 26 hat den Vorteil, daß die Kohlen nicht in die Wohnung hinauf, Asche und Schlacken nicht hinuntergetragen werden müssen und die Wohnungen der Verschmutzung nicht ausgesetzt sind. Dagegen durchziehen bei dieser Anordnung die vertikalen Vor- und Rücklaufleitungen jeder Etage sämtliche darunter gelegenen Stockwerke, was an einer unauffälligen Stelle oder besser in einem abgedeckten Mauerschlitz zu erfolgen hat. Die bei den Etagenheizungen an den Raumdecken liegenden Vor- und Rücklaufleitungen stellen keine Zierde dar, weshalb bei Häusern mit nur wenigen Stockwerken etwa obere Verteilung im Dachboden und Verlegung der horizontalen Rückleitungen der Parterrewohnung im Keller, derjenigen der oberen Wohnungen in den Zwischendecken, sowie der Vertikalleitungen in Mauerschlitzen angewendet wird. Dadurch ist vom Leitungsnetz so gut wie nichts sichtbar und ergibt sich auch eine bessere Wasserzirkulation. Selbstverständlich ist vor dem Zudecken der Leitungen eine besonders sorgfältige Druckprobe (s. Abschnitt XV 5 a) vorzunehmen.

Bei Etagenheizung ist für jedes Stockwerk ein besonderer abschließbarer Brennmaterialraum vorzusehen. Bei Aufstellung der Etagenkessel im Keller werden auch diese am besten für sich in besondere Räume gestellt.

Bisweilen betreibt man Etagen- oder Einfamilien-Zentralheizungen vom Kohlenherd aus, was aber keine befriedigende Lösung darstellt, weil die Brennmaterialwärme in den Herden sehr schlecht ausgenützt wird und die Zeiten des größten Wärmebedarfs (am Morgen und Abend) nicht mit der Hauptkochzeit (über Mittag) zusammenfallen. Günstiger liegen die Verhältnisse an Orten, wo fast während des ganzen Tages gekocht wird, z. B. in Pensionen. Aber auch hier ist die bisweilen aufgestellte Behauptung, bei einer solchen Verbindung stelle sich die Heizung besonders billig, unzutreffend. Wird ein wirtschaftlicher Betrieb angestrebt, so müssen Herd und Zentralheizung voneinander getrennt gefeuert werden. Dagegen leisten über der Kesselfeuerung angebrachte Kochrohre gute Dienste, auch lassen sich gewünschtenfalls die Abgase der Herde in Kachelanbauten (s. Abschnitt I 1 b) oder zur Warmwasserbereitung weiter ausnützen. Gut isolierte Warmwasserboiler stellen einen Wärmespeicher dar, der die Wärme aufnimmt, wenn der Herd sie gerade zur Verfügung stellt, während ihm das warme Wasser zu beliebigen Zeiten entzogen werden kann.

Bei den bereits erwähnten kombinierten Ofen-Zentralheizungen, wobei die Kessel, je nachdem mit oder ohne Kachelummantelung, in den Wohnzimmern aufgestellt werden, ist folgendes zu beachten:

1. Kessel- und Ofenzüge müssen bequem zu reinigen sein. Zu dem Zweck werden die Kochrohre meist leicht herausziehbar angeordnet und zum Entfernen des Rußes dienen im unteren Teil der Vorstellplatten angebrachte Rußöffnungen.

2. Werden die Kessel in Kachelöfen hineingestellt, so sollen sie heraus-
nehmbar sein, ohne daß die Öfen abgebrochen werden müssen. Das wird
erreicht, indem die Vorstellplatten leicht lösbar angeschraubt werden.

3. Bedienung und Reinigung sollen von der Küche, dem Korridor
oder sonst einem untergeordneten Raum aus erfolgen können. Anlagen,
bei denen die Bedienung vom Wohnzimmer aus geschehen muß, befriedigen weder vom ästhetischen, noch hygienischen Standpunkt.

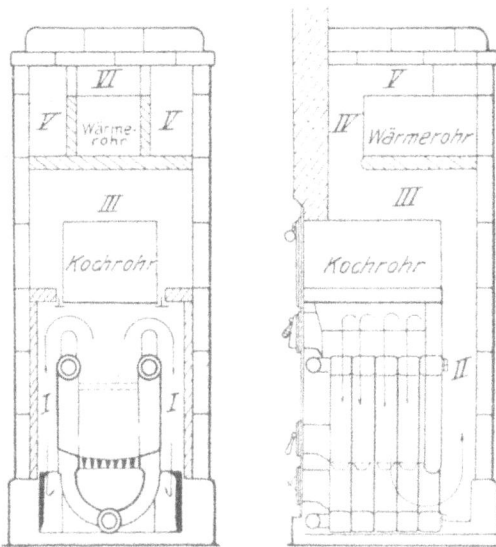

Abb. 27. Kachelofen-Zentralheizung, System Brunschwyler, Zürich.

Zweckmäßig wird ein, entsprechend Abb. 28, nach dem Keller hinunter-
führender Aschenfall angebracht, wie sie in neuerer Zeit immer häufiger
zur Ausführung gelangen, weil dabei die Asche nicht mehr in den
Wohnungen herausgenommen und durchs Haus hinuntergetragen werden
muß. Selbstverständlich sind diese Schächte gut dicht zu erstellen,
damit keine Luft durch sie zur Feuerung strömt.

4. Es ist dafür zu sorgen, daß der Kessel-Aufstellungsraum für
sich allein beheizt werden kann, ohne daß die ganze Zentralheizung in
Betrieb genommen werden muß. Bei unverkleideter Aufstellung des
Kessels kann dies durch schwaches Feuern erreicht werden, bei eingebauter Anordnung ist entweder ein zweiter Rost, z. B. nach Abb. 27
oder eine Umstellvorrichtung, nach Abb. ·28, vorzusehen, so daß es
möglich ist den Ofen zu heizen, ohne daß sich der Kessel stark erwärmt. Bei Anwendung von Vorstellplatten liegt ein Vorteil darin,
daß durch das Warmwerden derselben der Nebenraum, die Küche
oder der Korridor, temperiert wird.

5. Die Züge der Kachelöfen mit hineingestellten Heizkesseln sind so anzuordnen, daß vor allem die unterste Partie des Ofens gut warm wird, überhaupt haben die Öfen die unter Abschnitt I 1 genannten Forderungen zu erfüllen,

Abb. 29 zeigt die Küchen- und Zimmerseite einer Kachelofen-Zentralheizung, und in Abb. 30 ist ein Zentralheizkessel dargestellt, der Kachelofenform aufweist und dazu bestimmt ist, ohne Ummantelung in dem zu heizenden Raume aufgestellt zu werden.

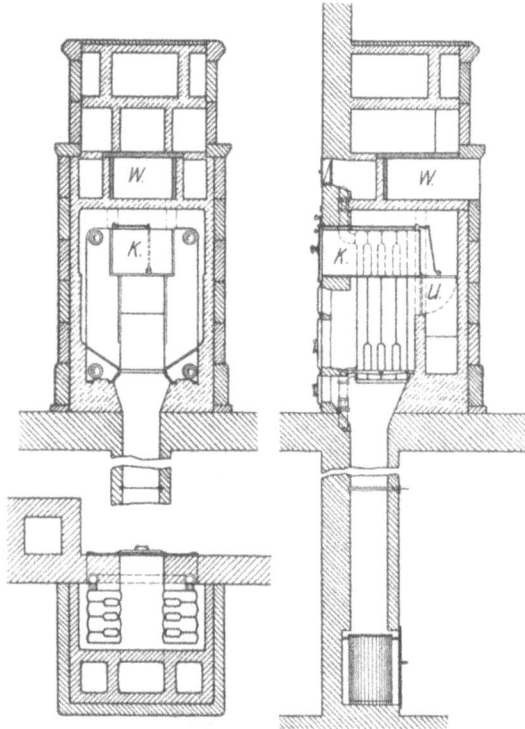

Abb. 28. Kachelofen Zentralheizung, System F. Lang und Co., Zürich.
Der Kessel ist mit einem Aschenfall nach dem Keller versehen.
U Umschaltklappe, *K* Kochrohr, *W* Wärmerohr.

Wie die Abbildungen 27 bis 30 erkennen lassen, werden meist Kochrohre eingebaut, weil sich hierdurch im Winter namhafte Ersparnisse an Kochgas erzielen lassen. Sie sind so anzuordnen, daß sie von den heißesten Feuergasen getroffen werden. Gewünschtenfalls kann, wie in den Abbildungen 27 und 28 veranschaulicht, oberhalb außerdem ein Wärmerohr, das weniger warm wird, eingebaut werden. Weiter läßt sich von solchen Kesseln aus auch eine kleine Warmwasserversorgung für Küche und Bad betreiben.

Ist auf Billigkeit in der Erstellung Rücksicht zu nehmen, so werden die Heizkörper, wie bei den gewöhnlichen Zentral- und Etagenheizungen, möglichst nahe um den Kessel herum gruppiert. In dem Falle bringt man die Vorlaufleitungen offen in den Korridoren oder Vorräumen an, so daß sie gleichzeitig zur Temperierung derselben dienen. Sollen die Heizkörper dagegen in die Fensternischen gestellt werden, so ist Verlegung der Verteilleitungen im Dachstock und der Vertikalleitungen in Mauerschlitze am Platz.

Die Ofen-Zentralheizungen stellen sich etwas teurer als Zentralheizungen mit gewöhnlichen Kesseln, dagegen ist der Betrieb billiger,

Abb. 29. Küchen- und Zimmerseite einer Kachelofen-Zentralheizung in einem Einfamilienhaus mit 7 Zimmern, ausgeführt von der Firma G. Bodmer & Cie., Zürich.

weil in den Übergangszeiten der Aufstellungsraum für sich allein geheizt werden kann und außerdem die Leitungsverluste kleiner ausfallen und die Feuergase gut auf ihren Wärmeinhalt ausgenützt werden. Außerdem kommt bei Aufstellung eines Kachelofens, der mit oder ohne Sitzbank ausgeführt und auch sonst in jeder Beziehung den Wünschen des Bauherrn angepaßt werden kann, dessen dekorative Wirkung hinzu.

Da in großen Mietshäusern die Erstellung gemeinsamer Zentralheizungen billiger zu stehen kommt als diejenige von Etagenheizungen, wird ihr oft der Vorzug gegeben. Der Hausherr übernimmt in dem Falle

3*

den Betrieb und die Verrechnung erfolgt entweder pauschal in Form höherer Mietzinse, oder die Mieter haben, entsprechend den in ihren Wohnungen aufgestellten Heizflächen, jährlich einen bestimmten prozentualen Anteil an die Brennmaterial- und Bedienungskosten zu bezahlen. Die Reparaturen sind in jedem Falle vom Hausherrn zu tragen, d. h. sie müssen, in gleicher Weise wie bei Ofenheizung, im Hauszins eingeschlossen sein. Die Erfahrung lehrt jedoch, daß solche gemein-same Betriebe oft zu Streitigkeiten führen. Bei Pauschalverrechnung reklamieren die Mieter, wenn der Hausherr im Herbst und Frühjahr ihrer Meinung nach zu spät mit dem Heizen beginnt resp. zu früh aufhört oder im Winter nicht hoch genug heizt, und der Hausherr findet Veranlassung zu Beschwerden, wenn die Mieter unnötigerweise Wärme vergeuden, z. B. heizen und gleichzeitig die Fenster offen halten. Auch ergeben sich Miß-stände, wenn die Brennmaterialpreise starke Ände-rungen erfahren. Und bei Verrechnung der jähr-lichen Auslagen können Streitigkeiten entstehen, wenn einzelne Mieter allzuviel Brennmaterial ver-brauchen und die anderen sich nicht an der Dek-kung des Mehrverbrauches beteiligen wollen. Aus diesen Gründen sind in Miethäusern Ofen- oder Eta-genheizungen vorzuziehen, wobei jeder Mieter in der Lage ist, so viel oder so wenig zu heizen wie ihm beliebt. Bei gemeinsamem Heizbetrieb emp-fiehlt es sich in den Mietvertrag bestimmte unan-fechtbare Abmachungen betreffend Verrechnung der Unkosten aufzunehmen und jährlich abzurechnen.

Abb. 30. »Derric«-Ofen der Firma Gebr. Sulzer A.-G., zur unverkleideten Auf-stellung im Wohnzimmer und Bedienung von einem Nebenraum aus.

b) Pumpen-Warmwasserheizung.

Seitdem die Elektrizitätsversorgung größere Ausdehnung angenom-men hat, werden immer mehr Pumpen-Warmwasserheizungen erstellt, weil sie in gewissen Fällen bedeutende Vorzüge aufweisen. Die Pumpe wird normalerweise in die Rücklaufleitung eingeschaltet. Als Vorteile sind zu nennen:

a) Die horizontale Ausdehnung solcher Anlagen kann beliebig groß sein.

b) Es lassen sich Heizkörper, die tiefer als die Kessel stehen, an-standslos betreiben, wodurch das sonst bei Schwerkraftheizung oft nötige Tieferlegen der Kessel, und damit der Kostenaufwand für die betreffenden baulichen Arbeiten, vermeidbar sind.

c) Die Rohrleitungen erhalten kleinere Durchmesser und können beliebig um Hindernisse herumgeführt werden, während bei Schwerkraftheizung genau auf richtiges Gefälle und sorgfältige Entlüftung geachtet werden muß.

d) Das Anheizen geht bei Pumpenbetrieb der größeren Wassergeschwindigkeit wegen rascher vor sich als bei Schwerkraftheizung.

e) In betriebswirtschaftlicher Beziehung bietet Pumpenheizung namhafte Vorteile bei Anlagen mit ungünstig gelegenen Heizkörpern, die bei Schwerkraftbetrieb nur warm werden, wenn das Wasser auf 60° C und höher erwärmt wird, weshalb schon in den Übergangszeiten mit diesen Temperaturen geheizt werden muß, während für die übrige Anlage vielleicht 40° C Vorlauftemperatur vollständig genügen würden. Dadurch fallen die Wärmeverluste bedeutend größer aus. Bei Pumpenbetrieb ist es möglich, jede beliebige Temperatur zur Anwendung zu bringen und dadurch unter Umständen bis zu 20 und 30% Brennmaterial zu sparen.

Manchmal ist es angezeigt, die Anlagen so zu erstellen, daß sie als Pumpenheizungen und für reduzierten Heizbetrieb, z. B. während der Nacht, als Schwerkraftheizungen betrieben werden können. Dazu ist an der Pumpe eine Umführungsleitung mit Rückschlagklappe anzubringen, die durch den Pumpendruck geschlossen wird und sich beim Abstellen der Pumpe selbsttätig wieder öffnet. Es gibt noch andere Möglichkeiten zur Erreichung dieses Zustandes, z. B. die Anwendung des sog. »Prestosystems«, das darauf beruht, daß die Pumpe nicht direkt in den Wasserstromkreis der Heizung eingeschaltet wird, sondern Wasser aus der Vorlaufleitung ansaugt und es durch einen Ejektor in die Rücklaufleitung befördert, wodurch im Kessel eine große Wassermenge umgewälzt und in der Rücklaufleitung eine saugende Wirkung erzeugt wird. Diese Einrichtung bietet der erstgenannten gegenüber jedoch keinerlei Vorteile, dagegen die Nachteile höherer Anlagekosten und eines größeren Stromverbrauches.

Es sei noch beigefügt, daß eine Warmwasserheizung, die als reine Pumpenheizung berechnet und ausgeführt ist, bei Umstellung auf Schwerkraftbetrieb das Gebäude nicht gleichmäßig erwärmt. Die unteren Partien bleiben zurück, was allerdings in gewissen Fällen belanglos, in Ausnahmefällen sogar zweckmäßig ist. Bisweilen werden einzelne Teile einer Pumpenheizung auch als Schwerkraftheizung ausgeführt, z. B. zur Beheizung der Abwartwohnung von Schulhäusern, Bureaugebäuden usw., so daß über die Ferien und Feiertage die Pumpe abgestellt werden kann, wobei sich die betreffenden Teile doch genügend erwärmen. In dem Falle ist es zweckmäßig, für die durch Schwerkraft zu heizende Partie der Anlage einen besonderen Heizkessel entsprechender Größe aufzustellen.

Bei Ausführung großer Pumpenheizungen werden am besten zwei Pumpenaggregate ungleicher Größe vorgesehen, von denen das kleinere in den Übergangszeiten, sowie nötigenfalls nachts, das größere im strengen Winter tagsüber zu benützen ist. Dadurch kann Strom gespart werden und verfügt man zudem über eine Reserve bei event. auftretenden Pumpen- oder Motordefekten. In Ausnahmefällen werden die Pumpenantriebsmotoren mit Tourenregulierung versehen. Weiter kommt es vor, daß bei großen Anlagen der Antrieb der einen Pumpe durch eine Kleindampfturbine erfolgt, deren Abdampf zur Wassererwärmung oder für andere Zwecke verwendet wird, weil sich dadurch die Betriebskosten besonders billig stellen und die Möglichkeit besteht, die Anlage auch bei Stromunterbruch zu betreiben. Natürlich ist eine solche Ausführung nur möglich, wenn Dampf zur Verfügung steht. Bei Verwendung eines entsprechenden Turbinenmodelles genügt Niederdruckdampf.

Wichtig ist, daß von den Pumpen und Motoren kein störendes Geräusch in den benützten Räumen hörbar wird. Um dies zu verhüten, erstellt man als Unterlage am besten einen soliden Betonsockel und legt eine ca. 40 mm dicke Korkplatte darauf. Bisweilen wird sie auch zwischen Sockel und Boden angebracht. Das Befestigen der Pumpen- und Elektromotor-Fundamentplatte erfolgt durch in den Betonsockel eingelassene Steinschrauben. Zur Vermeidung von Geräuschübertragung durch die Leitungen werden zweckmäßig 3 bis 4 mm dicke Bleieinlagen zwischen den Anschlußflanschen angebracht.

Es sei ausdrücklich darauf hingewiesen, daß Pumpenheizung nur da angewendet werden soll, wo sie wirklich am Platze ist. Ihre Erstellung an Orten, wo eine Schwerkraftheizung den Dienst einwandfrei zu versehen vermag, ist unangebracht, denn wenn auch in den Anlagekosten kein großer Unterschied besteht, so erfordern die Pumpen doch Strom und bedeuten eine gewisse Komplikation, von der abzusehen ist, wenn damit keine Vorteile erzielbar sind.

c) Dampfheizung.

Dampfheizung (Abb. 31 und 32) eignet sich infolge ihrer intensiven Heizwirkung zum raschen Anheizen von Versammlungssälen, Theatern, Kirchen, freistehenden Turnhallen und anderen Räumen, die nur hie und da benützt werden, ferner für Lokale mit stark wechselnder Besetzung und dementsprechend sich rasch änderndem Wärmebedarf wie Restaurants und Speisesäle. Weiter findet man Dampfheizung in Warenhäusern, Fabriken und ähnlichen Gebäuden. Gegenüber Warmwasserheizung hat sie außer der rascheren Heizwirkung die Vorteile größerer Billigkeit in der Anschaffung und geringerer Einfriergefahr.

Die größere Billigkeit hat ihren Grund darin, daß die Heizkörper und Leitungen kleiner ausfallen (s. Abschnitt V 2). Anderseits sind Kondenswasser- und andere Apparate, sowie teurere Kessel erforderlich, so daß ein wesentlicher Preisunterschied zugunsten der

Dampfheizung nur bei größeren Anlagen besteht. Die niedrigeren Erstellungskosten verleiten bisweilen dazu, Dampfheizungen an Orten zu erstellen, wo sie nicht am Platze sind, z. B. in Schulhäusern und

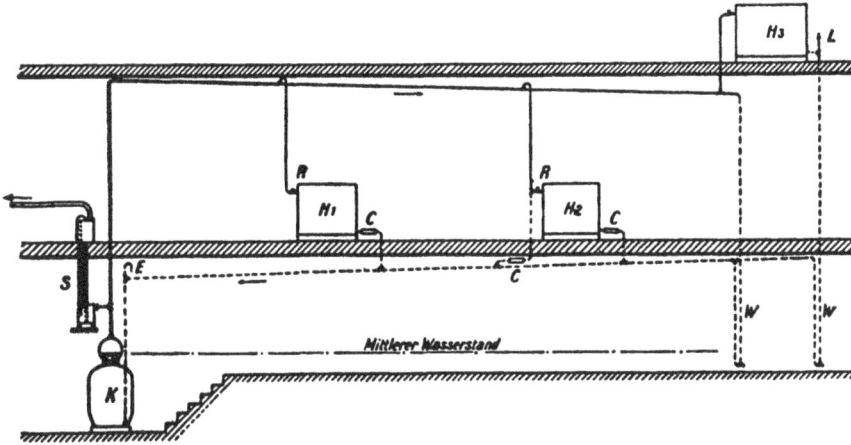

Abb. 31. Schematische Darstellung einer Niederdruckdampfheizung mit oberer Verteilung und trockener Kondenswasserleitung. *K* Kessel, *H* Heizkörper, *R* Regulierventil, *C* Kondenswasserableiter, *L* Entlüfter, *W* Wasserschleife, *E* zentrale Entlüftung, *S* Sicherheitsstandrohrapparat.

Bureaugebäuden. Dabei wird nicht genügend an die hygienischen Nachteile gedacht und auch nicht berücksichtigt, daß den kleineren Anschaffungs- größere Betriebskosten gegenüberstehen.

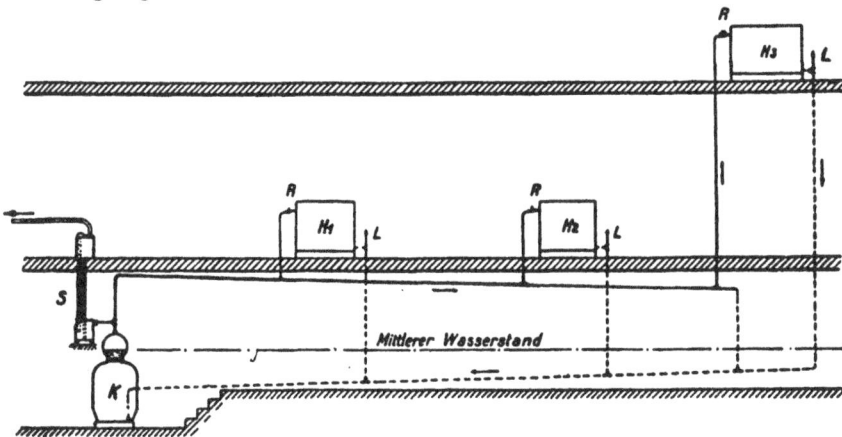

Abb. 32. Schematische Darstellung einer Niederdruckdampfheizung mit unterer Verteilung und nasser Kondenswasserleitung. *K* Kessel, *H* Heizkörper, *R* Regulierventil, *L* selbsttätiger Entlüfter, *S* Sicherheitsstandrohrapparat.

Die geringere Wirtschaftlichkeit der Dampf- gegenüber den Wasserheizungen hat ihren Grund darin, daß die Kessel unökonomischer arbeiten, die Verluste der Leitungen größer sind und die Räume leichter überwärmt werden, worauf man gewöhnlich die Fenster öffnet, um die Wärme hinauszulassen.

Die Einfriergefahr ist bei Dampfheizung klein, weil bei abgestellter Heizung die Heizkörper und Leitungen mit Luft gefüllt sind. Nur in tiefliegenden Kondenswasserleitungen (Abb. 32) ist Wasser vorhanden. Dann sind diese gut zu schützen. Legt man sie hoch genug über den Kessel (Abb. 31), so sind auch sie leer. In dem Falle kann ein Einfrieren höchstens beim Anheizen auftreten, wenn die Heizkörper und Leitungen sehr kalt sind und sich das nach dem Kessel zurückfließende Kondenswasser auf seinem Wege bis auf 0° abkühlt. Bei den Dampfheizungen kann daher unter Umständen die sonderbare Erscheinung auftreten, daß sie infolge des Anheizens einfrieren.

Außer den erwähnten höheren Betriebskosten weist Dampfheizung auch Nachteile hygienischer Art auf, indem sich die Intensität der Heizwirkung der Witterung nicht anpassen läßt. Die Temperatur der Heizkörper ist bei Verwendung von Niederdruckdampf immer ca. 100°C, bei Mittel- und Hochdruckdampfheizungen noch höher und die Wärmeabgabe daher, namentlich in den Übergangszeiten, unangenehm. Die hohe Temperatur ist besonders in der Nähe der Heizkörper und Leitungen lästig. Auch die stark austrocknende Wirkung der Dampfheizung ist keine angenehme Begleiterscheinung. Aus diesen Gründen wurde bei Dampfheizung ebenfalls versucht, zentrale Regulierbarkeit herbeizuführen[1]), was bisher am besten durch die von den Firmen Gebr. Körting, A.-G., Hannover-Linden[2]), und Fritz Kaeferle, Hannover, durch Umwälzung eines Dampfluftgemisches in den Heizkörpern erreicht wurde. Hierbei kann durch Anwendung verschieden hoher Dampfdrücke die Heizkörperoberflächentemperatur nahezu gleichmäßig bis auf etwa 35° C hinunterreguliert werden. Von dieser Möglichkeit ist in der Praxis bisher jedoch kein großer Gebrauch gemacht worden.

Ein weiteres Mittel, die Temperatur in Dampfleitungen herabzumindern, besteht in der Anwendung von Vakuum. Die Temperatur sinkt mit zunehmender Luftleere. Solche Anlagen werden namentlich in Hochhäusern angewendet, weil Warmwasserheizungen mit ihrem großen Wasserinhalt eine unliebsame Belastung solch hoher Gebäude bilden und doch mit Temperaturen unter 100° C geheizt werden soll, da es sich meist um Bureaux handelt. Zur weiteren Verminderung des Gewichtes werden statt der schweren Gußradiatoren bei Hochhausheizungen meist dünnwandige, gepreßte Stahlblechradiatoren verwendet.

---

[1]) O. Ginsberg, Zur Frage der generellen Regelung bei Niederdruckdampfheizungen. Verlag von C. Marhold, Halle a. S.

[2]) Gebr. Körting, Vergleichende Betrachtungen über die Wirkungsweise des Körting-Dampfluftumwälzverfahrens (Mild-Dampfheizung) gegenüber den sonst gebräuchlichen Dampfniederdruck- u. Warmwasserheizkörpern und Heizungsanlagen.

Außer von Dampfkesseln aus werden Vakuumheizungen in industriellen Betrieben hinter Dampfmaschinen erstellt, wo sie gewissermaßen Luftkondensatoren darstellen.

In Europa hat Vakuumheizung, da hier bisher eigentliche Hochhäuser wenig gebaut werden, keine große Verbreitung erlangt, weil sie als normale Gebäudeheizung keine Vorteile bietet und bei ihr leichter Betriebsschwierigkeiten auftreten als bei gewöhnlichen Dampf- und Warmwasserheizungen. Steht Abdampf von Dampfmaschinen, Dampfturbinen, Dampfhämmern usw. zu Heizzwecken zur Verfügung, so wird er besser entweder in einer mit Überdruck arbeitenden Dampfheizung oder in einem Dampf-Warmwasserapparat zur Erwärmung von Wasser, das zu Brauchzwecken oder zum Betriebe einer Warmwasserheizung dient, verwendet. Hierbei kann der Gegendruck je nach der erforderlichen Heiztemperatur von hochgradigem Vakuum bis zu Gegendruck verändert werden[1]). In neuester Zeit hat der Bau von Hochhäusern allerdings auch auf dem Kontinent Eingang gefunden, und ist es möglich, daß dadurch die Vakuumheizung in Zukunft hier ebenfalls größere Verbreitung finden wird.

Die verschiedenen Dampfheizarten lassen sich einteilen in:

Zahlentafel 2.

Art	absoluter Dampfdruck am Anfang der Dampfleitung ca. at abs.	entsprechende Dampftemperatur °C	Bemerkungen
Hochdruckheizung	3,0 — 13	133 — 191	Die Grenzen zwischen Hoch-, Mittel- und Niederdruckheizung liegen nicht genau fest
Mitteldruckheizung	1,5 — 3,0	111 — 133	
Niederdruckheizung	1,0 — 1,5	99 — 111	
Vakuumheizung (direkte Wärmeabgabe an die Raumluft)	0,5 — 1,0	81 — 99	
Abdampfheizung betrieben als: Vakuumheizung (direkte Wärmeabgabe an die Raumluft)	0,5 — 1,0	81 — 99	
Gegendruckheizung	1,0 — 1,5	99 — 111	Soll der Abdampf zu techn. Zwecken verwendet werden, so wird mit dem Gegendruck oft höher, bisweilen auf einige at gegangen.
Dampf-Warmwasserheizung	0,08 — 1,5	41 — 111	

In den gewöhnlichen Dampfheizungen wird der Dampfdruck mit Vorteil so klein als möglich gehalten, weil der Betrieb solcher Anlagen störungsfreier vor sich geht und sie auch vom wirtschaftlichen und hygie-

---

[1]) Hierüber sowie die weiteren Arten der Abwärmeverwertung s. Hottinger, Abwärmeverwertung. Verlag von J. Springer, Berlin.

nischen Standpunkt aus den Hochdruckheizungen überlegen sind. Bei Fernheizungen dagegen wird oft Hochdruckdampf verwendet. Früher fand man auch häufig in Fabriken unter der Decke liegende, weite Heizrohre, in denen Dampfdrücke von 6 und mehr at zur Anwendung gebracht wurden, eine Heizart, von der man jedoch aus den bereits genannten Gründen mehr und mehr abgekommen ist.

d) Luftheizung.

Luftheizung wird mit Vorteil als Großraumheizung, z. B. zur Erwärmung großer Fabrikräume, Kirchen, Hallen (Montage-, Ausstellungs-, Turnhallen usw.), Kinos usw. angewendet.

Sodann kommt sie aus ästhetischen Gründen bei architektonisch schönen Räumen in Frage, wenn keine Heizkörper sichtbar sein sollen, z. B. in Kirchen, Theatern, Sälen usw.

Ferner wird Luftheizung für die Tresorräume von Banken erstellt, weil dort aus Sicherheitsgründen durch die Mauern führende Dampf- und Warmwasserheizleitungen vermieden werden müssen. Zur Luftzuführung verwendet man dabei zweimal abgebogene Stahlrohre, die in die armierten Betonwände eingelassen werden.

Ein Vorteil ist, daß mit Luftheizung gleichzeitig die Lüftung der betreffenden Räume und durch Zuführung kühler Luft gewünschtenfalls auch eine gewisse Kühlung herbeigeführt werden kann. Bei Theatern und Versammlungssälen werden die Anlagen oft vor Beginn der Veranstaltung zum Heizen, nach dem Erscheinen der Besucher zum Lüften und bei zunehmender Raumtemperatur zum Kühlen verwendet.

Dagegen eignet sich Luftheizung in Gegenden mit rauhem Klima keineswegs für Wohnhäuser[1]), für die sie in Hinsicht auf die geringen Anschaffungskosten trotzdem immer wieder empfohlen wird. Man hat jedoch bisher stets die Erfahrung machen können, daß Luftheizungen in Wohnhäusern sehr viel Brennstoff verbrauchen und bei exponierter Lage der Gebäude die vom Winde getroffenen Räume nicht genügend erwärmen.

Es lassen sich unterscheiden:

1. Luftheizungen mit natürlichem Auftrieb der Luft.
2. Luftheizungen mit Ventilatorbetrieb.

In beiden Fällen kann die Erwärmung der Luft durch Feuerluftöfen (Kalorifere) oder Warmwasser- resp. Dampfheizkörper oder auf elektrischem Wege erfolgen.

Die Anlagen mit natürlichem Auftrieb bestehen aus einer im Keller oder in einem Parterreraum angeordneten Heizkammer, Zu-

---

[1]) E. Herz, Zur Abwehr der amerikanischen Luftheizung. Verlag von R. Oldenbourg, München.

und Um- resp. Abluftkanälen, welche der Luft die Zirkulation von der Heizkammer nach den zu heizenden Räumen und von dort zurück oder ins Freie ermöglichen. Durch Umstellung von Klappen muß es in einfacher Weise möglich sein, entweder mit Um-, Abluft oder gemischtem Betrieb zu arbeiten.

Verschiedene für diese Anlagen gebräuchliche Feuerluftöfen oder Kalorifere sind in den Abb. 33 bis 37 wiedergegeben. Die Abb. 33 bis 35 zeigen Ausführungen der Firma H. Kori, Berlin. Beim Gegenstromkalorifer Type I nach Abb. 33 sind die von den Rauchgasen durchströmten gußeisernen Heizkästen H radialstehend zum Feuerherd angeordnet. Sie bewirken eine gute Verteilung der Rauchgase und werden von der zu erwärmenden Luft gleichmäßig umspült. Der Feuerherd selber besteht aus einem schmiedeeisernen, hinten halbrunden Mantel, dessen vordere, offene Seite in das Mauerwerk der Luftkammerfrontwand eingreift, dort verankert und luftdicht vermauert ist. Im Innern enthält er eine 130 mm starke Schamotteausfütterung. Unter ihm befindet sich der gußeiserne Rauchsammelkasten R, der seinerseits in eine auf dem Fundament ruhende Bodenplatte eingreift. In der Abbildung bezeichnen weiter: T den Fülltrichter, A die Beschickungstür, C den Schrägrost mit dem darunter liegenden Planrost, K den Ringkanal, durch den die kalte Luft dem Apparat zuströmt, E die Putztüre, W ein Wasserschiff zur Befeuchtung der Luft. Diese Apparate werden mit 13,6 bis 48,5 m² Heizfläche angefertigt.

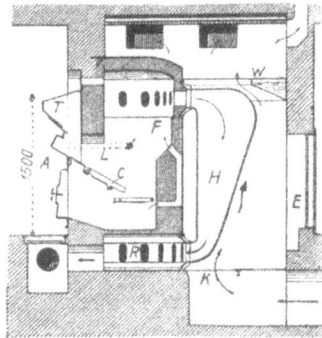

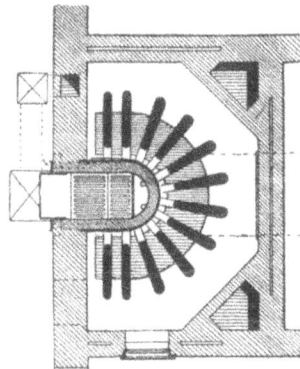

Abb. 33. Gegenstrom-Kalorifer, Type I der Firma H. Kori, Berlin.

Abb. 34 zeigt Type II der Korischen Ausführungen, die, statt radialstehende, reihenförmig angeordnete Heizkasten aufweist und in Größen von 17,7 bis zu 61 m² Heizfläche hergestellt wird.

Ferner baut die Firma Kori zwecks Vermeidung der Mauerarbeiten, die erst nach fertiger Montage des Kalorifers ausgeführt werden können und eine längere Anwesenheit des Monteurs bedingen, Apparate nach Abb. 35 von 14,25 bis 23,3 m² Heizfläche und außerdem sog. Kaloriferöfen, die den Übergang zu den Einzelöfen darstellen, nur daß in Hinsicht auf eine möglichst geringe Bauhöhe ein Teil der Heizfläche nicht als senkrechte Verlängerung des Unterofens, sondern in Form eines besonderen Heizkörpers daneben gestellt ist. Jede Hälfte ist mit einem abnehmbaren Deckel und einer dicht schließenden Putztür versehen. Diese Öfen werden mit 7,6 bis 26,5 m² Heizfläche erstellt.

Weiter sind in den Abb. 36 und 37 die Körtingschen Rippen-element-Kalorifere zur Darstellung gebracht. Sie bestehen zur Haupt-

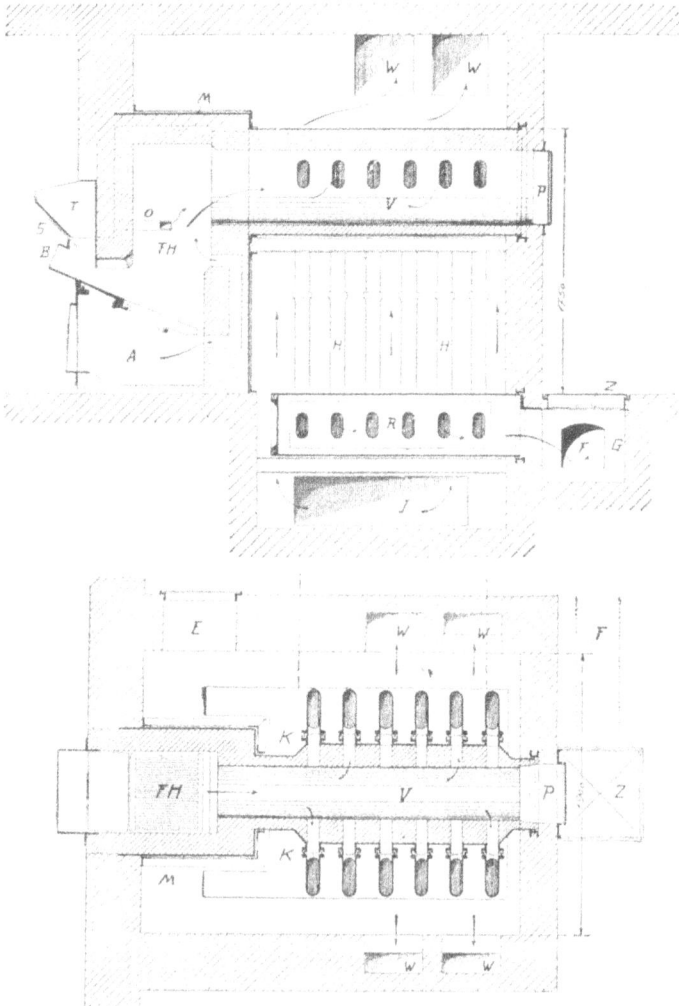

Abb. 34. Gegenstrom-Kalorifer, Type II der Firma H. Kori, Berlin.

sache aus einem oberen, fünfeckigen, wagrechten Verteilrohr, den sich beidseitig anschließenden stehenden Rippenheizelementen und dem liegenden Rauchsammelkasten, die von den Feuergasen durchstrichen werden, während die Luft von unten her zwischen den Rauchsammelrohren und hernach den Heizelementen durch nach dem Außenraum der Heizkammer und von dort durch die Warmluftkanäle in die zu heizenden Räume hinaufgelangt. Das Verteilrohr ist innen mit Schamotte ausgefüttert. Die Heizelemente sind oben seitlich an das Oberrohr angeschraubt und stehen unten auf Sandpfannen auf, wodurch sie leicht einzubauen sind und sich bei der Erwärmung ungehindert

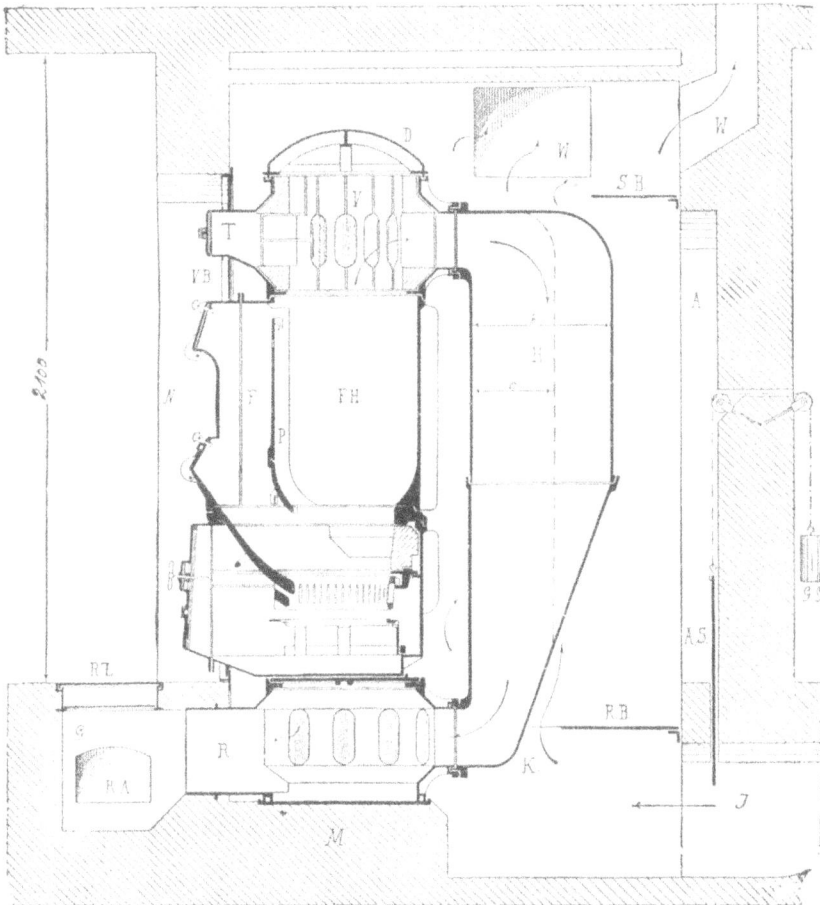

Abb. 35. Gegenstrom-Kalorifer, Type III der Firma H. Kori, Berlin.

ausdehnen können. Diese Apparate werden in einfachen Reihen mit 19 bis 38 m² und doppelreihig mit 36 bis 126 m² Heizfläche ausgeführt.

Bei der Anwendung von Feuerluftöfen ist von Wichtigkeit, daß sie groß genug gewählt werden. Forcierung hat infolge großer Kaminverluste einen unwirtschaftlichen Betrieb zur Folge, auch verziehen sich die Eisenelemente dabei und werden undicht, wodurch Rauchgase in die Luftkanäle und Räume hinaufgelangen. Es ist ferner streng auf gute innere und äußere Reinigungsmöglichkeit der Heizflächen zu achten, weil Flugasche und Ruß den Wärmedurchgang beeinträchtigen,

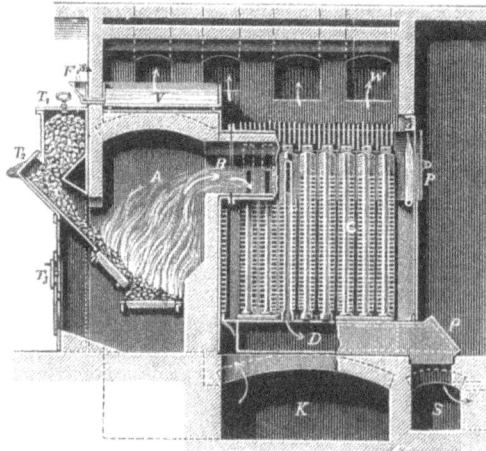

Abb. 36. Doppelreihiger Kalorifer mit Schüttfeuerung der Firma Gebr. Körting, A.-G., Hannover-Linden.
A Feuerraum, T_1, T_2, T_3 Füllöffnungen und Tür mit Regulierscheibe, B oberes Verteilungsrohr, C Rippenheizelemente, D Rauchsammelrohre, S Schornsteinfuchs, P Reinigungstüren, K Kaltluftkanal, W Warmluftkanäle.

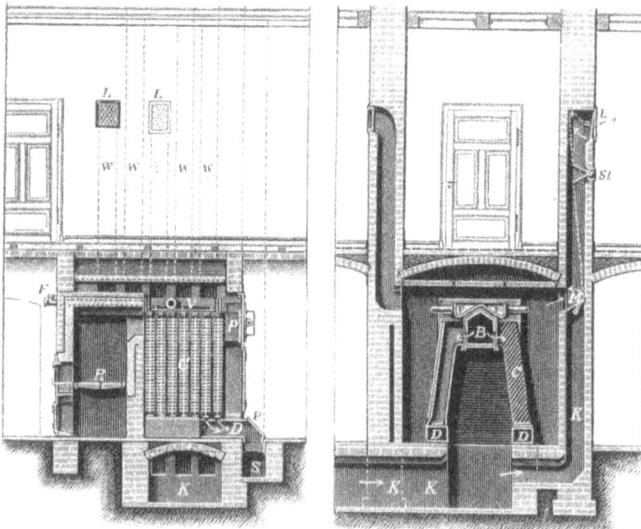

Abb. 37. Schnitt durch eine Heizkammer mit Körtingschem Kalorifer.

und Staubablagerung unhygienische Zustände herbeiführt. Um keine zu hohe Erwärmung der Luft bei normalem Betrieb herbeizuführen und die Apparate zu schonen, gibt Rietschel die Wärmeabgabe pro m²:

Abb. 38. Zentrifugalventilator mit angebautem Sendric-Gebläseheizkörper.
(Ausführung der Firma Gebrüder Sulzer A.-G., Winterthur.)

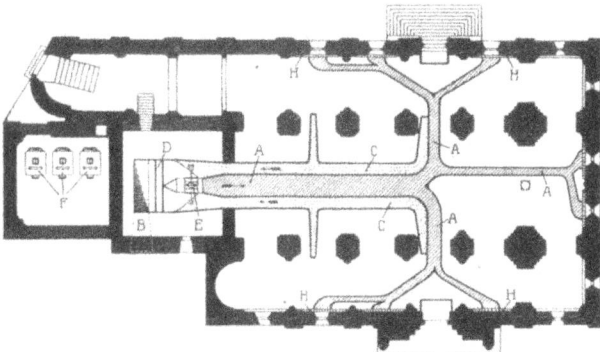

Abb. 39. Dampf-Luftheizung in einer Kirche.
A Zuluftkanäle. B Frischluftkanal. C Umluftkanäle. D Gebläseheizkörper. E Zentrifugalventilator.
F Dampfheizkessel. H Warmluft-Austrittstellen.

Abb. 40. Heizzentrale mit Warmluftverteilleitungen in einer Montagehalle.
Ausführung der Maschinenbau-Aktiengesellschaft Balcke, Bochum.

Abb. 41. Großraum-Luftheizung in der Kakaofabrik von Houtens, Weesp in Hollamd.
Ausführung der Firma Rud. Otto Meyer, Hamburg.

glatte Heizfläche zu 1500 bis höchstens 2000 kcal/h, pro m² gerippte Heizfläche zu 1200 bis höchstens 1500 kcal/h an.

Bei den Anlagen mit Ventilatorbetrieb wird die Luft entweder von verteilt in den Räumen aufgestellten sog. Luft-, Fabrik- oder Kleinheizapparaten angesaugt und wieder in den Raum ausgeblasen oder in zentral aufgestellten Gebläseheizkörpern erwärmt und von Ventilatoren durch lange, den Raum durchziehende Verteilleitungen gefördert.

Die Anlagen mit zentraler Erwärmung der Luft werden ähnlich gebaut wie diejenigen mit selbsttätigem Auftrieb, nur daß zufolge der größeren verfügbaren Druckhöhe die Luftgeschwindigkeit größer ausfällt und daher die Kanalquerschnitte und der Heizapparat bedeutend kleiner gehalten werden können. Hierbei verwendet man auch gewöhnlich keine Feuerluftöfen, sondern Dampf- oder Heißwasser-Gebläseheizkörper, beispielsweise nach Abb. 38. Bei dieser Ausführungsart erhöhen sich die Erstellungs- und infolge des Stromverbrauches auch die Betriebskosten, trotzdem gibt man ihnen bei Luftheizungen vielfach und bei Lüftungsanlagen normalerweise den Vorzug, weil sich wesentliche Vorteile in baulicher, betriebstechnischer und hygienischer Beziehung ergeben. Abb. 39 zeigt eine solche Anlage in einer Kirche, und in den Abb. 40 und 41 sind zwei Großraumluftheizungen mit zentraler Lufterwärmung in Fabriken wiedergegeben, wobei die Ausblaseöffnungen oben liegen. Bisweilen führt man die Verteilkanäle an verschiedenen Stellen des Raumes nach unten und läßt sie ca. 1 m über Boden ausmünden. Die Luftheizungen mit zentraler

Abb. 42. Sendric-Fabrikheizapparat der Firma Gebrüder Sulzer A.-G., Winterthur, für Frisch- und Umluftbetrieb mit weggenommener Vorderwand, um das Innere zu zeigen.

Erwärmung der Luft haben große Ähnlichkeit mit den unter Abschnitt XIII besprochenen Lüftungsanlagen und sei daher auch auf das dort Gesagte verwiesen.

Für Fabriken und Hallen haben die Anlagen mit verteilt in den Räumen aufgestellten Heizapparaten große Verbreitung gefunden. Die Apparate sehen sehr verschieden aus, bestehen im Prinzip aber alle aus einem Heizapparat, in dem die Luft mittels Dampf, Heißwasser oder auf elektrischem Wege gewärmt wird, und einem damit zusammengebauten Ventilator, der durch einen Elektromotor, ausnahmsweise eine Kleindampfturbine, angetrieben wird. Einige

Abb. 43. Blick in die Werkstätten von Brown, Boveri & Cie., A.-G., Baden, mit durch Abdampf-Warmwasserheizung betriebenen Sulzerschen Sendric-Apparaten.

Abb. 44. Blick in die neue Montagehalle auf dem Flugplatz Dübendorf b. Zürich, beheizt durch Fabrik-Heizapparate nach Abb. 45.
Ausführung der Fa. J. Müller, Rüti (Kt. Zürich).

Ausführungsformen und Anwendungsbeispiele zeigen die Abb. 42 bis 46. Die Apparate können entweder auf den Boden gestellt oder in der Höhe befestigt werden, beispielsweise an den Außenmauern oder Stützpfeilern. Das Ausblasen der Luft hat etwa 3,5 m über Boden, schwach nach unten, zu erfolgen. Die Arbeiter sollen vom Luftstrom nicht direkt getroffen werden.

Steht Abwärme, z. B. Abdampf von Dampfmaschinen, Dampfhämmern usw. oder heißes Abwasser zur Verfügung, so gestaltet sich das Heizen besonders billig. Aber auch, wenn dies nicht der Fall ist, er-

Abb. 45. Heizapparat der Ventilator-A.-G. Stäfa bei Zürich.

Abb. 46. Einzellufterhitzer der Maschinenbau-Aktiengesellschaft Balcke, Bochum.

geben solche Anlagen einen vorteilhaften Betrieb, weil gute Durchmischung der Raumluft stattfindet, wodurch gleichmäßige Temperaturverteilung herbeigeführt wird, die Wärmeverluste klein ausfallen und das Anheizen der Räume rasch vor sich geht. Bisweilen wird, wie Abb. 42 erkennen läßt, auch Frischluftzuführung von außen her vorgesehen, so daß es durch einfache Klappenumstellung möglich ist, Umluft aus dem Raum oder Außenluft oder teilweise Um-, teilweise Frischluft anzusaugen und dadurch eine Lüftung, im Sommer auch eine Kühlung der Räume herbeizuführen.

Zu letzterem Zweck ist es angezeigt, die Frischluft von Orten zu entnehmen, wo sie kühl ist und event. die Heizapparate von kaltem Wasser durchströmen zu lassen (s. Abschnitt XIII d).

e) Fernheizung.

Fernheizungen zur Beheizung ganzer Häusergruppen und Städte-
teile von einer Zentralen aus nehmen bisweilen Ausdehnungen bis zu
einigen Kilometern an.

Die erste große Ferndampfversorgung für einen ganzen Stadtbezirk
wurde 1878 in Lockport, New York, errichtet. Weitere folgten in
New York, Detroit, Pittsburg, Boston, Milwaukee, Dayton,
Cleveland, St. Louis. Anfänglich wurde dazu Dampf von 6 Atm.
Druck verwendet, in neuerer Zeit ist man auf 10 Atm. und bei im Bau
befindlichen Erweiterungen sogar auf 15 Atm. und 50° C Überhitzung
gegangen. Abb. 47 zeigt den Rohrplan der New-York-Steam Co., wie

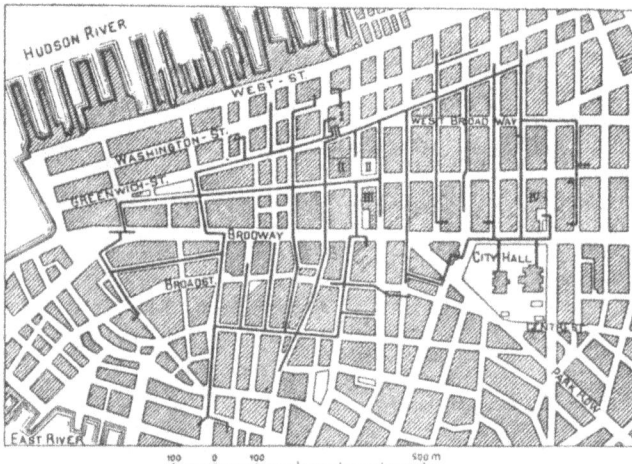

Abb. 47. Dampf-Fernleitungsnetz der New York Steam Company
zur Dampfversorgung der untern Stadt von New York, wie es vor
ca. 15 Jahren ausgesehen hat.

er vor ca. 15 Jahren ausgesehen hat. Heute bestehen in den Vereinigten
Staaten etwa 400 kleinere und größere derartige Anlagen, die ganze
Stadtteile mit Heizung versorgen[1]).

Auf dem Kontinent hat die Fernheizung besondere Verbreitung
für Häusergruppen gefunden, die derselben Verwaltung unterstehen,
z. B. von im Pavillonsystem gebauten Spitalanlagen, nahe beisammen-
gelegenen Staatsgebäuden, Fabrikbauten usw. Das erste große euro-

---

[1]) Einen Überblick über die Größe und technische Ausführung, das Alter und
andere Daten betr. 57 Fernheizwerke in Amerika gab der United States Survey
im Jahre 1908 heraus. Die Stadt New York besitzt allein 4 Fernheizwerke. Die
Anlage in Lockport versorgte 1878 14 Wärmebezieher: 7 Wohnungen, 5 Läden
und 2 Kirchen. Im Jahre 1911 war die Zahl der Anschlußstellen auf über 350
gestiegen.

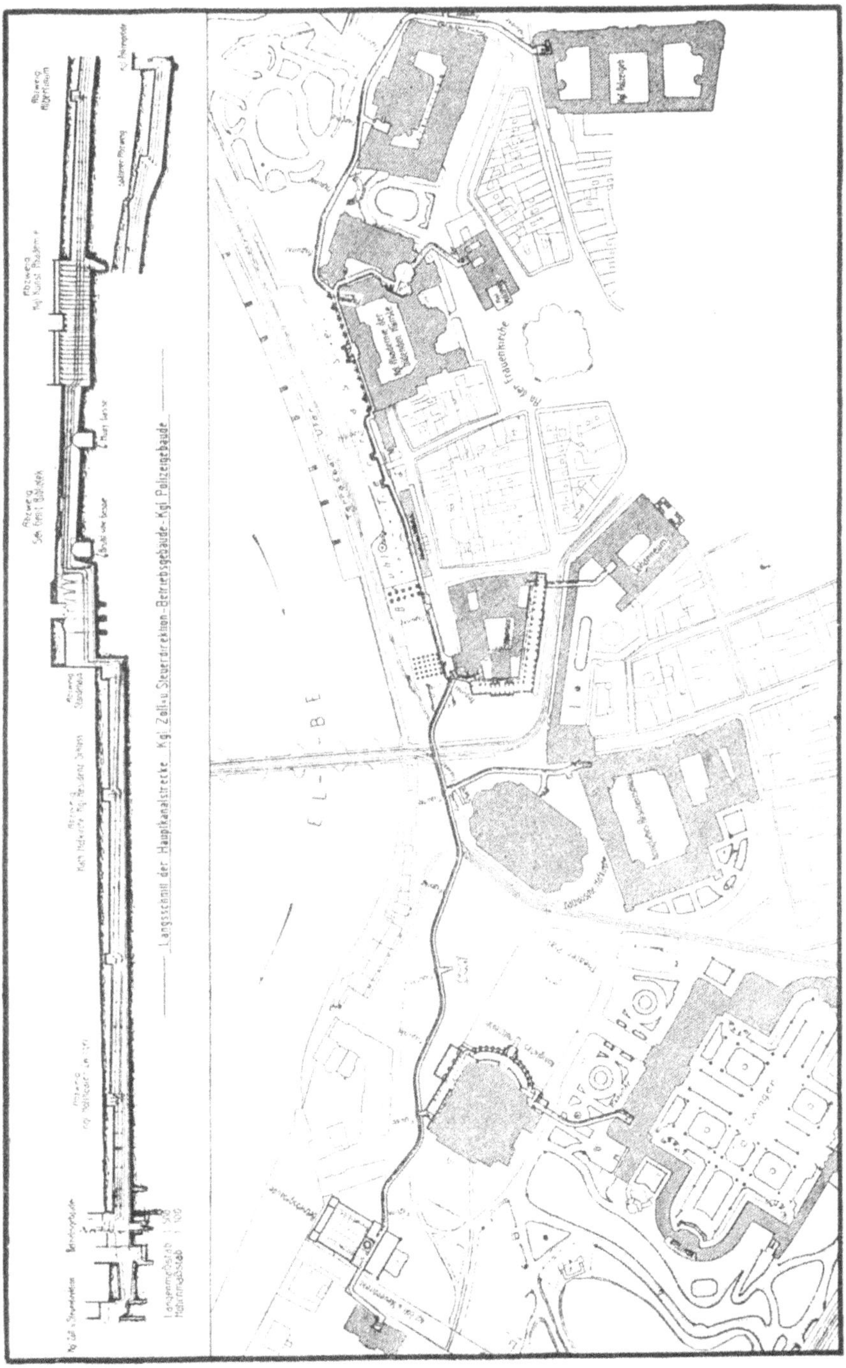

Abb. 48. Staatliches Fernheizwerk Dresden, erstellt durch die Firma Rietschel & Henneberg, Dresden.

päische Fernheizwerk ist im Jahre 1900 in Dresden in Betrieb gekommen (Abb. 48).

In neuester Zeit sind in Deutschland ebenfalls eigentliche Städte-

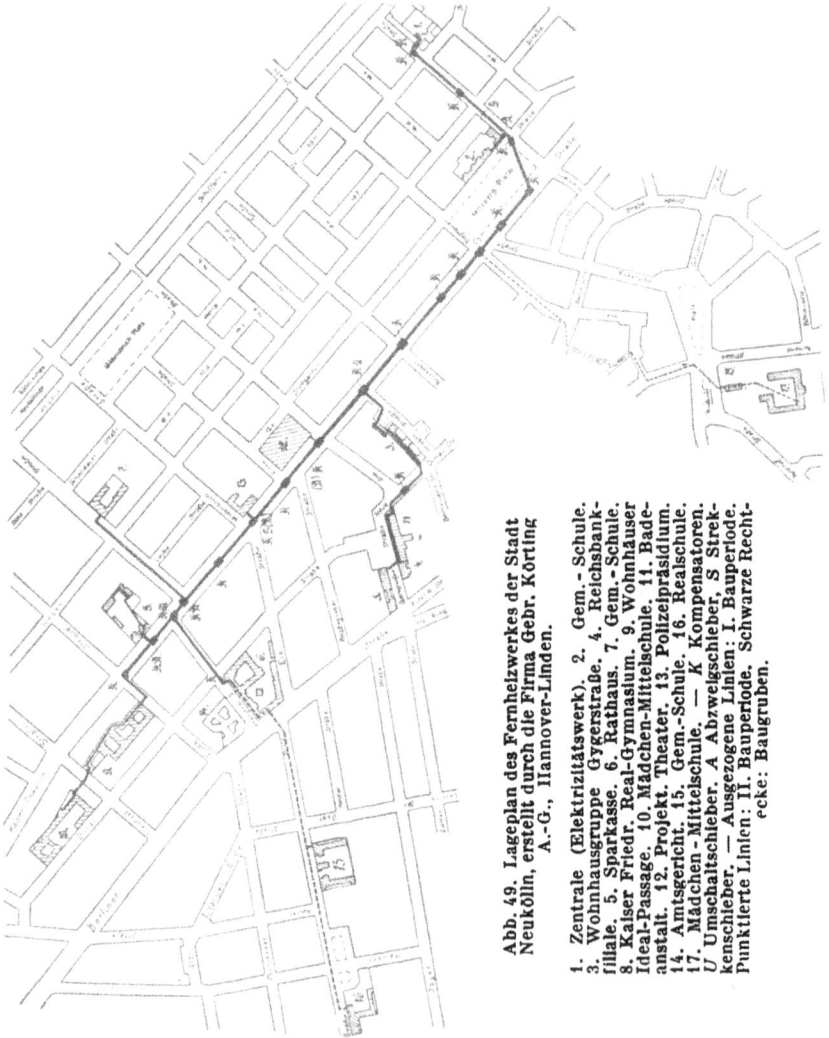

Abb. 49. Lageplan des Fernheizwerkes der Stadt Neukölln, erstellt durch die Firma Gebr. Körting A.-G., Hannover-Linden.

1. Zentrale (Elektrizitätswerk). 2. Gem.-Schule. 3. Wohnhausgruppe Gygerstraße. 4. Reichsbank-filliale. 5. Sparkasse. 6. Rathaus. 7. Gem.-Schule. 8. Kaiser Friedr. Real-Gymnasium. 9. Wohnhäuser Ideal-Passage. 10. Mädchen-Mittelschule. 11. Bade-anstalt. 12. Projekt. Theater. 13. Polizeipräsidium. 14. Amtsgericht. 15. Gem.-Schule. 16. Realschule. 17. Mädchen-Mittelschule. — K Kompensatoren. U Umschaltschieber. A Abzweigschieber, S Strek-kenschieber. — Ausgezogene Linien: I. Bauperiode. Punktierte Linien: II. Bauperiode. Schwarze Recht-ecke: Baugruben.

heizungen entstanden, u. a. in Neukölln, Hamburg, Kiel, Barmen,
Braunschweig usw.[1])

[1] Se. »Städteheizwerke« von Stadtbaumeister Hugo Schilling in der Z. d. V. d. I.
vom 4. Juli 1924 und im Ges.-Ing. vom 16. Mai 1925, ferner in der Z. d. V. d. I.
Nr. 27 1925 S. 889. Besonderes Interesse kommt weiter den Berichten betr. d. »Ta-
gung über Städteheizung« vom 23. u. 24. Okt. 1925 in Berlin zu. Schon früher hat
sich Dr. W. Tüblin (Winterthur) mit diesem Problem befaßt und die Resultate seiner
Studien in der 1922 erschienenen Schrift: »Zentralisieren von Heizungsbetrieben und
Wärmelieferung für sonstigen Hausbedarf in Ortschaften u. Städten« veröffentlicht.

Das Fernheizwerk der Stadt Neukölln (Abb. 49 und 50) dient zur Beheizung von zehn größeren Gebäuden resp. Gebäudegruppen. Es hat eine Ausdehnung von 2,5 km ab Zentrale und wird nach vollem Ausbau imstande sein, stündlich 15 Mill. Wärmeeinheiten zu liefern. Das Warmwasser wird in der Zentrale in Gegenstromapparaten mittels

Abb. 50. Verlegung der Rohrleitungen im Straßenkanal des Fernheizwerkes Neukölln.

Dampf von 4 Atm. abs. auf etwa 125°C erwärmt, mit dieser Temperatur nach den einzelnen Gebäuden gepumpt, dort mit dem kälteren Rücklaufwasser der Gebäudeheizungen gemischt und so die erforderliche Heizwassertemperatur herbeigeführt. Das Rücklaufwasser kommt mit ca. 60 C in die Zentrale zurück. Dadurch wird erreicht, daß der Liter Wasser 65 kcal überträgt.

Bezüglich der Städteheizungen H a m b u r g, K i e l, B a r m e n und B r a u n s c h w e i g entnehme ich der interessanten Denkschrift der Firma Rud. Otto Meyer: »Die Städteheizung« folgendes:

In H a m b u r g liegen die Verhältnisse für die Entwicklung des Fernheizbetriebes besonders günstig. Einerseits ist hier die Anzahl der bereits vorhandenen Zentralheizungen bedeutend. — Nach den Angaben

Abb. 51. Lageplan des Kraft-Heizwerkes Poststraße, Hamburg.
Ausführung der Firma Rud. Otto Meyer, Hamburg.

des statistischen Amtes sind rd. 6% aller Wohnungen und rd. 25% aller Geschäftsräume mit Zentralheizung versehen. Anderseits ist die Wärmedichte der inneren Stadtteile mit den vielen Verwaltungsgebäuden, Kontor- und Geschäftshäusern besonders groß.

Das Fernheizwerk in Hamburg ist zu Beginn der Heizperiode 1921/22 mit sechs Gebäuden und einem Anschlußwert von rd. 7 000 000 kcal/h in Betrieb genommen und inzwischen auf 24 Gebäude mit einem An-

schlußwert von rd. 18000000 kcal/h erweitert worden. In der letzten
Heizperiode hat es rd. 21 Milliarden kcal an die Wärmeabnehmer und
rd. 1400000 kWh an die Hamburgischen Elektrizitätswerke geliefert.
Die gesamte verfeuerte Kohlenmenge betrug 6500 t. Die Ersparnisse
gegenüber dem getrennten Kraft- und Heizbetrieb sind etwa 2400 t
Kohle im Jahr. Die bisher an die Zentrale Poststraße angeschlossenen
Gebäude sind aus dem Lageplan Abb. 51 ersichtlich.

Das Heizwerk ist im Anschluß an das im Jahre 1895 errichtete
Elektrizitätswerk Poststraße entstanden. Der veraltete Dampfmaschinenbetrieb war nicht mehr wirtschaftlich, und die Zentrale
sollte nach dem ursprünglichen Bauplan der Hamburgischen Elektrizitätswerke in ein Unterwerk mit Drehstrom-Gleichstrom-Umformern
umgebaut werden. Von den vorhandenen sechs Dampfmaschinen-
dynamos, von je 400 kW Leistung, waren bereits drei Einheiten in
den Kriegsjahren durch Umformer ersetzt worden, und der Ausbau
der weiteren war nur eine Frage der Zeit. Die Überprüfung des Bau-
planes, vom Standpunkte der allgemeinen Wärmewirtschaft, ergab
jedoch, daß der Dampfmaschinenbetrieb bei Aufnahme von Wärmelieferung für die Beheizung der umliegenden staatlichen und privaten
Gebäude mit Vorteil beibehalten werden kann. Trotz der günstigen
Betriebsergebnisse des neuzeitlichen Großkraftwerkes Tiefstack, von
dem das hamburgische Drehstromnetz in der Hauptsache gespeist wird,
kann der Strom in der Zentrale Poststraße im kombinierten Kraftheizbetrieb billiger als bei Umformung erzeugt werden.

Die Lieferung der Wärme erfolgt in Form von Niederdruckdampf. Maßgebend hierfür waren die in den meisten Gebäuden bereits vorhandenen
Niederdruckdampfheizungen. Gebäude mit Warmwasserheizungen erhiel-
ten Dampfwarmwasserumformer. Die Verrechnung der Wärme erfolgt
monatlich an Hand des tatsächlichen Verbrauches, der durch auf 1% genau
anzeigende Kondensatmesser festgestellt wird. Das Kondenswasser wird
zurückgeführt und zur Speisung der Kessel wieder verwendet.

Eine weitere Steigerung der Wärmelieferung von der Zentrale Poststraße ist mit der vorhandenen Kesselanlage nicht möglich. Es trifft
sich aber günstig, daß von den Hamburgischen Elektrizitätswerken
ein zweites Werk in der Carolinenstraße in rd. 2 km Entfernung zur
Aufnahme des Fernheizbetriebes zur Verfügung gestellt werden kann.
Das Werk in der Carolinenstraße besitzt eine Kesselanlage von 4000 m²
Heizfläche, und ein erheblicher Teil der erzeugten Wärme läßt sich
durch eine Verbindungsleitung bis zur Verteileranlage in der Poststraße leiten. Dadurch ergibt sich die Möglichkeit, das Versorgungsgebiet des Fernheizwerkes Poststraße bedeutend zu erweitern und den
zahlreichen Anträgen auf Anschluß nachzukommen.

Das Fernheizwerk Humboldtstraße Kiel ist in gleicher Weise in
Anlehnung an ein bestehendes, vom Standpunkt der Krafterzeugung

veraltetes Elektrizitätswerk entstanden. Das Versorgungsgebiet ist aus Abb. 52 ersichtlich. Die größte Entfernung vom Verteiler in der

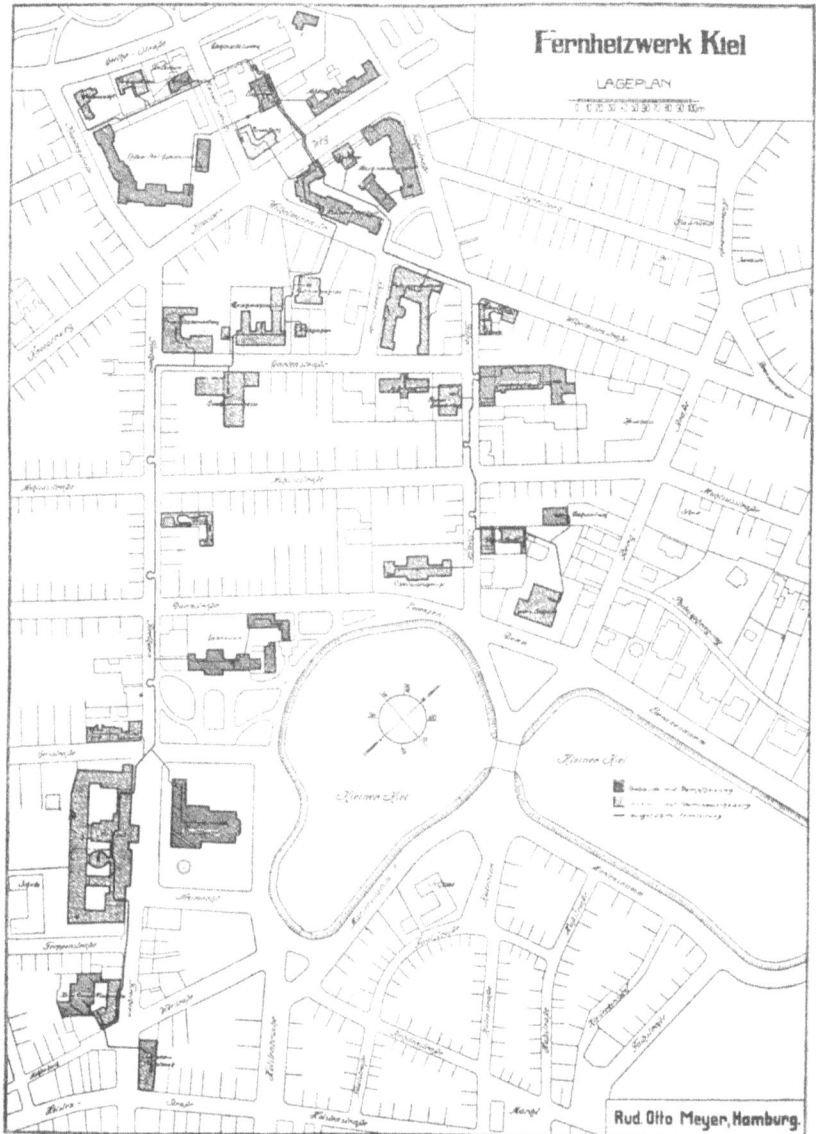

Abb. 52. Lageplan des Städteheizwerkes Kiel.
Ausführung der Firma Rud. Otto Meyer, Hamburg.

Zentrale bis zum entferntesten Abnehmer beträgt 1,3 km. Die Anlage ist Ende Januar 1922 mit 27 Gebäuden und einem Anschlußwert von rd. 10000000 kcal/h in Betrieb gekommen und inzwischen auf 40 Gebäude mit rd. 14000000 kcal/h erweitert worden.

Im Gegensatz zur Hamburger besitzt die Kieler Anlage ein weitläufiges Rohrnetz. In Hamburg liegen die Wärmeabnehmer dicht am Werk und waren dementsprechend kurze Fernleitungen und wenig Kanäle erforderlich; in Kiel sind sie zerstreut und mußten kilometerlange Kanäle angelegt werden. Trotzdem sind die Fernleitungskosten in Hamburg unverhältnismäßig größer als in Kiel. Das liegt hauptsächlich an den hohen Erstellungskosten der Kanäle in den mit Leitungen überfüllten Straßen. Die Gas- und Wasserleitungen, sowie Kabel mußten oft mit erheblichen Aufwendungen umgelegt werden.

Der kombinierte Kraftheizbetrieb ist in Kiel im Gegensatz zum Dampfmaschinenbetrieb des Hamburgerwerkes mit einer Gegendruck- und davor geschalteter Niederdruckdampfturbine durchgeführt. Die Wärmeverteilung und -messung geschieht in gleicher Weise wie beim Fernheizwerk Hamburg.

Die Städteheizung Barmen (Abb. 53) hat sich aus der ehemaligen Rathausheizung entwickelt. Heute vermag sie über zwanzig Gebäuden 6000000 kcal/h zu liefern. Der Ausbau ist noch nicht abgeschlossen, sondern wird voraussichtlich im Laufe der nächsten Jahre auf andere Stadtteile ausgedehnt werden. Die Verteilung der Wärme erfolgt durch Hochdruckdampf.

In Braunschweig besitzt die Elektrizitätswerks- und Straßenbahn-A.-G. in der Wilhelmstraße ein veraltetes Werk, das nur noch als Dampfreserve im Falle einer Betriebsstörung im Hauptwerk dient. Die Kesselheizfläche beträgt 1430 m², die Maschinenanlage besteht aus Tandem-Dampfmaschinen mit insgesamt 2000 kW Leistung. Die Kessel werden nun für den Fernheizwerkbetrieb benützt und mit billiger Braunkohle gefeuert, wodurch die Wirtschaftlichkeit besonders günstig wird. Die Wärmeverteilung erfolgt durch Dampf, da die meisten anzuschließenden Gebäude bereits Dampfheizungen besaßen, und die Messung der verbrauchten Wärme erfolgt ebenfalls in gleicher Weise wie bei den vorstehend erwähnten Anlagen mittels rotierenden Trommelwassermessern. Die Hauptverteilleitung führt von der Wilhelmstraße an der Katharinenkirche vorbei durch die Casparistraße zur Innenstadt, wo sich eine Anzahl größerer amtlicher Gebäude befindet. Für das Hauptversorgungsgebiet ist eine Ringleitung vorgesehen. Der Anschlußwert beträgt zunächst 12000000 kcal/h, erhebliche spätere Erweiterungen sind jedoch in Aussicht genommen.

Ob bei den Fernheizungen die Wärme besser in Form von Hoch- resp. Niederdruckdampf oder Warmwasser verteilt wird, hängt von den jeweiligen Umständen ab. Im allgemeinen haben in neuerer Zeit die Warmwasserfernheizungen größere Verbreitung gefunden.

Die Vor- und Nachteile, welche in einem gegebenen Fall den verschiedenen Systemen anhaften, sind bei der Projektierung abzuwägen. Dabei ist vor allem auf die sich jährlich wiederholenden Betriebskosten Rücksicht zu nehmen und auch zu beachten, daß bei Fernwarmwasserheizung in den Gebäuden kein Dampf zur Verfügung steht. Wenn, wie z. B. in Spitälern, Dampf zu Sterilisations-, Desinfektions-, Wasch-,

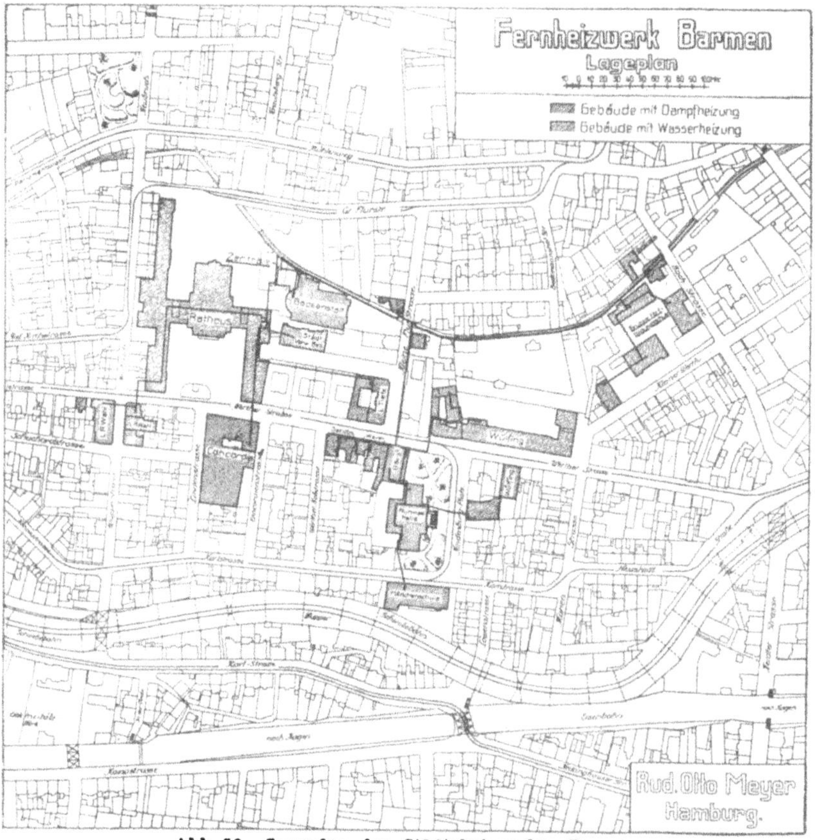

Abb. 53. Lageplan des Städteheizwerkes Barmen.
Ausführung der Firma Rud. Otto Meyer, Hamburg.

Koch-, Trocken- und anderen Zwecken erforderlich ist, muß daher neben der Warmwasserheizleitung noch eine Dampffernleitung verlegt oder der erforderliche Dampf mittels Gas oder Elektrizität lokal erzeugt werden. Zur Beurteilung der günstigsten Lösung sind sorgfältige Rentabilitätsberechnungen unter Berücksichtigung der Dampf-, Gas- und Elektrizitätspreise, sowie der Anlagekosten bei den verschiedenen Lösungen durchzuführen. Steht Sommer und Winter eine Ferndampfleitung unter Druck, so ergibt sich auch der Vorteil, daß z. B.

die Operationssäle an kühlen Sommertagen, wenn die Warmwasserheizung nicht im Betriebe ist, mittels Dampf erwärmt werden können.

Die diesbezüglichen Untersuchungen sind jedoch Sache der Heizungsingenieure, weshalb an dieser Stelle nicht weiter darauf eingetreten
wird.

Die Vorteile der Zentralisation sind naheliegend. Ins große
übertragen sind es dieselben, wie sie sich beim Übergang von Ofenheizung
zur Zentralheizung in den einzelnen Gebäuden ergeben.

Der Betrieb wird vereinfacht, so daß bei großen Anlagen bedeutend
weniger Bedienungspersonal erforderlich ist.

Die zentralisierte und geschultem Heizerpersonal unterstellte Kesselanlage arbeitet wirtschaftlicher als mehrere kleinere Kessel.

Das für die Großkessel zu beschaffende Brennmaterial ist billiger
und kann großzügiger eingekauft werden, als wenn es sich um viele
Einzelfeuerstellen handelt, die womöglich noch verschiedene Brenn-
materialsorten erfordern.

Bisweilen kann in der zentralisierten Anlage auch Abwärme nutzbar
gemacht oder ein billig erhältlicher minderwertiger Brennstoff (z. B.
Kohlengrieß) verfeuert werden.

Weiter ist die Übersichtlichkeit bei der Zentralisierung größer, die
Kontrolle erleichtert und bestehen auch Vorteile hygienischer Art, indem
nicht jedem einzelnen Gebäude Brennmaterial zugeführt und von jedem
Asche und Schlacke wegtransportiert werden müssen.

Bei Spitälern ergeben sich in wirtschaftlicher und betriebstechnischer Beziehung bemerkenswerte Vorteile wenn Kesselzentrale,
Wäscherei, Glätterei, Küche, Desinfektions- und Sterilisationsanlage,
sowie die weiteren Wirtschaftsräume in einem einzigen Gebäude untergebracht werden können.

Der zentralisierte Heizbetrieb führt gegenüber dem dezentralisierten auch dazu, daß die sonst in den einzelnen Gebäuden für Kessel
und Brennmaterial benötigten Räume größtenteils für andere Zwecke
frei werden und die anstoßenden Lokalitäten an Wert gewinnen.

Feuersgefahr und damit Versicherungsansatz werden geringer,
ebenso die Rauch- und Rußplage, was von um so größerer Wichtigkeit
ist, je ausgedehnter und industriereicher die Städte werden, weil hier
der schädliche Einfluß von Rauch und Ruß durch Beeinträchtigung
des Tageslichtes, des Gesundheitszustandes der Bevölkerung, sowie
der Erhaltung von Mauerwerk und Eisenkonstruktionen ganz besonders
zur Geltung kommt. In der erwähnten Schrift: »Die Städteheizung«
erwähnt die Firma Rud. Otto Meyer u. a.:

»In dieser Hinsicht setzt Baudirektor Schumacher in seinem Buch:
‚Köln, Entwicklungsfragen einer Großstadt‘, große Hoffnungen auf die
Städteheizung. Er schreibt: »Eine der Erscheinungen der Großstadt,
die insbesondere dem Architekten Sorge macht, die Zerstörung unserer

Baukunstwerke durch Ruß und Rauch, würde dadurch zugleich erfolg-
reicher zu bekämpfen sein. Gerade die Stadt des Kölner Domes weiß
diese Gefahr richtig einzuschätzen. Ein Blick auf die Reparaturarbeiten
des großen Bauwerkes zeigt, daß die Bauten ganz anders altern und
absterben, seit sie in der heutigen Großstadtluft arbeiten müssen.«

Oft wird außer der Heizung und Dampfversorgung auch die Warmwasserversorgung zentralisiert, indem das Wasser ebenfalls in
der Zentrale erwärmt und durch Fernleitungen den Gebäuden zugeleitet
wird. (Näheres hierüber s. Abschnitt XII.) In dem Falle sind beispielsweise folgende Leitungen in den Fernkanälen unterzubringen:
Vor- und Rückleitung der Warmwasserheizung, die Dampf- und Kon-

Abb. 54. Fern-Dampf- und Warmwasserleitungen der Deutsch-Luxemburgischen Bergwerks-
und Hütten-A.-G., Abteilung Union, Dortmund.
Ausführung der Firma Rud. Otto Meyer, Hamburg.

denswasserleitung der Dampfversorgung, die Vorlauf- und Zirkulationsleitung der Fernwarmwasserversorgung, im ganzen also sechs Leitungen[1]).

Die Unterbringung der Fernleitungen im Boden erfolgt je
nach Umständen in begehbaren oder nichtbegehbaren Kanälen. Ausnahmsweise werden sie auch im Freien verlegt, z. B. auf Fabrikarealen entsprechend Abb. 54, oder bei Städteheizungen nach den Abb. 55 u. 56.

Kommen Dampfleitungen in Frage, so sind begehbare Bodenkanäle
(Abb. 57 bis 59) vorzuziehen, weil Dampfleitungen und die damit zusammenhängenden Apparate der Kontrolle bedürfen. Bei Fernwarm-

---

[1]) Betreffend Ausführung der Fernleitungen s. O. Schmidt, Wärmefortleitung
durch Dampf, Warmwasser und Druckheißwasser, Sparsame Wärmewirtschaft
Heft 4. Verlag des Vereins deutscher Ingenieure 1920.

wasserheizung oder wenn es sich bei Dampfheizung nur um kurze Strecken handelt, genügen nichtbegehbare Kanäle, die sich bedeu-

Abb. 55. Beim Städteheizwerk Hamburg unter einer Brücke verlegte Fernleitungen. Ausführung der Firma Rud. Otto Meyer, Hamburg.

Abb. 56. Beim Städteheizwerk Barmen längs einem Wasserlauf (Mühlengraben) verlegte Fernleitungen. Ausführ. der Fa. Rud. Otto Meyer, Hamburg.

Abb. 57. Fernleitungskanal in der Krankenanstalt Ludwigshafen a. Rh. Ausführung der Firma Gebrüder Sulzer A.-G.

Abb. 58. Begehbares Teilstück des Fernleitungskanals in der Irrenanstalt Stephansfeld. Ausführung der Firma Gebr. Sulzer A.-G.

tend billiger stellen. Sie werden entweder in Form zweiteiliger Zementröhren (Abb. 60 und 61) oder rechteckiger Zementkanäle (Abb. 62 und 63) mit abhebbaren Beton- oder Eisendeckeln hergestellt.

Begehbare Kanäle bieten die Vorteile, daß sie die Montage und die Vornahme kleiner laufender Arbeiten, wie das Nachziehen von Schrauben

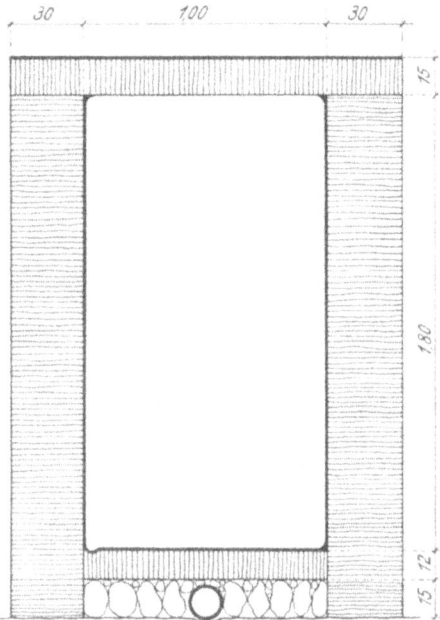

Abb. 59. Mindestabmessungen eines begehbaren Fernleitungskanals in m.

Abb. 60. Dampf- u. Kondenswasserleitung im Fernkanal des Städteheizwerkes in Hamburg. Ausführung der Firma Rud. Otto Meyer, Hamburg.

Abb. 61. Abdecken der Fernkanäle des Städteheizwerkes Hamburg. Ausführung der Firma Rud. Otto Meyer, Hamburg.

und das Neuverpacken von Dichtungen, erleichtern. Ferner können die Leitungen infolge der bedeutenden verfügbaren Kanalhöhe in horizontalem und sogar schwach ansteigendem Terrain auf weite Strecken mit Gefälle verlegt werden. (Dampfleitungen erfordern 3 bis 4 mm Gefälle pro lfd. m.) Die eventuelle nachträgliche Verlegung weiterer Heizleitungen oder von Kaltwasserleitungen, elektrischen Kabeln usw. ist ebenfalls in bequemster Weise möglich, ohne daß der Boden jedesmal aufgebrochen werden muß, was auch beim etappeweisen Ausbau der Anlagen von Wert ist. Die Abb. 64 bis 66 beziehen sich ebenfalls auf die Erstellung von Fernkanälen, sowie auf das Einbringen der Leitungen.

Sofern nicht Kanalisations- oder andere im Boden liegende Leitungen Hindernisse bilden, sind die Kanäle stets so kurz wie möglich, eventuell unter Benützung der Gebäudeunterkellerungen zu erstellen. In Rücksicht auf die Ausdehnungsmöglichkeit der Leitungen kann jedoch auch Bogen- (s. Abb. 48) oder Zickzackführung in Frage kommen. Auf gute Ausdehnbarkeit der Leitungen muß in besonderem Maße bei Dampf-

Abb. 62. Übersicht über den nicht begehbaren Fernleitungskanal in der Irrenanstalt
Stephansfeld.
Ausführung der Firma Gebrüder Sulzer A.-G.

leitungen geachtet werden, während Warmwasserheiz- und Warmwasserversorgungsleitungen ihrer langsameren und weniger hohen Erwärmung wegen geringeren Beanspruchungen ausgesetzt sind. Immerhin müssen auch sie sich leicht dehnen können, da sonst Undichtigkeiten unvermeidlich sind. Auf langen geraden Strecken sind daher sog. Kompensatoren in Form von ein- oder zweischenkligen Ausdehnungsfedern nach den Abb. 67, oder teleskopartige Vorrichtungen nach Abb. 68, die dem Wasser weniger Widerstand bieten, aber infolge der Stopfbüchse der Wartung bedürfen, einzuschalten. Durch solche und andere Apparate sollen jedoch die Kanäle nicht verstellt werden. Nötigenfalls sind sie in besonderen Nischen unterzubringen. Kanalkreuzungen und Stellen, wo die Kanäle ihre Richtung ändern, sind ebenfalls geräumig auszubilden. Es ist dafür zu sorgen, daß auf die ganze Länge der Kanäle ein Durchgang von mindestens 70 bis 80 cm Breite frei bleibt. Auch soll man aufrecht darin gehen können. Die lichten Maße müssen daher nach Abb. 59 mindestens 1 m in der Breite und 1,8 m in der Höhe betragen. Sind Rohre mit 300 mm lichter Weite zu verlegen, so müssen die Kanäle 1,2 m und bei beidseitiger Rohrverlegung mindestens 1,5 m breit erstellt werden. Wo der Kanal von Rohren durchquert wird, ist die Kanalsohle allmählich zu vertiefen. Stufen sind zu vermeiden oder zum mindesten gut zu beleuchten.

Die bauliche Ausführung der Kanäle ist der Terrainbeschaffenheit anzupassen. Der Kanalboden kann aus Beton, die Decke aus armiertem Beton (15 cm) und einem Asphaltüberzug (20 mm) bestehen. Die

Abb. 63. Detail zum nicht begehbaren Fernleitungs-
kanal Abb. 62 in der Irrenanstalt Stephansfeld.
Zur Verfügung gestellt von der Firma Gebrüder
Sulzer A.-G.

Abb. 64. Erstellung der Straßenkanäle des
Städteheizwerkes in Hamburg unter den
Asphaltstraßen. Zur Verfügung gestellt
von der Fa. Rud. Otto Meyer, Hamburg.

Seitenwände werden normalerweise ebenfalls betoniert (30 cm); in trokkenem Terrain genügt Backsteinmauerwerk. Kommt der Kanal ins Grundwasser zu liegen, so ist auf gut wasserdichte Ausführung größte Sorgfalt zu verwenden. Das Steinbett (15 cm) unter dem Fußboden wird zur raschen Ableitung von Sickerwasser mit Vorteil mit einem Drainierrohr (3″) versehen. Bei stärkerem Wasserandrang sind zum gleichen Zweck die Seitenwände mit Kiesauffüllung zu umgeben. Eventuelles Schweißwasser ist im Kanal abzuleiten, indem der Boden in der Längsrichtung des Kanals um 1 bis 2 mm pro lfd. m und in der

Querrichtung nach einer Seite hin geneigt und daselbst mit einer Wasserrinne versehen wird, die in die Kanalisation oder einen Sickerschacht mündet.

Die Kanäle müssen ferner gut beleuchtet sein und dürfen keine den Verkehr hindernde Temperatur aufweisen. 30 bis 35⁰ C sollten nicht überschritten werden. Anderseits ist die Temperatur auch nicht unnötig tief zu halten, damit die Wärmeverluste der Leitungen nicht größer als erforderlich ausfallen. Bei guter Leitungsisolation genügt meist die in den Kanälen sowieso auftretende natürliche Ventilation. In Ausnahmefällen sind Ventilatoren anzuwenden oder man

Abb. 65. Einbringen der Rohre in die Fernleitungskanäle des Städteheizwerkes in Hamburg. Ausführung der Firma Rud. Otto Meyer, Hamburg.

Abb. 66. Einbringen der Rohre in die Fernkanäle des Fernheizwerkes Rathaus Charlottenburg. Ausführung der Firma Rudolf Otto Meyer, Hamburg.

bringt das Kanalinnere mit der Kesselanlage derart in Verbindung, daß der Kaminzug die Ventilation bewirkt. Dadurch können Anschaffung und Betrieb eines Ventilators umgangen werden und strömt der Kesselfeuerung zudem vorgewärmte Verbrennungsluft zu.

Schließlich ist noch für genügend Ausgänge zu sorgen, durch die das Personal im Falle eines Rohrbruches rasch entweichen kann, und Rücksicht auf das eventuelle nachträgliche Einbringen resp. Herausnehmen langer Rohre zu nehmen, ohne daß sie zerschnitten oder die Kanaldecken aufgebrochen werden müssen (s. Abb. 66). Hierzu sind bei langen geraden Kanalstrecken Einsteigtreppen vorzusehen.

Großkalibrige Federrohre sollen von oben her in die Nischen eingelegt werden können.

Die Befestigung der Leitungen an den Kanalwänden kann auf verschiedene Weise erfolgen. Normalerweise werden sie von Zeit zu Zeit durch Fixpunkte festgehalten und zwischen denselben beweglich gelagert, sowie mit den bereits erwähnten Ausdehnungsvorrichtungen versehen. Zur Lagerung werden an der Kanalwand meist vertikal stehende Schienen und an diesen verschiebbare Supports befestigt, auf welche die Leitungen gelegt oder an die sie aufgehängt werden. Dadurch ist nicht nur ihre Bewegungsfreiheit gewahrt, sondern kann der Monteur die Leitungen auch leicht auf die gewünschte Höhe und mit dem richtigen Gefälle verlegen.

Außer der Erstellung des Fernkanals und bei bestehenden Bauten der Fundamentdurchbrüche zwischen Fernkanal und Gebäuden ist normalerweise bauseitig auch das Löcherschlagen und Einmauern der Rohrträger und Rohrschellen zu besorgen. Weiter müssen bei überbautem Terrain event. Kanalisations- und Kaltwasserleitungen verlegt

Abb. 67.
Zweischenkelige Ausdehnungsfeder.

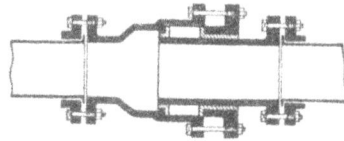

Abb. 68.
Teleskopartige Ausdehnungsvorrichtung.

und in den Gebäuden Bodenkanäle, Mauerdurchbrüche, wasserdichte Schächte zur Aufnahme von Kondenswassersammelreservoiren und Pumpen erstellt werden. Auch sind Betonsockel für die Kesselspeise-, event. Kondenswasser- und die Zirkulationspumpen der Fernwarmwasserheizung und Fernwarmwasserversorgung erforderlich. Besonders große Kosten können durch die Neuerstellung oder den Umbau des Kesselhauses, die Erstellung oder Erhöhung des Hochkamins, die Kesseleinmauerungen usw. entstehen. Wird die Anlage vom dezentralisierten Betrieb zur Fernheizung umgebaut, so kommen unter Umständen auch das Abbrechen alter eingemauerter Kessel, Sockel usw. und das Wegtransportieren des Schuttes hinzu.

Sodann hat der Elektriker verschiedene Arbeiten auszuführen, beispielsweise die Elektromotoren zum Antrieb der Pumpen an die Heizungsfirma zu liefern (sofern der Bezug derselben nicht direkt durch die Heizungsfirma erfolgt) und nach der Montage den Anschluß ans Kraftnetz zu besorgen. Außer für die erwähnten Pumpen können hierfür noch Lieferung und Anschluß von Elektromotoren für die Wäscherei, Glätterei, Reparaturwerkstatt usw. hinzukommen.

Abb. 69. Zentrale einer Pumpenwarmwasser- und Badewasserbereitungsanlage in einem Hüttenwerk. Zur Wärmeerzeugung dient der Abdampf von Kolbendampf- und Hilfsmaschinen. Die Regelung der Heizwassertemperatur erfolgt durch Verändern des Vakuums. Der maximale Wärmebedarf sämtlicher Gebäude beträgt 10 Millionen Wärmeeinheiten in der Stunde, die in der gleichen Zeit umgewälzte Heiß-wassermenge 50 m³. Der Badewasserverbrauch für eine Schicht von 2000 Mann beträgt 60 m³. Die Gesamtlänge der teilweise über Flur, an Tragkonstruktionen aufgehängten, z. T. in Zementrohrkanälen untergebrachten Rohrleitungen beträgt ca. 40 km. Ausführung der Maschinenbau-Aktiengesellschaft Balcke, Bochum.

Bei Verlegung des elektrischen Leitungsnetzes und der event. Neuerstellung oder Vergrößerung von Transformatorenstationen ist darauf

Abb. 70. Regulierraum des Fernheizwerkes und der Fern-Warmwasserversorgung in der Krankenanstalt Ludwigshafen a. Rh. Ausführung der Firma Gebr. Sulzer A.-G.

Abb. 71. Verteiler-, Pumpen- und Regulierraum des Chile-Hochhauses, Abb. 71a, in Hamburg. Ausführung der Firma Rud. Otto Meyer, Hamburg.

zu achten, daß sie reichlich bemessen werden, so daß später event. weiter hinzukommende Aufzüge, elektrische Kochapparate usw. angeschlossen werden können.

Eine Aufgabe des Elektrikers besteht auch in der Lieferung der Beleuchtungsanlage für den Fernkanal, das Kesselhaus, die Apparateräume in den Gebäuden usw.

Die Beleuchtung der Fernkanalteilstücke soll von beiden Seiten her ein- und ausschaltbar sein. Ferner sind zum Anschluß von Stecklampen von Zeit zu Zeit Stecker in den Kanälen vorzusehen.

Zwecks Bestimmung der angenäherten Kosten eines größeren Heizungs - Um- oder Neubaues tut man gut, die Preise für die Bauarbeiten und elektrischen Installationen auf Grund eines Baubeschriebes gleich nach Eingang der Heizungsofferte einzuholen, da sie bedeutend sein, unter Umständen den Preis der Heizung sogar übersteigen können. (Über die erforderlichen Bauarbeiten in den Gebäuden beim Umbau von Ofen in Zentralheizung s. Abschnitt I 6b.)

Abb. 71a. Das Chile-Hochhaus in Hamburg.
Arch. Fr. Höger, Hamburg.

Bei ausgedehnten Gebäude- und Fernheizungen ist es auch angezeigt, Fernthermometer- event. Telephonanlagen zu erstellen, damit

Abb. 72. Schalttafel der Heizungs- und Lüftungsanlage im Rathause zu Barmen.
Ausführung der Firma Rud. Otto Meyer, Hamburg.

der Heizer in der Lage ist, wichtige Temperaturen vom Kessel- oder zentralen Regulierraum aus kontrollieren und Mitteilungen entgegennehmen zu können, ohne sich an Ort und Stelle begeben zu müssen, was bei den großen Entfernungen viel Zeit erfordert. Auch sonst sind Kontroll- und Überwachungsapparate, welche den Betrieb erleichtern und die Übersichtlichkeit erhöhen, anzubringen, was am besten im gemeinsamen Regulierraum (Abb. 69 bis 73) geschieht. Automatische Sicherheitsvorrichtungen sollen dagegen auf das durchaus notwendige Maß beschränkt werden. Es hat sich schon wiederholt gezeigt, daß z. B. Rohrbruchventile bei Versuchen gut funktionierten, bei einem

Abb. 73. Schaltraum der Fernheizung der Krankenanstalt Dordrecht (Holland).
Ausführung der Firma Rud. Otto Meyer, Hamburg.

eintretenden Rohrbruch dagegen versagten. Gute Ausführung der Anlagen und ein zuverlässiges, wohlunterrichtetes Personal bieten die größte Garantie für anstandslosen und wirtschaftlichen Betrieb. Unglücksfälle sind bei Fernheizungen äußerst selten und dann gewöhnlich auf Ursachen zurückzuführen, wie sie in jedem technischen Betrieb auftreten können.

4. Elektrische Heizung.

Die elektrische Heizung hat, trotz ihrer Vorzüge, in wasserkraftarmen Ländern keine große Verbreitung gefunden, weil der in kalorischen Zentralen erzeugte Strom für Heizzwecke zu teuer ist. Aber auch in wasserreichen Ländern ist elektrische Heizung nur in beschränktem

Umfange möglich, vor allem da, wo die Wasserkräfte im Winter, wenn der größte Heizwärmebedarf vorliegt, am kleinsten sind. Oft fehlen auch die erforderlichen Zuleitungen und Transformatoren, deren Neuerstellung sehr hoch zu stehen kommt. Größere elektrische Heizanlagen werden daher nur ausgeführt, wo der Ersteller über eigene, nicht voll ausgenützte Wasserkraft verfügt oder unbenützt bleibende Nacht- und Sonntagsenergie zur Verfügung steht. Außerdem leistet sie zur Erwärmung vorübergehend benützter Räume, sowie zu Aushilfszwecken in den Übergangszeiten und an kühlen Sommertagen (auch bei höheren Strompreisen) gute Dienste. Aus diesen Gründen hat sie am meisten Eingang als Aushilfs-, Sonntags- und Speicherheizung gefunden. Öfter als zum Heizen wird elektrischer Strom zur Warmwasserbereitung verwendet, wobei es sich ebenfalls um Wärmespeicherung handelt und außerdem der Vorzug besteht, daß das ganze Jahr hindurch Bedarf an Strom vorliegt.

Es ist bekannt, daß die elektrische Heizung die anderen Heizsysteme bei Anwendung nicht zu heiß werdender Heizkörper in hygienischer Beziehung, vor allem aber hinsichtlich Bequemlichkeit, übertrifft. Außerdem bietet sie namhafte Vorteile baulicher Art. Die Leitungsdrähte lassen sich leichter und unauffälliger unterbringen als die Rohre der Zentralheizungen, auch kann an Kaminen gespart werden. In dieser Beziehung sollte bei Wohnhäusern allerdings nicht zu weit gegangen werden, damit es gewünschtenfalls möglich ist, nachträglich noch Öfen aufzustellen oder andere Feuerstellen anzuschließen. Weiter ist zu begrüßen, daß die elektrischen Heizkörper klein sind und die mannigfachsten Formen aufweisen, so daß sie den örtlichen Verhältnissen leicht angepaßt und da untergebracht werden können, wo die Wärme erforderlich ist. Hierdurch und weil die Heizwirkung bei den direkt wirkenden Heizöfen augenblicklich ein- und ausschalt-, sowie leicht regelbar ist, läßt sich gegenüber Kohlenheizung in den meisten Fällen viel Wärme sparen. Bei Vorausbestimmung der Betriebskosten sind diese Umstände mit zu berücksichtigen.

Auf die Umsetzungsmöglichkeiten von Stromenergie in Wärme, die Schaltungen, Temperaturregler, Schaltapparate, den Bau der elektrischen Heizkörper usw. einzutreten, ist hier nicht der Ort. Diesbezüglich sei verwiesen auf das Buch: Hottinger und Imhof, Elektrische Raumheizung, Fachschriftenverlag und Buchdruckerei, A.-G., Zürich 1924. Dagegen seien einige Ausführungsmöglichkeiten größerer Anlagen an Hand von Beispielen wiedergegeben.

Besondere Verbreitung haben die elektrischen Kirchenheizungen an Orten, wo Sonntagsstrom billig zur Verfügung steht, gefunden. Man unterscheidet: a) Fußbankheizung, b) Elektrodampfheizung, c) Elektropulsionsluftheizung und ausnahmsweise d) elektrisch betriebene, gewöhnliche Luftheizungen, wenn in die von früher her bestehenden Heißluftkanäle elektrische Heizbatterien hineingestellt werden.

Elektrische Fußbankheizung findet man namentlich in ländlichen Kirchen mit wenigen hundert bis zu etwa 5500 m³ Inhalt.

Bei protestantischen Kirchen rechnet man gewöhnlich mit 20 bis 25 Heiztagen pro Winter und zur Erreichung von 12° C Innentemperatur bei —10° C Außentemperatur normalerweise mit einer Anheizdauer von 5 bis 7 h.

Bei mildem Wetter genügen oft 2 bis 3 h.

Für überschlägige Berechnungen lassen sich folgende Werte annehmen:

Zahlentafel 3.

für einen Kirchen-inhalt von	hat der Anschlußwert zu betragen:		so daß pro m³/h zuge-führt werden können	Der Stromverbrauch beträgt:			Somit sind die Jahres-kosten bei 6 Cts. Strompreis
				pro Sonntag		pro Jahr bei 25 Heiztagen	
m³	pro m³ ca. kW	total ca. kW	ca. kcal	im Max. ca. kWh	im Mittel ca. kWh	ca. kWh	ca. Fr.
500	0,034	17	29,3	114	68	1 700	102,—
1000	0,031	31	26,7	205	124	3 100	186,—
2000	0,0265	53	22,8	350	210	5 250	315,—
3000	0,024	72	20,7	480	290	7 250	435,—
4000	0,022	88	19,0	580	350	8 750	525,—
5000	0,020	100	17,2	670	400	10 000	600,—
5500	0,019	105	16,4	700	420	10 500	630,—

Selbstverständlich ändern sich diese Zahlen mit der Lage des Ortes und der Bauausführung der Kirche. Sie können insbesondere höher werden, wenn die Kirche starkem Windanfall ausgesetzt ist, namentlich, wenn sie große, nicht dicht schließende Fenster aufweist. Anderseits kann in geschützten Lagen oft mit weniger ausgekommen werden.

Die Fußbankheizkörper werden verschieden, in neuerer Zeit gewöhnlich in Form von glatten Rohren (Abb. 74) hergestellt, und beträgt die Stromaufnahme bei den meisten Ausführungen pro lfd. m etwa 300 W, regelbar auf ⅓ hinunter, so daß die Heizung während des Gottesdienstes mit etwa 100 W pro m Länge und dementsprechenden Oberflächentemperaturen von 35 bis 50° C, je nach Konstruktion des Heizkörpers, als eigentliche Fußbankheizung betrieben werden kann, während sich bei Vollbetrieb, zum Aufheizen der Kirche vor dem Gottesdienst, Oberflächentemperaturen von 80 bis 100° C einstellen.

Bei Fußbankheizung in Kirchen treten die Vorzüge der elektrischen Heizung besonders deutlich in die Erscheinung. Sie läßt sich leicht unterbringen, ohne inmitten der Feierlichkeit des Ortes unschön zu wirken. Die Bedienung kann vom Küster im Nebenamt besorgt werden, ohne ihn merklich zu belasten. Verschmutzungen durch Rauch,

Ruß und Asche sind ausgeschlossen. In baulicher Beziehung treten beim Einbau, auch in bestehende Kirchen, meist keinerlei Schwierigkeiten auf. Ein Kamin ist nicht erforderlich. Die Temperaturunterschiede im Kircheninnern sind, nach oft durchgeführten Messungen, sehr gering, weil die Heizfläche gleichmäßig über die ganze Grundfläche verteilt und in tiefster Lage, am Fußboden, untergebracht ist. Bei größeren Kirchen ist jedoch, wie schon erwähnt, die Aufstellung von Heizflächen gleichzeitig auch an den Außenwänden, besonders unter den Fenstern, zu empfehlen, weil sonst infolge des im Innern der Kirche

Abb. 74. Fußbankheizung in einer Kirche.
Zur Verfügung gestellt von der »Therma«, Schwanden.

aufsteigenden Luftstromes den Wänden, insbesondere den Fenstern entlang kalte Luftströme niedersinken und dadurch unliebsame Zugerscheinungen entstehen. Bezüglich Wirtschaftlichkeit ist hervorzuheben, daß Fußbankheizung ebenfalls vorteilhaft ist, weil die Besucher warme Füße haben und sich daher wohl befinden, auch wenn die Temperatur der Raumluft nur etwa 10° C beträgt. Dazu kommt, daß bei kleinen Anlässen während der Woche, wie Taufen, Hochzeiten oder Beerdigungen, die vordersten Bankreihen allein in Betrieb genommen werden können. Hierfür werden die Heizungen in Gruppen abstellbar angeordnet. Bei größeren Kirchen wird z. B. folgende Unterteilung vorgenommen: I. Vordere Bankreihen des Mittelschiffes; II. Seitenplätze

und hintere Bankreihen des Schiffes; III. Chor; IV. Fensternischenheizkörper. Es ist angezeigt, Gruppe IV mit Verriegelung zu versehen,
sodaß die Fensternischenheizkörper nur während des Gottesdienstes,
d. h. wenn die Fußbankheizkörper auf schwache Leistung gestellt sind,
eingeschaltet werden können.

Ferner ist es zweckmäßig, für sich ausschaltbare Anschlüsse für den
Organistenplatz (z. B. mit 500 bis 1200 W), die Kanzel und event. auch
den Taufstein vorzusehen. Für Kanzel und Taufstein können Fuß-
bodenteppiche (z. B. mit 50 bis 100 W) mit Stecker verwendet werden.

Abb. 75. Anordnung der 1″ Fußbankheizrohre in der Stadtkirche Winterthur, aufgenommen
während des Umbaues im Jahre 1923.
Ausführung der Firma Gebrüder Sulzer A.-G.

Bei der Elektrodampfheizung werden Dampfröhren unter die
Fußbänke gelegt, und erzeugt man den Dampf auf elektrischem Wege.
Abb. 75 gewährt einen Blick in die so beheizte, 10500 m³ lichten Raum-
inhalt umfassende Stadtkirche Winterthur während des Umbaues im
Sommer 1923.

Gegenüber elektrischer Fußbankheizung hat dieses System den
Nachteil, daß die Heizrohre entweder ca. 100° C aufweisen oder bei
abgestellter Heizung kalt sind, so daß die Regelbarkeit der Temperatur
fehlt. Anderseits kann jedoch unter Verwendung von Elektroden-
kesseln direkt billiger Hochspannungsstrom von einigen 1000 V zur An-

wendung gebracht und die Anschaffung teurer Transformatoren dadurch umgangen werden.

Dasselbe gilt auch für die Elektro-Pulsions-Luftheizung, wenn nach Abb. 76 in einem Elektrodenkessel Heißwasser oder Dampf erzeugt und zur Erwärmung der Luft in einem Gebläseheizkörper verwendet wird. Eine solche Anlage steht beispielsweise in der Friedenskirche in Bern mit 4100 m³ lichtem Rauminhalt im Betrieb. Der Elektrodenkessel ist für eine Spannung von 3000 V und eine maximale Leistungsaufnahme von 150 kW bestimmt. Wie aus Abb. 76 hervorgeht, zirkuliert das Heizwasser daselbst infolge des natürlichen Auftriebes vom Kessel B nach dem Heizkörper H.

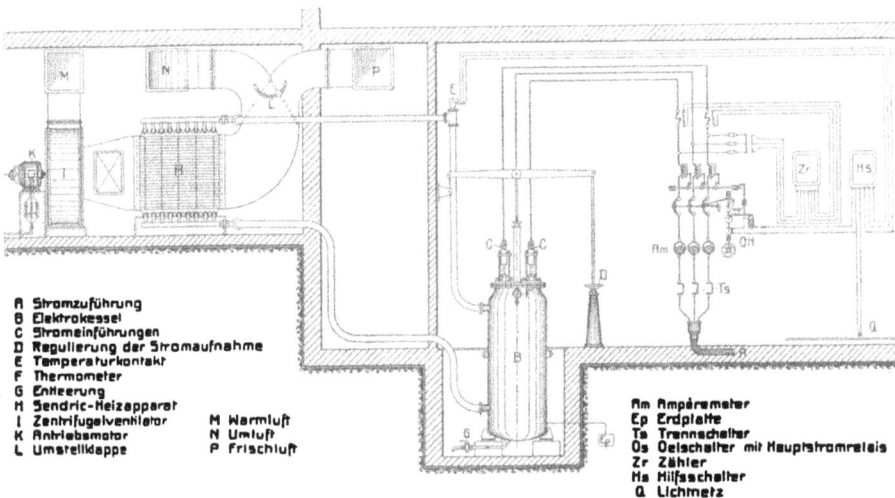

A   Stromzuführung
B   Elektrokessel
C   Stromeinführungen
D   Regulierung der Stromaufnahme
E   Temperaturkontakt
F   Thermometer
G   Entleerung
H   Sendric-Heizapparat
I   Zentrifugalventilator
K   Antriebsmotor
L   Umstellklappe
M   Warmluft
N   Umluft
P   Frischluft

Rm Amperemeter
Ep Erdplatte
Ts Trennschalter
Os Oelschalter mit Hauptstromrelais
Zr Zähler
Hs Hilfsschalter
Q   Lichtnetz

Abb. 76. Schematische Darstellung der Pulsionsluftheizung in der Friedenskirche in Bern. Ausführung der Firma Gebr. Sulzer A.-G.

Elektro-Pulsions-Luftheizung wird auch für andere Räume, z. B. Fabriken, die über eigene Wasserkraft verfügen, erstellt. Abb. 77 zeigt schematisch eine solche Anlage, wo der hinter dem Ventilator eingeschaltete Gebläseheizkörper aus elektrischen Heizelementen besteht.

Dieser Fall, daß die Erwärmung der Luft ausschließlich auf elektrischem Wege erfolgt, ist allerdings selten, öfter kommt es vor, daß außer dem elektrischen noch ein Dampf- oder Warmwasserheizkörper vorhanden ist. Als Beispiel hierfür seien die Tresorluftheizungen in neueren Banken genannt, z. B. in der Nationalbank, Zürich, und der Schweizerischen Volksbank, Zürich, die im Winter von der Zentralheizung aus, im Sommer, wenn die Zentralheizung abgestellt ist, elektrisch betrieben werden. Dieses Prinzip ist ferner im neuen Kirchgemeindehaus Enge (Zürich) durchgeführt, wo der große Saal bis etwa

+ 5⁰ C Außentemperatur durch die Lüftung zugleich auch geheizt werden kann. Hierzu wird die Luft durch einen elektrischen Heizkörper mit 40 kW Anschlußwert gewärmt, während bei größerer Kälte die vorhandene Dampfheizung zum Aufheizen des Saales sowohl, als auch zum Betriebe der Lüftung verwendet wird. Auf diese Weise ist die Bedienung stark vereinfacht, weil der Dampfkessel, wenn der Saal benützt werden soll, nur während den eigentlichen Wintermonaten angeheizt werden muß, während in den Übergangszeiten, bis ziemlich tief

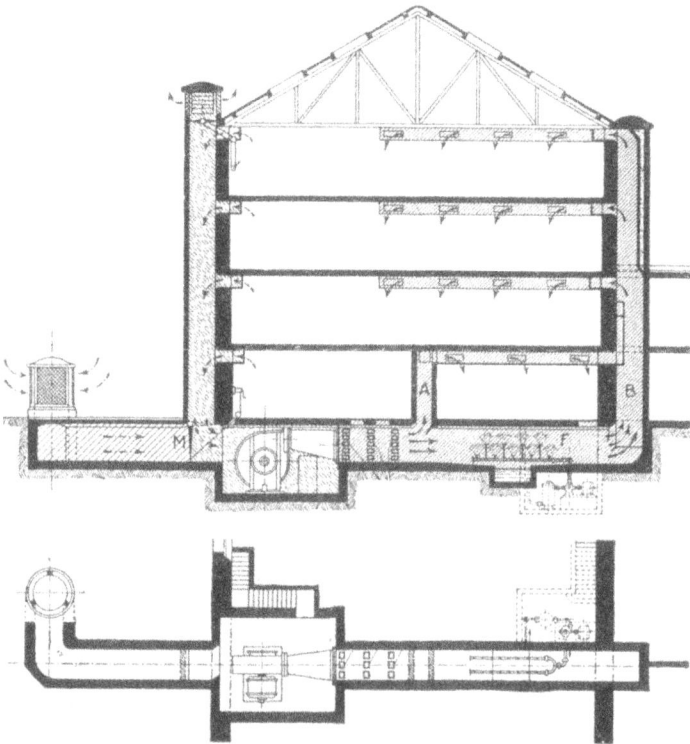

Abb. 77. Elektrisch betriebene Lüftungs-, Heiz- und Befeuchtungsanlage in einer Spinnerei. Zur Verfügung gestellt von der Maschinenfabrik Oerlikon b. Zürich.
M Um- und Frischluft-Regulierklappe. A Zuluftkanal für die erwärmte, trockene Luft. B Zuluftkanal für die erwärmte und befeuchtete Luft.

in den Winter hinein, die stets betriebsbereite und in ihrer Wirkung leicht regelbare elektrische Heizbatterie mühelos eingeschaltet werden kann. Selbstverständlich ist durch diese Kombination auch dem Elektrizitätswerk bestens gedient, weil nur Strom zuzeiten benötigt wird, wenn genügend Wasserkraft zur Verfügung steht.

Interessante elektrische Heizungen sind weiter die Fußbodenheizungen, wobei unter Steinböden nach Abb. 78 Röhren verlegt werden, in welche man die Heizwiderstände nach Abb. 79 einschiebt.

Abb. 78. Elektrische Fußbodenheizung in Montage.
Ausführung von E. Egli, elektr. Heizungen, Zürich 6.

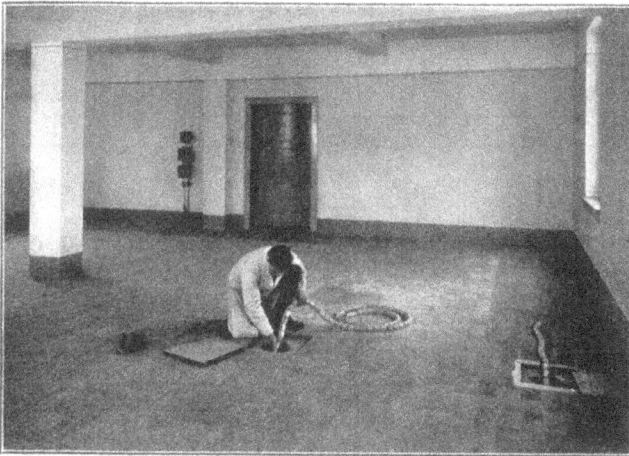

Abb. 79. Einschieben der Heizkörper in eine Fußbodenheizung.
Ausführung von E. Egli, elektr. Heizungen, Zürich 6.

Mit den Fußbodenheizungen wird jedoch nur ausnahmsweise die eigentliche Heizung der Räume, gewöhnlich nur eine Temperierung sonst sehr kalter Steinfußböden bezweckt.

Anwendungsbeispiele sind: Steinböden in Küchen, Bädern und Vestibülen von Wohnhäusern, Tresors, Bureaus und Schalterhallen von

Banken, Post- und Verwaltungsgebäuden. Die Fußbodenheizung in der Schweizerischen Volksbank, Zürich, weist einen Anschlußwert von 270 kVA auf. Sie ist in die Böden der Tresorräume, der Schalterhalle, der Wechselstube und der Wertschriftenabteilung eingebaut, die zusammen über 1000 m² Bodenfläche umfassen. Versuche haben ergeben, daß sie sich bei einer mittleren Raumtemperatur von 15⁰ C, sechsstündiger Ladezeit und ¹/₃ Leistung auf ca. 12⁰ C, bei ²/₃ auf ca. 15⁰ und bei voller Leistung auf ca. 18⁰ C erwärmen. Durch Verlängerung der Ladezeit kann die Temperatur bei Volleinschaltung bis auf 25⁰ C gebracht werden. Durch Messungen wurde auch festgestellt, daß die Raumtemperatur, sofern die Räume nicht gleichzeitig auf andere Weise

Abb. 80. Elektrische Linearheizung in einer Baumwollspinnerei mit eigener Wasserkraft. Ausführung der Maschinenfabrik Oerlikon b. Zürich.

geheizt oder gelüftet werden, 2 m über Boden ca. 12% niedriger ist, als die Bodentemperatur. In horizontaler Richtung ist die Temperatur absolut gleichmäßig.

Ferner wird das Kino-Theater Wädenswil derart beheizt. Der Saal mißt 18 auf 10 auf 6,5 m. Pro Tag werden durchschnittlich 100 bis 150 kWh zu 5 Cts. verbraucht.

Weiter ist eine größere Zahl von Kirchen mit diesem Heizsystem versehen. Erwähnt sei beispielsweise diejenige in Dietikon mit ca. 250 m² Bodenfläche und einem Anschlußwert von 57 kW.

Es gibt zwei Arten elektrische Fußbodenheizung. Bei Verwendung von Tagstrom werden die Rohre nur wenig tief, bei Benützung von Nachtstrom und Aufspeicherung der Wärme dagegen etwa 15 cm unter den Boden verlegt. Nach unten hin sind sie durch Schlackensteine,

Hourdis usw. gut gegen Wärmeabgabe geschützt. Als Speichermaterial können Kieselsteine dienen. Der normale Abstand zwischen den einzelnen Heizsträngen ist 40 cm, bei Speicherheizung unter Umständen bis 70 cm.

Es ist jedoch zu bemerken, daß Tagstrom des hohen Preises wegen gewöhnlich nicht in Frage kommt und bei Verwendung von Nachtstrom eine gewisse Unsicherheit darin besteht, daß man nicht weiß, wie das Wetter am folgenden Tage ist, wie stark somit der Speicher aufgeladen werden soll. Beim bloßen Temperieren sehr kalter Steinfußböden hat dies wenig zu bedeuten, dagegen können sich, wenn die Fußbodenheizung zur eigentlichen Beheizung der Räume verwendet werden soll, unliebsame Zustände ergeben, wenn der Speicher über Nacht zu viel oder zu wenig hochgeheizt wird.

Auch haben sich bei Verwendung von Fußbodenheizungen zur eigentlichen Erwärmung der Räume, wie sie früher schon, unter Verwendung von Warmwasserheizrohren, in Spitälern ausgeführt worden sind, unliebsame Erscheinungen eingestellt, indem die Krankenschwestern dabei wunde Füße bekommen haben.

Eine weitere Ausführungsart elektrischer Heizung ist die elektrische Linearheizung. Eine größere Zahl derartiger Anlagen sind von der Maschinenfabrik Oerlikon ausgeführt worden. Das Wesen derselben besteht darin, daß die Räume nach Abb. 80 von elektrisch geheizten Röhren, von beispielsweise 20 bis 30 m Länge, durchzogen werden, so daß die Heizung nicht wie bei den Einzelöfen auf einige Punkte konzentriert, sondern besser über den Raum verteilt ist. Die Rohre werden entweder den Wänden entlang verlegt oder frei im Raum aufgehängt. In letzterem Falle ist vom heiztechnischen Standpunkt aus nachteilig, daß die Heizfläche nicht an tiefster Stelle, sondern oben im Raum untergebracht ist, ähnlich wie das früher in Fabriken bezüglich der Hochdruckdampfheizrohre der Fall war. Es gibt allerdings auch Fälle, wie z. B. in Spinnereien, wo dies in betriebstechnischer Beziehung gewisse Vorteile mit sich bringt. Die Rohre selber sind stromlos, ihre Temperatur beträgt nach Angabe der Maschinenfabrik Oerlikon, je nach Verwendungsart, 35 bis 110, in den meisten Fällen 90 bis 110 °C. Die Anlagekosten sind nicht groß, so daß eine solche Heizung auch in Frage kommt, wenn nur in den Übergangszeiten Strom zur Verfügung steht. Die mit Kohle betriebene Heizung kann dadurch oft bis ziemlich weit in den Winter hinein außer Betrieb gelassen werden. Linearheizung ist bis jetzt namentlich angewendet worden für Arbeitsräume, Textilfabriken, Trockenräume, Magazine, die der Frostgefahr ausgesetzt sind oder eine milde Wärme brauchen, z. B. Lagerräume für leicht verderbliche Waren, wie: Bananen, Wein, Most usw. In solchen Fällen erfolgt die Einhaltung einer bestimmten Temperatur auch etwa automatisch.

Elektrische Heizung wird auch in der Zentralheizungstechnik verwendet. Z. B. zur lokalen Erwärmung von Räumen in den Übergangszeiten, indem man elektrische Heizeinsätze in die untere Nabe oder nach Abb. 81 in besondere Elemente der betreffenden Radiatoren einschiebt. Ferner werden sog. elektrische Durchlaufkessel nach Abb. 82 parallel mit den kohlebeheizten Kesseln aufgestellt.

Alle diese Einrichtungen sind bequem, arbeiten aber, wenn sie von den Elektrizitätswerken gelieferten Tagstrom verbrauchen, gewöhnlich mit sehr hohen Betriebskosten, weshalb man darnach trachtete, Einrichtungen zur Ausnützung billigen Nacht- und Abfallstromes zu schaffen, was zu den Anlagen mit Wärmespeicherung führte. Dieselben gleichen vollständig den schon früher erstellten Warmwasserversorgungsanlagen mit elektrisch beheizten Warmwasserboilern nach Abb. 83.

Abb. 81. Radiator mit elektrischem Heizeinsatz.
Ausführung der Firma Gebr. Sulzer A.-G.

Warmwasserheizungen mit elektrischen Wärmespeichern entsprechend dem Schema Abb. 84 sind in größerer Zahl und zum Teil in recht beträchtlichen Abmessungen ausgeführt in Schulen, Fabriken, Kranken- und Privathäusern usw. Im Krankenhaus Aarau wird auf diese Weise sogar eine Warmwasserfernheizung betrieben, die 14 Gebäude mit einem maximalen Heizwärmebedarf von 1 850 000 kcal/h mit Heizwärme versorgt.

Schließlich sind noch die Speicheröfen zu erwähnen. Sie werden entweder zum Ausgleich der Temperatur mit Zirkulationsluftkanälen versehen oder enthalten einen durch Widerstände beheizten, aus einem guten Speichermaterial bestehenden Kern, der von einer oder mehreren Hüllen umgeben ist. Die Außenwand kann aus Kacheln, Marmor, Kunststein, Eternit oder einem ähnlichen Material bestehen. Auch sonst können die Speicheröfen den Räumen in entsprechender Weise angepaßt werden. Es sind auch schon einfach elektrische Heizeinsätze in bestehende alte Kachelöfen eingebaut worden.

Zur möglichst vollständigen Entladung werden die Speicheröfen bisweilen mit Luftdurchgangsöffnungen versehen, die gegen das Ende der Entladung oder zwecks raschen Wärmeentzuges, z. B. zum Anheizen der Räume, geöffnet werden.

Abb. 85 zeigt einen elektrischen Speicherofen der »Combinator«-Gesellschaft Chur, der außer auf elektrischem Wege auch durch

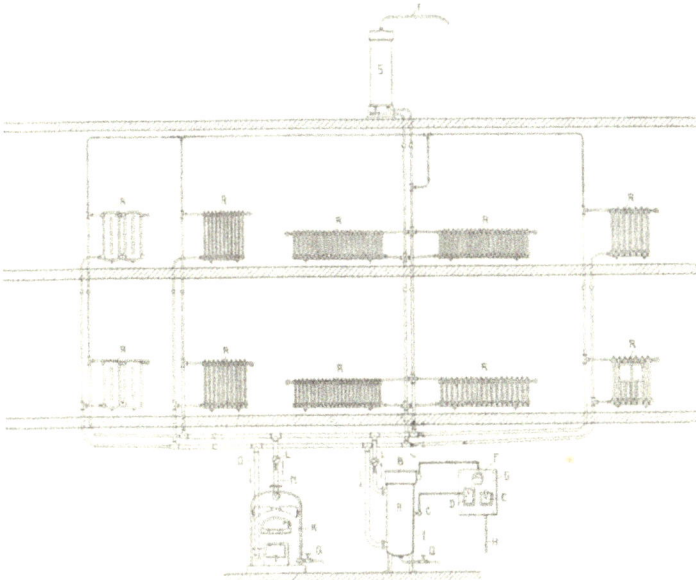

Abb. 82. Elektroden-Durchlaufkessel, aufgestellt neben dem Gliederkessel einer Zentralheizung
Zur Verfügung gestellt von der Firma Gebr. Sulzer A.-G.

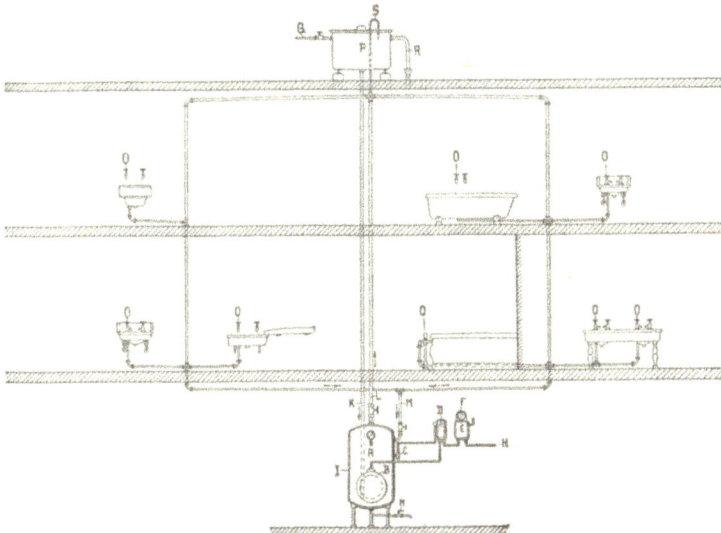

Abb. 83. Schema einer Warmwasserversorgungsanlage mit elektrisich beheiztem Warmwasser-
speicher. Zur Verfügung gestellt von der Firma Gebrüder Sulzer A.-G., Winterthur.

A Elektrisch beheizter Warmwasserapparat. B elektrischer Heizeinsatz. C Temperaturkontakt.
D Automatischer Schalter mit Temperatur-Einstellvorrichtung. E Schaltkasten. F Amperemeter.
H Stromzuführung. I Isolierung. K Kaltwasserleitung. L Warmwasserleitung. M Zirkulations-
leitung. N Entleerung. O Zapfstellen für Warmwasser. P Kaltwasserreservoir mit Schwimmerventil
Q Anschluß an das Kaltwasserleitungsnetz. R Überlauf. S Entlüftung.

Kohlenheizung erwärmt werden kann, und in Abb. 86 ist ein transportabler, sog. Halbakkumulierofen der Firma Bachmann &
Kleiner in Oerlikon wiedergegeben.

Zur Veranschaulichung, wie weit bezüglich Aufstellung von Speicheröfen schon gegangen worden ist, diene Abb. 87, welche die Hälfte
des Schaltschemas eines vollständig elektrisch beheizten Wohnhauses

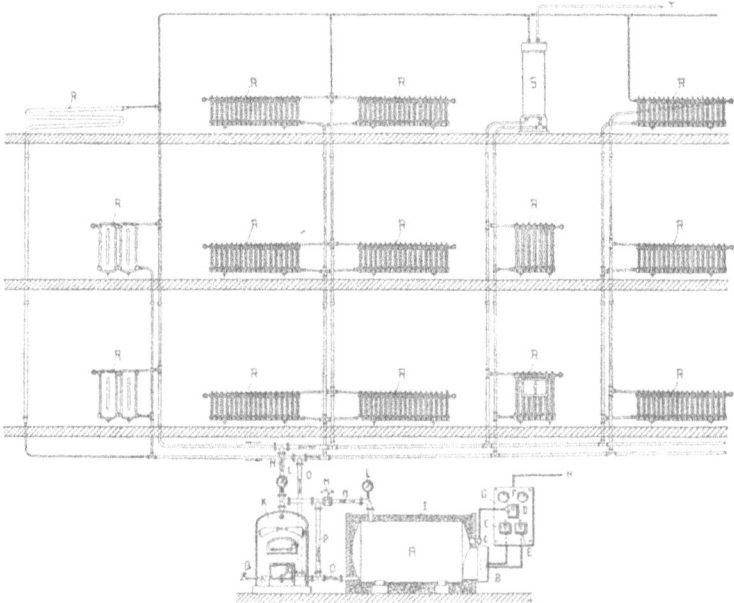

Abb. 84. Als Wärmespeicher ausgebildeter Elektro-Warmwasserkessel in Verbindung mit einer Warmwasserheizung.

Zur Verfügung gestellt von der Firma Gebr. Sulzer A.-G.

A Elektrischer Warmwasser-Akkumulierkessel. B Elektrischer Heizeinsatz. C Temperaturkontakt. D Automatischer Schalter mit Temperatur-Einstellvorrichtung.
E Handschalter, F Ampèremeter. G Marmor- oder Eternittafel. H Stromzuführung.
I Isolierung und Verschalung. K Feuerbeheizter Kessel. L Thermometer. M Misch-
ventil. N Heißwasser-Vorlaufleitung. O Heißwasser-Rücklaufleitung. P Umführungsleitung. Q Entleerung. R Radiatoren. S Expansionsgefäß. T Überlauf.

in Zürich wiedergibt. In jeder Wohnung sind 6 Speicheröfen mit An-
schlußwerten von 1,8 bis 3,6 kW aufgestellt. Dazu kommt je ein von
der Wohnung aus bedienbarer Ofen in einem Dienstenzimmer im Dachstock mit 1,8 kW und ein Warmwasserboiler von 150 l Inhalt mit
1,6 kW Anschlußwert. Außerdem sind die Geschäftsräume im Souterrain mit ca. 65 m² Bodenfläche mit Fußbodenheizung versehen. Das
Gebäude, wie auch ein danebenstehendes Geschäftshaus, enthalten keinen
einzigen Kamin.

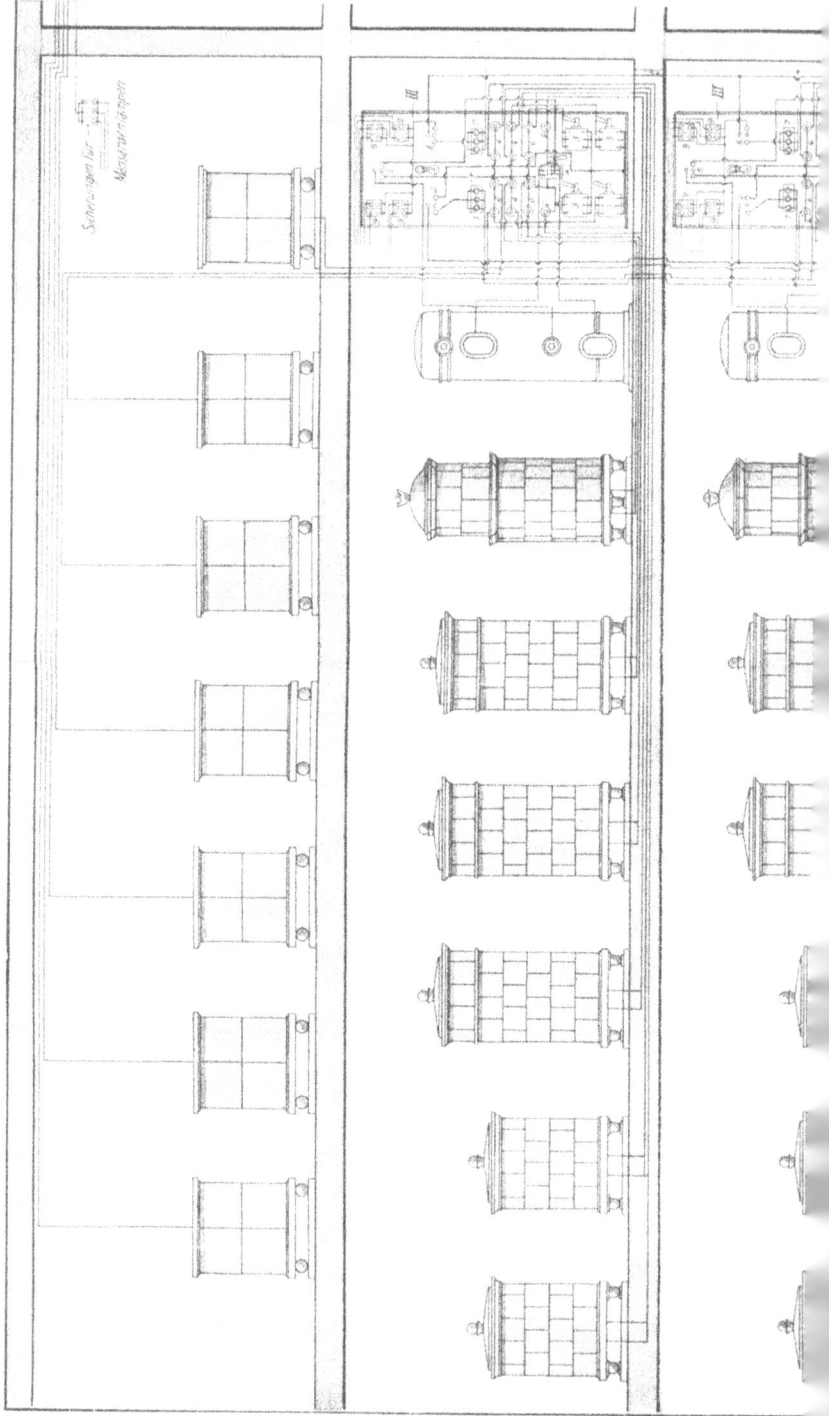

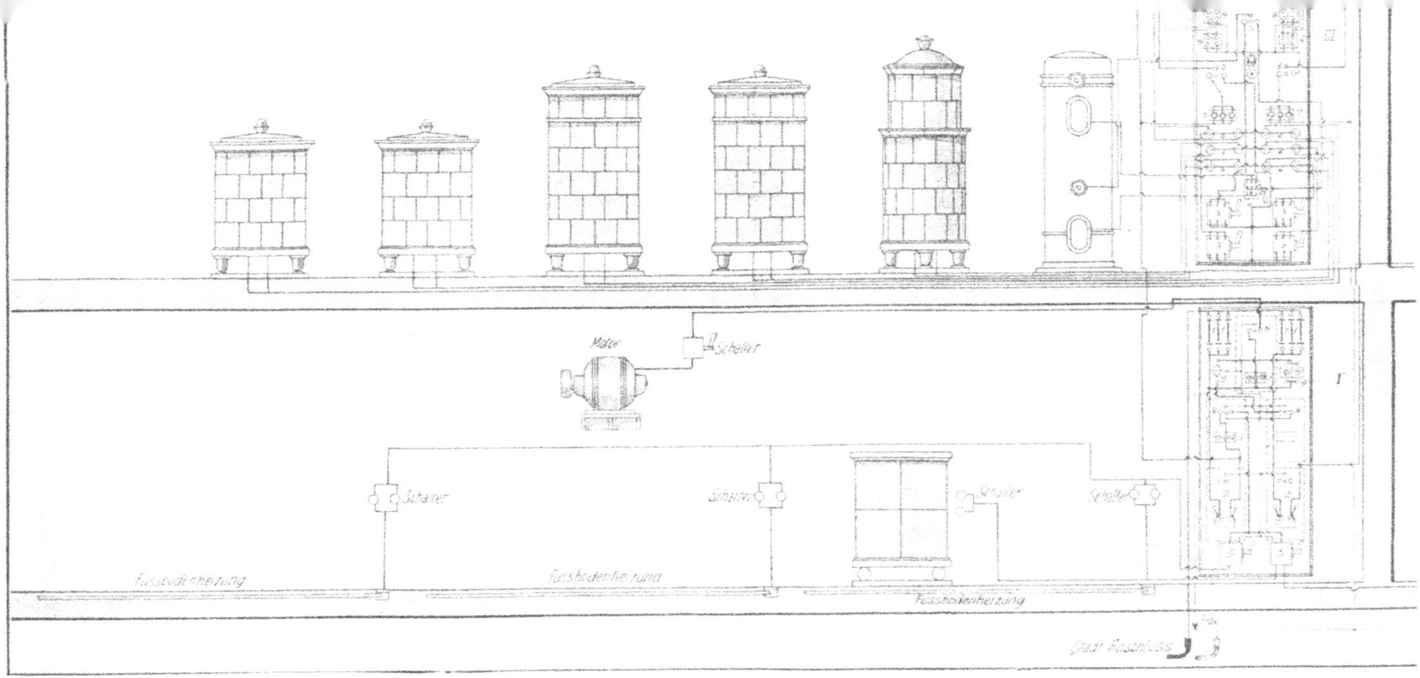

Abb. 87. Die Hälfte des Schaltschemas der elektrischen Heiz- und Warmwasserbereitungs-Installation im Wohnhause Schönchizerstr. 6, Zürich. Ausführung von E. Edti, elektr. Heizungen, Zürich 6.

Legende zu Schalttafel I:

1. Gratsicherungen (oben). 2. Sperrschalter links u. rechts. 3. Kraftsicherung. 4. Heizzähler. 5. Heizgruppenschalter links u. rechts. 6. Kraftzähler. 7. Sicherung (links). 8. Umschalter. 9. Kleintransformator.

Legende zu Schalttafel III:

1. Kraft-Sicherung. 2. Kraftzähler. 3. Heizgruppenschalter. 4. Boilerschalter. 5. Boilerautomat. 6. Ofenschalter. 7. Lichtsicherung. 8. Lichtzähler. 9. Gruppensicherungen für Lampen.

5. Übersicht über die in verschiedenen Gebäudearten gebräuchlichen Heiz- und Lüftungsarten.

Wohnhäuser:

Ofenheizung (event. Herdheizung, elektrische Speicherofenheizung).

Warmwasserheizung (Zentral- oder Etagenheizung).

Kombinierte Ofen - Warmwasserheizung.

Elektrische Aushilfsheizung.

Event. Warmwasserversorgung.

Gewächshäuser:

Warmwasserheizung.

Schulhäuser:

In kleinen ländlichen Schulen Ofenheizung.

Warmwasserheizung, event. Pumpenheizung. (Niederdruckdampfheizung billiger, aber weniger empfehlenswert.)

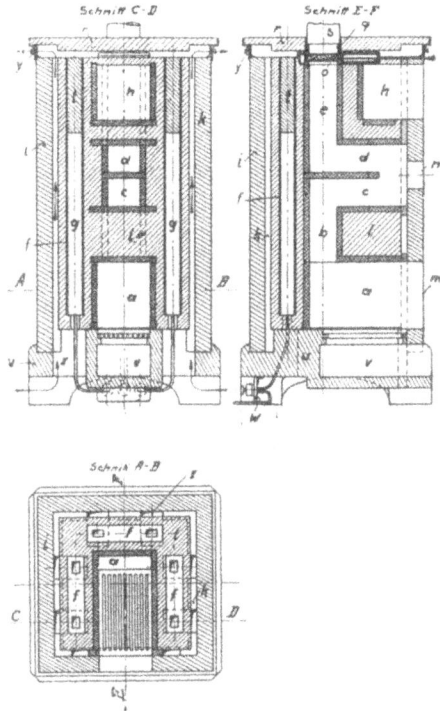

Abb. 85. Elektrischer Speicherofen mit gleichzeitiger Feuerungsmöglichkeit der »Combinator«-Gesellschaft Chur.

Wenn genügend Mittel vorhanden, Lüftungsanlage mit Zu-, Um- und Abluftkanälen, Zuluftventilator und Vorwärmung der Zuluft. Abluftkanäle im Querschnitt etwas kleiner als Zuluftkanäle.

Event. Warmwasserbereitung für Brausebäder und Reinigungszwecke.

Turnhallen:

Ofenheizung.

Luftheizung. (Lufterwärmung durch Feuerluftöfen (Kalorifere) oder Dampfheizkörper.)

Niederdruckdampfheizung.

Wenn ins Schulhaus ein- oder angebaut, Warmwasser- event. Pumpenheizung.

Abb. 86. Transportabler Halbakkumulierofen der Firma Bachmann & Kleiner, Oerlikon.

Bureaugebäude (Verwaltungsgebäude, Geschäftshäuser usw.):

Warmwasserheizung event. Pumpenheizung.

Bei starker Besetzung Lüftungsanlage wie bei Schulen.

Sauglüftung für die Aborte.

Event. Warmwasserbereitung für Reinigungszwecke.

In Hochhäusern Vakuumheizung unter Verwendung gepreßter Stahlblechradiatoren.

Warenhäuser:

Niederdruckdampf- oder Warmwasser, event. Pumpenheizung.

Sauglüftung für die Aborte.

Große Banken:

Warmwasser- event. Pumpenheizung.

Luftheizung für die Tresorräume.

Lüftungsanlage für die Schalterhalle wie in Schulen.

Sauglüftung für die Aborte und Garderoben.

Event. Warmwasserbereitung für Reinigungszwecke.

Krankenanstalten:

Warmwasserheizung event. Pumpenheizung.

Dampfversorgung (Dampfdruck 0,8 Atm. oder mehr) für Waschküche, Kochküche, Sterilisation, Desinfektion und event. Sommerheizung der Operationsräume.

Warmwasserversorgung für Wasch- und Kochküche, Bäder und Zapfstellen in Toiletten, Gängen usw.

Sauglüftung für Aborte, Bäder, Küche, Waschküche usw.

Bei mehreren Gebäuden Pumpenfernheizung, Ferndampf- und Fernwarmwasserversorgung.

Hotels:

Warmwasser- event. Pumpenheizung.

Für Speisesaal, Vestibül und übrige öffentliche Räume event. Dampfheizung.

Warmwasserversorgung für Küche, Bäder, Toiletten.

Lüftungsanlage mit Zu- und Abluftventilator für den Speisesaal.

Sauglüftungen für Küche, Aborte, Bäder, Rauchzimmer.

Ländliche Gasthäuser:

Ofenheizung für Restaurant, Speisesaal usw., sowie einzelne Gastzimmer.

Bei billigem elektrischen Strom event. elektrische Stecköfen für die Gastzimmer.

Warmwasserheizung.

Restaurants:

Ofenheizung.

Warmwasser- oder Niederdruckdampfheizung.

Lüftungsanlage mit Zu- und Abluftventilator. Erwärmung der Zuluft, Lüftung von unten nach oben.

Theater:

Luftheizung, die vor Beginn der Vorstellung als Umluftheizung, während der Vorstellung als Abluftheizung, d. h. gleichzeitig als Lüftung und, wenn erforderlich, als Kühlanlage betrieben wird.

Für die Nebenräume Niederdruck-Dampf- oder Warmwasserheizung.

Ev. Abluftventilationen für Aborte, Garderoben, Restaurant usw.

Kinos:

Wie bei Theatern oder direkt wirkende Warmwasserheizung und daneben Lüftungsanlage wie bei Schulhäusern.

Saalbauten, beispielsweise Kirchgemeindehäuser:

Warmwasser- event. Pumpenheizung für das ganze Haus, daneben Lüftungsanlage für den Saal oder Niederdruckdampfheizung für den Saal und die damit zusammenhängenden Räume (Vestibul, Garderobe usw.). Für die übrigen Räume (Lesesaal, Bibliothek, Abwartwohnung, Unterweisungszimmer usw.) Warmwasserheizung. In dem Fall ist es, wenn billiger elektrischer Strom zur Verfügung steht, zweckmäßig, in den Luftweg außer dem Dampf- einen elektrischen Heizkörper einzubauen, der erlaubt, die Zuluft an kühlen Tagen, wenn die Dampfheizung noch nicht oder nicht mehr im Betrieb ist, zu wärmen. Auf diese Weise kann die Lüftungsanlage bis beispielsweise $+ 5^0$ C Außentemperatur auch als Luftheizung benützt werden, wodurch die Bedienung stark vereinfacht ist.

Event. Abluftventilationen für Aborte und Garderoben, Küche usw.

Versammlungssäle:

Warmwasser- oder Niederdruckdampfheizung.

Lüftungsanlage mit Zuluftventilator.

Wenn geraucht wird außerdem Abluftventilator. Lüftung von unten nach oben.

Bezüglich Anwärmung der Frischluft gilt dasselbe wie bei Saalbauten.

Kirchen:

Bei kleinen ländlichen Verhältnissen Ofen- oder, wenn billiger Sonntagsstrom zur Verfügung steht, elektrische Fußbankheizung.

Bei städtischen Kirchen Niederdruckdampfheizung. Dampferzeugung durch Brennstoff oder elektrischen Hochspannungsstrom, oder

Luftheizung. Lufterwärmung durch Feuerluftöfen (Kalorifere), Dampf, Warmwasser oder auf elektrischem Wege.

Fabriken: .

Ofenheizung.

Niederdruckdampfheizung (ausnahmsweise Mittel- oder Hochdruckdampfheizung).

Abdampfheizung unter Verwendung des Abdampfes von Dampfhämmern, Dampfmaschinen usw., betrieben als Gegendruck-, Vakuum- oder Dampfwarmwasser resp. Dampfluftheizung.

Niederdruckdampf- oder Warmwasserheizung unter Verwendung von Abwärme anderer Art (heißen Rauchgasen, heißem Kühlwasser usw.), oder, bei eigener Wasserkraft, unter Benützung einer Wasserbremse.

Elektro-Warmwasserheizung mit Wärmespeicherung unter Verwendung von billigem Nacht- und Abfall- oder auf hydraulischem Wege erzeugtem Eigenstrom.

Luftheizung unter Verwendung von Heizapparaten oder zentrale Erwärmung der Luft und Verteilung derselben durch Blechkanäle. Auch hiefür läßt sich Abwärme der verschiedensten Art verwenden.

Hallen (Montage-, Ausstellungshallen usw.):

Ofenheizung.

Niederdruckdampfheizung.

Luftheizung wie bei Fabriken.

6. Vergleich der Anlage- und Betriebskosten der verschiedenen Heizsysteme.

a) Erstellung von Ofen- resp. Zentralheizung in Neubauten.

Die Anschaffungskosten von Kachel- und eisernen Öfen sind je nach ihrer Konstruktion und Ausschmückung sehr verschieden.

In der Ostschweiz hat man zurzeit (1925) für Räume, die auf 18° C beheizt werden sollen, zu rechnen:

Für eiserne Öfen . . . 1 bis 2 Fr. pro m³ beheizten Rauminhalt[1]).

 » Rahmenkachelöfen . 2,50 » 8 » » » » »

 » einfache, feststehende
Kachelöfen . . . . 6 » 12 » » » » »

 » eingebaute Kachel-
öfen (Feuerungsmöglichkeit von außen her). 8 » 15 » » » » »

 » Zeichnungsöfen[2]) . bis 20 Fr. u. mehr pro m³ beheizten Rauminhalt.

---

[1]) Für die primitivsten Ausführungen aber immerhin Fr. 30 bis 50 pro Ofen.

[2]) Öfen, die von den Architekten in bezug auf Gliederung und Farbe vorgeschrieben werden.

Sofern es sich nur um zu temperierende Räume handelt, können sich die Beträge auf die Hälfte und weniger vermindern.

Für Zentralheizungen läßt sich der ungefähre Preis aus dem nach Abschnitt X berechneten angenäherten Wärmebedarf W bestimmen, indem man pro kcal zurzeit mit 15 bis 20 Cts. rechnet. Für überschlägige Berechnungen können auch 300 bis 400 Fr. pro aufzustellenden Heizkörper oder bei Neubauten 4 bis 6 % der Bausumme für die Heizung eingesetzt werden.

Für Etagenheizungen ist etwas mehr zu rechnen.

Weiter ist zu berücksichtigen, daß in den so ermittelten Beträgen die Auslagen für die baulichen Arbeiten, ferner für allfällige Warmwasserversorgungs- und Lüftungseinrichtungen nicht enthalten sind. Für die baulichen Arbeiten ist bei Zentralheizungen in Neubauten und offener Verlegung der Rohrleitungen mit ca. 10 %, bei verdeckter Verlegung mit bis zu 20 % der Offertsumme für die Zentralheizung zu rechnen. Bei bestehenden Bauten sind diese Beträge zu verdoppeln. Bei Ofenheizung ist zu berücksichtigen, daß mehr Kamine erforderlich sind.

Beispiel. Es handle sich um ein gut gebautes Einfamilienhaus mit 6 zu heizenden resp. temperierenden Wohnräumen, der zu temperierenden Küche und dem ebenfalls zu temperierenden Treppenhaus mit W.C. Entsprechend der nachfolgenden Zusammenstellung betrage der zu heizende Rauminhalt 300 m³, der zu temperierende 250 m³. Daneben umfasse das Haus im Keller 250 m³, im Dachboden 200 m³ nicht zu heizenden Inhalt, somit einen Gesamtinhalt von 1000 m³. Der Baupreis sei 60000 Fr. (60 Fr. pro m³).

Dann berechnen sich die Preise folgendermaßen:

Bei Ofenheizung (bei Vermeidung von Luxus und ohne Berücksichtigung der Mehrauslagen für Kamine):

Zahlentafel 4.

Raum	zu heizender Rauminhalt m³	zu temperierender Rauminhalt m³	Ofenart	Preis Fr.
Wohnzimmer	80		eingebauter Kachelofen	600 — 1000
Herrenzimmer	70		Kachelofen	500 — 800
3 Schlafzimmer	100	50	Rahmenöfen	450
1 Zimmer im Dachstock	50		bei Ofenheizung nicht beheizt	
Küche		50	wird durch den Wohnzimmerofen temperiert.	
Treppenhaus und W. C.		150	Dauerbrandofen	100—200
Total	300	250		1650—2450

Der maximale stündliche Wärmebedarf wird nach Abschnitt X etwa

$$W = 300 \cdot 30 + 250 \cdot 24 = 15000 \text{ kcal/h}$$

sein, somit der Preis der Zentralheizung:

berechnet aus $W = 15000 \cdot (0{,}15 \text{ bis } 0{,}20) = 2250 \text{ bis } 3000 \text{ Fr.}$
berechnet aus der Zahl der Heizkörper $= 8 \cdot (300 \text{ bis } 400) = 2400 \text{ bis } 3200 \text{ Fr.}$
berechnet aus dem Baupreis $= 4 \text{ bis } 6\%$ von 60000 Fr. $= 2400$ bis 3600 Fr.

Dazu kommen, wenn es sich um einen Neubau handelt, bei offener Verlegung der Leitungen ca. 300 Fr. für die baulichen Arbeiten, bei verdeckter Anordnung ca. 500 bis 600 Fr.

Etagenheizung stellt sich im Preis etwas höher als vorstehend berechnet. Für kombinierte Kachelofen-Zentralheizungen muß man zurzeit in der Schweiz, inkl. Kachelofen, für Vierzimmerwohnungen mit 2200 bis 3000 Fr. rechnen.

b) Kosten für den Umbau von Ofen- in Warmwasserzentralheizung in bestehenden Gebäuden.

Der Preis der Zentralheizung ist nach a) zu berechnen. Bei gewöhnlichen Schwerkraftheizungen betreffen die Einzelposten:

1. den Heizkessel nebst Armaturen und Feuergerät (eine Schlakkenzange ist gewünschtenfalls extra zu verlangen),
2. das Expansionsgefäß,
3. die Heizkörper nebst Hahnen usw. (event. Konsolen),
4. die Rohrleitungen mit Befestigungsmaterial,
5. die Isolierung,
6. die Montage.

Bei Pumpenheizung kommt eine Zentrifugalpumpe nebst Elektromotor und dessen Anschluß an die Kraftleitung hinzu.

Die Bauarbeiten beziehen sich auf:

1. Maurerarbeiten.

a) Ein- resp. Untermauerung des Heizkessels.
b) Einführung des Rauchrohrs in den Kamin.
c) Eventuell Neuerstellung oder Instandstellung des Kamins.
d) Zumauern der alten Kaminöffnungen.
e) Schlagen und Wiederzumauern von Mauer- und Deckendurchbrüchen, sowie event. von Mauerschlitzen und Bodenkanälen für die Leitungen mit Abdeckungen.
f) Schlagen von Löchern zur Befestigung der Heizkörper und Rohrleitungen.

g) Eventuelle Maurerarbeiten für die Abtrennung des Kessel-
oder Kohlenraumes.

2. Gipserarbeiten.

Instandstellen der wieder zugemauerten Mauer- und Deckendurchbrüche.

3. Schreinerarbeiten.

a) Eventuelles Wegnehmen und Wiederinstandstellen von Täfer.
b) Eventuelles Herrichten von Unterlagen für die Heizkörper.
c) Eventuelle Arbeiten für die Herrichtung des Kohlenraumes.
d) Eventuelle neue Simse über den Fensternischenheizkörpern.
e) Eventuelle Heizkörperverkleidungen.
f) Eventuelles Isolieren des Expansionsgefäßes.

4. Maler-, Tapezierer- und Parkettierarbeiten.

a) Streichen der Heizkörper und Leitungen.
b) Wiederinstandstellung der durch die Montage beschädigten
Wände und Böden.

Zu Lasten des Bauherrn fallen weiter:

Das Einräumen eines verschließbaren, trockenen und hellen Lokals
während des Baues als Magazin und Montierungswerkstätte, sowie das
allfällige Erstellen von Gerüsten, leihweise Überlassen von Hebezeugen
und Hölzern für den Transport und die Montierung schwerer Stücke.

Ferner sind bauseitig zu übernehmen die Erstellung von Funda-
menten, event. mit Korkplatten (z. B. für Pumpen), das Versetzen von
Klappen, Gittern, Schiebern usw., die Erstellung der Kaltwasserleitung
zum Füllhahn der Heizung, die Lieferung von Brennmaterial, Wasser
und elektrischer Kraft für die Probeheizungen und Isolierungsarbeiten.

Bezüglich Abbrechen, Wegtransport und Vergütung der Öfen·be-
steht ein Unterschied darin, ob es sich um feststehende oder transpor-
table Öfen handelt. Die ersteren werden, wenn die Kacheln verwendbar
sind, gewöhnlich unentgeltlich weggeführt, für die letzteren wird, je
nach ihrem Zustand eine Vergütung entrichtet.

c) Die Betriebskosten der verschiedenen Heizarten.

Die Betriebskosten der verschiedenen Heizarten setzen sich zusammen
aus: α) Brennmaterialkosten.
         β) Unterhaltungskosten.
         γ) Bedienungskosten.

α) Brennmaterialkosten. Die ungefähren Brennmaterialkosten
für ein Gebäude, eine Wohnung oder ein einzelnes Zimmer lassen sich
angenähert auf Grund des maximalen stündlichen Wärmebedarfes W
(s. Abschnitt X) nach der Formel

$$K = \frac{W}{1000} \times a \times z \text{ kg}$$

bestimmen.

a ist eine Erfahrungszahl, die zu setzen ist:

für Wohnhäuser $\left\{ \begin{array}{l} \text{Etagenheizungen . . 1,0} \\ \text{ganze Privathäuser . 1,35} \\ \text{Mietswohnungen . . 1,4} \end{array} \right\}$ im Mittel $= 1{,}2$,

  » Schulen und Krankenhäuser . . . 1,3,
  » Verwaltungsbauten und Fabriken . 1,4.

z ist die Zahl der Heiztage. Im allgemeinen kann sie für die Ostschweiz gesetzt werden:

für Wohn- und Verwaltungsbauten . . 200,
  » Krankenhäuser 220,
  » Schulen. 180,
  » Fabriken . . . . 150.

Bei dem im vorhergehenden Abschnitt betrachteten Gebäude würde sich der Brennmaterialverbrauch somit etwa stellen:

bei Zentralheizung auf:

$$\frac{15000}{1000} \times 1{,}0 \text{ bis } 1{,}2 \times 200 = 3000 \text{ bis } 3600 \text{ kg/Jahr Koks}$$

bei Ofenheizung:

Zahlentafel 5.

für	ist W ca. kcal/h	somit bei Heiztagen	die Brennstoffmenge K Anthrazit kg/Jahr
das Wohnzimmer	2400	200	580
die Küche	1000	200	240
das Herrenzimmer . . .	2100	120	300
die drei Schlafzimmer . .	3600	50	220
den Korridor	3600	120	520
Total	12700 [1])		1860

—Die Ofenheizung erfordert nach der vorliegenden Berechnung also nur ca. $\frac{1}{2}$ bis $\frac{2}{3}$ soviel Brennmaterial wie die Zentralheizung. Die Gründe dafür (sparsameres Heizen, keine Transportverluste und Beheizung von weniger Räumen) wurden im Abschnitt: Vergleich zwischen Ofen- und Zentralheizung, eingehend erörtert.

β) Unterhaltungskosten. Die Unterhaltungskosten betreffen bei Ofenheizung das jährliche Ausstreichen der Öfen durch den Hafner, das Rußen der Kamine und Ofenzüge durch den Kaminfeger und das gelegentliche Ersetzen der Roste, sowie die Wiederinstandstellung resp. Erneuerung lange gebrauchter Öfen.

---

[1]) Nicht 15000 kcal/h, wie bei Zentralheizung, weil die Transportverluste der Wärme wegfallen und das Zimmer im Dachstock nicht beheizt wird.

Bei den Zentralheizungen umfassen sie das Rußen der Rauchzüge und Kamine, sowie eventuelle Kesselreparaturen. Die Kosten für die Kaminfegerarbeiten sind bei großen Objekten ziemlich beträchtlich, besonders wenn stark rußende Brennstoffe verwendet werden. Bei Ölfeuerung mit gut ausregulierten Zerstäubungsbrennern reduzieren sie sich dagegen nahezu auf Null. Dafür kommen hier die Stromauslagen für die Druckluftbeschaffung hinzu (über Ölfeuerung s. Abschnitt II 5). Der Umfang der Kesselreparaturen hängt namentlich von der Dimensionierung der Anlage, dem gewählten Kesseltyp und der Sorgfalt der Bedienung ab. Kessel von zu knapp bemessenen Anlagen müssen forciert werden, was sie rasch zugrunde richtet. Bei gewissen Kesselkonstruktionen sind die Elemente dem Springen mehr ausgesetzt als bei anderen. Daß nachlässige Bedienung den Verschleiß erhöht, ist selbstverständlich. Besonders schädlich ist häufiges Abfließenlassen von Wasser aus den Heizungen, weil bei jeder neuen Speisung durch das frische Wasser Kalk ins Innere des Systems gelangt, der sich in besonderem Maße an den heißesten Stellen der Kesselwandungen als Kalkstein absetzt und oft die Ursache des Springens bildet.

Normalerweise nimmt man die Kessel zwecks gründlicher Reinigung und Neudichtung nach etwa zehn Jahren einmal auseinander, sie sollten den Dienst aber normalerweise ca. zwanzig Jahre lang tun, ohne ersetzt werden zu müssen.

γ) Bedienungskosten. Die Bedienungskosten der Heizeinrichtungen sind sehr verschieden. Öfen, Etagen- und kleinere Zentralheizungen werden meist von den Dienstmädchen, Besitzern resp. Hausfrauen selbst besorgt. In Schulen, Geschäften, Hotels, Kirchen usw. ist das Heizen eine Nebenbeschäftigung der Abwarte, Ausläufer, Portiers und Küster. Für ausgedehnte Anlagen und auch für die Besorgung gemeinsamer Zentralheizungen in großen Mietshäusern werden dagegen meist besondere Heizer angestellt, und für die Bedienung von Fernheizungen in Krankenanstalten, Fabriken usw. ist ein geschultes Heizerpersonal erforderlich. Bei mittelgroßen Anlagen kann die Art der Anordnung des Kessel- und Regulierraumes den Ausschlag dafür geben, ob ein besonderer Heizer erforderlich ist oder nicht. Gerade bei solchen Objekten ist es daher von größtem Wert, daß alle Mittel, wie bequeme Beschickungsmöglichkeit der Kessel, event. ein Schlackenaufzug, leicht bedienbare Gruppeneinteilung, Fernthermometer usw. vorgesehen werden.

d) Wegleitung zur Erzielung eines sparsamen Heizbetriebs.

Zur möglichsten Einsparung von Brennmaterial bei bestehenden Anlagen sind folgende Punkte zu berücksichtigen:

1. Stark wärmeabgebende Teile des Gebäudes sind womöglich besser gegen Wärmeverluste zu schützen, Türen und Fenster (Oberlichter),

Rolladenkasten usw. zu dichten. Läden und Vorhänge werden mit Vorteil nachts geschlossen.

2. Bei sehr niederen Außentemperaturen ist die künstliche Lüftung einzuschränken (Luftklappen und Jalousien schließen), was ohne Bedenken geschehen kann, weil bei großen Temperaturunterschieden zwischen innen und außen der natürliche Luftwechsel, d. h. die Lufterneuerung durch die Undichtigkeiten der Umfassungswände, bedeutend ist. Durchlüftung von Wohnräumen, Bureaux usw. am Morgen, durch kurzes Öffnen der Fenster, genügt dann.

3. An Instandhaltung und sorgfältiger Bedienung der Heizeinrichtungen darf nicht gespart werden. (Ausstreichen der Öfen, Nachsehen der Zentralheizungskessel. Öftere Reinigung der Züge zu Anfang und während der Betriebszeit.) Nur bei gutem Zustand und richtiger Bedienung kann die höchstmögliche Betriebswirtschaftlichkeit erzielt werden.

4. Es sollen nicht mehr Räume geheizt werden, als unbedingt notwendig. Die zu heizenden Zimmer eines Gebäudes sollen neben- oder übereinander und nach Süden oder Südwesten gelegen sein. Eckräume verbrauchen ihrer großen Abkühlungsflächen wegen viel Brennmaterial.

5. Die Raumtemperaturen sind nicht höher als notwendig zu halten (s. Abschnitt VII 2). In unbenützten Räumen sind die Zentralheizkörper abzustellen oder, wenn dies der Einfriergefahr wegen nicht ratsam ist, wenigstens weitgehend zu drosseln. (Event. die Hähne nicht ganz abstellbar machen.)

6. Mit dem Heizen ist nicht zu früh zu beginnen, gewöhnlich nicht, bevor die Außentemperatur abends 9h dauernd auf + 10° C gesunken ist.

7. Anderseits soll man die Gebäude nicht zu stark auskühlen lassen, weil sonst ihre Wiederanwärmung mehr Brennmaterial erfordert, als wenn frühzeitiger mit dem Heizen begonnen worden wäre (betrifft z. B. große Kirchen, die dauernd warm gehalten werden sollen und Hotels an Winterkurorten).

8. Während der Heizzeit ist die Außentemperatur täglich zu beobachten und danach zu heizen (event. die täglich verfügbare Brennstoffmenge nach Abschnitt III 2 im voraus bestimmen).

9. Es sind passende Brennstoffe zu verwenden.

10. Die Roste sind sauber zu halten (täglich gründliche Reinigung und rechtzeitiges Schüren). Zu große Roste sind durch kleinere zu ersetzen oder teilweise abzudecken.

11. Zugstärke und Luftzufuhr müssen dem Brennstoff angepaßt werden. Bei stark schlackendem Brennstoff empfiehlt es sich, Wassergefäße unter den Rost zu stellen.

12. Unverbrannte Rückstände sind aus der Asche und den Schlacken auszusortieren und wieder zu verwenden.

13. Bei Öfen sollen:

    a) beim Nachlegen von Brennstoff die glühenden Teile nach der Feuerabzugsseite geschoben und das frische Brennmaterial vorn aufgelegt werden,

    b) beim Nachlassen der Glut alle Türen und Luftreguliervorrichtungen geschlossen werden. (Nachsehen, ob Heiz- und Aschentüre sowie Regulatorvorrichtungen gut dichten.) Wenn die Unterhaltung einer schwachen Glut gewünscht wird, so können einige Briketts aufgelegt werden, die, dank ihres großen Sauerstoffgehaltes, trotz fest verschlossenen Türen, langsam abbrennen.

14. Bei Zentralheizung sind:

    a) In den Übergangszeiten womöglich Öfen zu benützen.

    b) Stehen Öfen nicht zur Verfügung, so ist unterbrochener Betrieb der Zentralheizung zu empfehlen, d. h. das Feuer ist mittags oder abends ausgehen zu lassen. Unterbrochener Betrieb stellt sich erfahrungsgemäß billiger als Dauerbetrieb:

        bei Wohn- und Krankenhäusern bis 0° C Außentemperatur

        oder $+5°$ C Außentemperatur und Wind;

        bei Schulen, Geschäfts- und Verwaltungsgebäuden

        bei normaler Betriebszeit bis — 5° C Außentemperatur,

        bei Benützung bis 13 oder 15 h bis 0° C Außentemp.

    c) Leitungen und andere Teile, die keine Wärme abgeben sollen, sind gut zu isolieren.

    d) Das Aufheizen am Morgen erfolgt am besten durch starkes Feuer. Zur Abkürzung der Anheizzeit werden vorhandene Heizkörperverkleidungen mit Vorteil geöffnet oder entfernt. Nach dem Aufheizen ist das Feuer zurückgehen zu lassen.

II. Heizkessel.

1. Ausführung.

Als Heizkessel werden gewöhnlich die bekannten gußeisernen Gliederkessel verwendet, bei denen durch Aneinanderreihung der einzelnen Elemente Kanäle entstehen, die von den Feuergasen durchstrichen werden, während ihr Inneres den Wasser-, bei Dampfkesseln auch den Dampfraum bildet.

Die früher oft verwendeten vertikalen und horizontalen schmiedeeisernen Röhrenkessel sind selten geworden. Bei sehr großen Anlagen kommen jedoch auch Kornwall- und Röhrenkessel zur Anwendung, wie sie bei Dampfkraftanlagen gebräuchlich sind, und zur Verfeuerung minderwertiger Brennstoffe, wie Torf, Braunkohle, Braunkohlenbriketts, mageren Steinkohlen usw. werden Spezialkessel ausgeführt.

Die gußeisernen Gliederkessel haben entweder oberen oder unteren Abbrand. Bei oberem Abzug der Feuergase durchstreichen sie zunächst den Füllschacht, weshalb das Brennmaterial von unten bis oben in Glut gerät. Bei unterem Abbrand strömen sie über dem Rost seitlich ab, was zur Folge hat, daß der obere Teil der Koksschicht schwarz bleibt. Beide Ausführungen haben Vor- und Nachteile. Bei Kesseln mit oberem Abbrand entstehen aus dem frisch aufgelegten Brennmaterial im Anfang viel unverbrannte Gase, die in den Kamin abziehen und dadurch den Wirkungsgrad beeinträchtigen. Ferner müssen die Gase durch fallende Züge absteigen, was ein Hindernis für das leichte Abströmen bildet und dem »Gasen« Vorschub leistet. Bei schlechtem Kaminzug und an stark föhnigen Orten sind sie daher nicht zu empfehlen. Weiter ist die Wärmeleistung des großen, glühenden Koksinhaltes wegen weniger leicht regelbar als bei Kesseln mit unterem Abbrand. Anderseits besteht ein wesentlicher Vorzug der Kessel mit oberem Abbrand darin, daß sie, der großen Kontaktheizfläche zwischen glühendem Koks und Wandung wegen, sehr wirksam und nötigenfalls leicht forcierbar sind.

An alle Heizkessel sind folgende Forderungen zu stellen:

1. Daß die Feuerzüge während des Betriebes leicht von Ruß und Flugasche gereinigt werden können.

2. Daß der Brennmaterialfüllraum so groß bemessen ist, daß der Koksinhalt bei eingeschränktem Heizbetrieb während der Nacht nicht vollständig abbrennt.

3. Daß bei größeren Anlagen durch gut arbeitende Regler für selbsttätige Regelung der Heizwirkung, entsprechend dem Wärmebedarf der Anlage, gesorgt wird. Bei Wasserheizung findet die Beeinflussung der Regler durch die Wassertemperatur, bei Dampfheizung durch den Dampfdruck statt. In beiden Fällen ändern sie die Luftzuströmung unter den Rost, wodurch die Glut angefacht oder gedämpft wird. Die gewünschte Höhe der Wassertemperatur resp. des Dampfdruckes soll in einfacher Weise, z. B. durch eine Regulierschraube, einstellbar sein. Bei kleinen Kesseln, z. B. für Etagenheizungen, die ständiger Wartung unterstellt sind, wird von selbsttätiger Regelung bisweilen abgesehen.

4. Sowohl bei Wasser- als Dampfheizungen ist für bequeme Entleerungsmöglichkeit des Wasserinhaltes durch an den Kesseln angebrachte Entleerungshähne zu sorgen. Am besten findet der Abfluß direkt in die Kanalisation statt. Ist dies nicht möglich, so ist ein Sickerschacht anzubringen. Stößt auch das infolge zu hohen Grundwasserstandes auf Schwierigkeiten, so muß ein Reservoir aufgestellt werden, in welches das Wasser ausfließt und von dem es durch eine Pumpe oder einen Ejektor in die Kanalisation befördert wird. Im Notfall kann es auch durch einen am Kessel angeschlossenen und durch ein Kellerfenster hinausführenden Schlauch bis auf Parterrehöhe abgelassen werden. Der

Rest ist in Kübeln wegzutragen. Für die Bodenabläufe in Kesselhäusern sollte man keine Schmutzeimer, sondern Rohrstutzen mit Kleinnormalkappen, in die der Entleerungsschlauch gelegt wird, verwenden.

Das Ablassen des Wassers hat nur in dringenden Fällen zu erfolgen, da, wie schon bemerkt, bei jeder neuen Füllung Kalk in das System gelangt, der zu Verstopfungen und Schädigungen der Kessel Veranlassung geben kann.

Betr. Sicherheitsvorschriften für Warmwasserheizanlagen se. Ges.-Ing. vom 5. Sept. 1925, S. 450.

2. Wärmeleistung und Größe der Kessel.

Die maximale Wärmeleistung großer und mittelgroßer gußeiserner Gliederkessel soll im Beharrungszustand im Maximum 7000 bis 8000 kcal pro m²/h nicht übersteigen. Beträgt der berechnete Maximalwärmebedarf einer Heizung beispielsweise 75000 kcal/h, so ist ein Kessel von rd. 10 m² Heizfläche erforderlich. Bei Braunkohlenfeuerung ist nicht über 5000 kcal/m²/h zu gehen.

Kleinere Kessel können höher beansprucht werden, da sie im Verhältnis zur Totalheizfläche eine größere Kontaktheizfläche zwischen Koks und Kesselwand aufweisen und der kurzen Rauchzüge wegen die Gase heißer abziehen. Es können ihnen daher im Beharrungszustand ohne Überanstrengung 10000 kcal/m²/h zugemutet werden. Einzelne Firmen gehen sogar bis auf 15000 kcal. In Hinsicht auf die Wirtschaftlichkeit der Betriebe und die Dauerhaftigkeit der Kessel sei jedoch auch an dieser Stelle nochmals vor der Anwendung zu kleiner Heizflächen gewarnt. Vorübergehend, beispielsweise zum Anheizen, können indessen schon Belastungen von 10000 bis 12000 kcal/m²/h zugelassen werden, namentlich bei Kesseln mit großer Kontaktheizfläche.

Bei sorgfältig durchgeführten Versuchen betragen die höchsten Wirkungsgrade gußeiserner Gliederkessel 80 bis 85%, im praktischen Betrieb liegen sie aber gewöhnlich nicht über 60 bis 70%, so daß pro kg verfeuerten Koks etwa 4000 bis 4500 kcal nutzbar gemacht werden. Die übrigen 30 bis 40% des Wärmewertes gehen in Form von Kaminverlusten, Leitungs- und Strahlungsverlusten, sowie unverbrannten Brennmaterialteilchen verloren. Weitere Wärmeverluste kommen beim Transport der Wärme vom Kessel nach den zu heizenden Räumen hinzu, so daß der Gesamtwirkungsgrad von Zentralheizungen oft nicht über 40—50% beträgt.

Nach den »Regeln für die Berechnung der Wärmeverluste und Heizkörpergrößen« des Verbandes der deutschen Zentralheizungsindustrie sind die Wärmeverluste der Rohrleitungen in Prozenten des Gesamtwärmebedarfes anzunehmen:

Für Anlagen, bei welchen die Rohrleitungen in geschützter Lage (Steigstränge an den Innenwänden, Verteilleitungen in warmen Kellerräumen) liegen und mit 20 mm Wärmeschutzumhüllung versehen sind, 5%.

Für Anlagen, bei welchen die Rohrleitungen in weniger geschützter Lage (Steigleitungen an den Außenwänden, Verteilleitungen in kalten Kellerräumen) liegen und m t 20 mm Wärmeschutzumhüllung versehen sind, 10%.

Für Anlagen mit besonders ungünstig liegenden und weit verzweigten Rohrleitungen (Steigstränge in Mauerschlitzen der Außenwände, Verteilung im kalten
Dachgeschoß), Wärmeschutzumhüllung 30 mm, 15%. Für Fernheizungen empfiehlt
sich stets die Berechnung der Rohrabkühlungsverluste.

Normalerweise sollten mittelgroße gußeiserne Gliederkessel nicht über
1,5 m, Großkessel nicht über 2 m Länge aufweisen, weil die Bedienung sonst
unbequem wird. Die Abmessungen sind, den erforderlichen Heizflächen
entsprechend, den Prospekten der Kessellieferanten zu entnehmen.

Bei großen Anlagen (etwa von 60000 kcal/h Wärmebedarf an
aufwärts), ist es zweckmäßig, mindestens zwei Kessel aufzustellen,
z. B. derart, daß der eine $1/_3$, der andere $2/_3$ der Gesamtheizfläche umfaßt. Dadurch werden sie nicht zu lang, und ist es möglich, in den
Übergangszeiten, sowie eventuell im Sommer für die Warmwasserbereitung, den kleineren, bei
kälterem Wetter den größeren
und im strengen Winter beide
Kessel in Betrieb zu nehmen.
Bisweilen wird die Unterteilung
auch zur Hälfte vorgenommen.

Abb. 88. Neben einem Gasherd stehender Etagen-
Heizkessel.
Ausführung der Firma Gebr. Sulzer A.-G.

3. Aufstellung.

Die Kessel sind möglichst
nahe den Kaminen, jedoch in
Hinsicht auf die Montagearbeiten etwa 40 bis 50 cm von
der hinteren Wand entfernt,
aufzustellen. An die Seitenwände können sie näher heran-
gerückt werden, sofern es auf
Grund der örtlichen Verhältnisse nicht wünschenswert ist,
die Lufteintrittsöffnung auf die
Wandseite zu legen. In dem
Falle sind zur Betätigung der
Klappe durch den automati-
schen Regler mindestens 30 cm Abstand erforderlich.

Verschiedene Aufstellungsarten sind in den Abb. 88 bis 92 wiedergegeben. Abb. 88 zeigt die Anordnung eines Etagenkessels neben
einem Gasherd. Sind mehrere Kessel nebeneinander zu stellen, so ist
es zweckmäßig, soviel Platz zwischen denselben frei zu lassen, als ein
Monteur zur Vornahme allfälliger Reparaturen braucht. Muß an Platz
gespart werden, so können nach Abb. 89 auch nur nach je zwei Kesseln Durchgänge frei gelassen werden. Von oben her bedienbare Großkessel werden nach Abb. 90 oft mit gemeinsamen Frontplatten und

Podesten versehen. Die Abb. 91 und 92 zeigen die Kesselzentralen eines Hochhauses und eines Städteheizwerkes.

Vor den Kesseln ist zu deren bequemer Bedienung genügend Platz zu lassen. Hierüber s. Abschnitt XI.

Dampfkessel sind, wenn immer möglich, so tief zu legen, daß das aus der Anlage zurückkommende Kondenswasser selbsttätig in sie zurückfließt. Wo die Keller nicht tief genug sind, müssen besondere Kesselgruben erstellt werden. Sie sind wasserdicht und so groß zu machen, daß die Bedienung nicht behindert und bequeme Zugänglichkeit gewahrt ist. Treppen zum Hinuntersteigen sind Leitern vorzuziehen. Oben sollen die Gruben mit Geländern umgeben werden.

Abb. 89. Kesselzentrale der Pumpenheizung in der Schweiz. Volksbank in Zürich. Zwei Kessel sind für Koks-, vier für Ölfeuerung eingerichtet. Ausführung der Firma Gebr. Sulzer A.-G.

4. Die Beschickung der Kessel mit Koks.

Kessel- und Koksraum sind womöglich neben- oder übereinander zu legen. Im ersten Fall werden die beiden Räume bei kleinen Verhältnissen zweckmäßig durch eine Tür mit Holzschieber (ca. 30 auf 40 cm) miteinander verbunden. So lange der Koks durch die Schieberöffnung herausrutscht, wird er dort entnommen, hernach durch die geöffnete Tür. Das Einfüllen in die Kessel erfolgt durch Hineinschaufeln oder indem Kohleneimer gefüllt und diese durch die Einfüllöffnung entleert werden. Die Kesseltüren sind so wenig wie möglich zu öffnen, weil die Kessel dabei von kalter Luft durchstrichen werden.

Bei mittelgroßen Anlagen wird die Öffnung zwischen Kessel- und Kohlenraum oft mit herausnehmbaren Brettern versehen. Als Führungen können U-Eisen verwendet werden. Da beim Kokseinfüllen starke Staubentwicklung entsteht, soll die Öffnung jedoch auch in dem Falle bis nach oben abschließbar sein. 7*

Bei großen Anlagen werden zum Transport des Kokses oft Wagen verwendet, auf welchen die im Koksraum gefüllten Kokseimer nach dem Kesselraum gefahren werden. Handelt es sich um Großkessel, die außer von vorn auch von oben gefüllt werden können (Abb. 90), so errichtet man mit Vorteil Podeste aus Blech über denselben, fährt den Koks in Schubkarren mit aufklappbaren Böden oder, wenn die örtlichen Verhältnisse und verfügbaren Geldmittel es erlauben, mit Hängewagen zu und läßt ihn durch die obere Öffnung in die Kessel hinunterfallen. Zweckmäßig ist es, in das Kesselpodest resp. die Hängeschiene eine Wage einzubauen, damit sich die Kontrolle des verfeuerten Brennmaterials in einfacher Weise vornehmen läßt.

Abb. 90. Kesselzentrale der Niederdruck-Dampfheizung in der neuen Flugzeughalle Dübendorf b. Zürich. Ausführung der Firma J. Müller, Rüti (Kt. Zürich).

Liegt der Koksbehälter höher als die Kessel, so kann das Brennmaterial auch durch einen Schacht über oder neben die Kessel geleitet werden.

In jedem Falle ist auf möglichste Bequemlichkeit zu achten. Die Bedienung der Kessel ist keine leichte Arbeit und soll nicht unnötig erschwert werden. Aus diesen Gründen und zur Erzielung möglichster Sauberkeit erstellt man bei großen Anlagen zur Wegschaffung von Asche und Schlacken auch etwa Schlackenaufzüge, welche direkt nach dem Hof oder der Straße führen.

5. Öl- und Gasfeuerung.

Als Brennmaterial für die Heizkessel dient gewöhnlich Gas- oder Zechenkoks. Gewünschtenfalls kann bis zu etwa $1/3$ des Gewichtes Anthrazit beigemischt werden. Die Verfeuerung von Anthrazit allein hat dagegen, der intensiven Flammenwirkung wegen, zu unterbleiben. Wie vorstehend erwähnt, werden in Heizkesseln besonderer Konstruktion auch andere feste, hie und da auch gasförmige Brennstoffe verwendet. Ferner hat an vielen Orten Ölfeuerung Eingang gefunden[1]), wobei das Öl gewöhnlich durch Preßluft von 200 bis 400 (ausnahmsweise bis 2000) mm WS durch Brenner in die Kessel hinein zerstäubt wird (Abb. 89). Ein anderes Prinzip besteht darin, das Öl in heiße Vergaserschalen fließen zu lassen, wodurch es verdampft, die Dämpfe mit Luft zu mischen und die Flamme über einen Glühkörper in die

Abb. 91. Kesselraum im Chile-Hochhaus, Abb. 71a, in Hamburg.
Ausführung der Firma Rud. Otto Meyer, Hamburg.

Kessel brennen zu lassen. Diese sog. Verdampfungsbrenner (Abb. 93) haben den Zerstäubungsbrennern gegenüber den Vorzug, daß ein guter Kaminzug zu ihrem Betrieb genügt, also keine Preßluft auf mechanischem Wege erzeugt werden muß. Anderseits arbeiten sie mit beträchtlichem Luftüberschuß, erfordern gute Kaminverhältnisse und sorgfältige Bedienung, da sie sonst stark rauchen.

In neuerer Zeit erstellt Ing. Becker, Nordhausen, seine Anlagen mit Zusatzgebläse zur Förderung der Rauchgase, wodurch die Apparate

---

[1]) Vgl. Hottinger, Ölfeuerung bei Dampfkesseln und Zentralheizungen. Schweiz. Bauzeitung vom 21. und 28. Juni, 26. Juli und 2. August 1924.

H. Lier, Über Öl- und Koksfeuerungen und deren Wirtschaftlichkeit im Betriebe von Zentralheizungen, Monats-Bulletin Nr. 5 und 6 des Schweiz. Vereins von Gas- und Wasserfachmännern, Jahrg. 1924.

E. Höhn, Die Verfeuerung flüssiger Brennstoffe. Selbstverlag des Schweiz. Vereins von Dampfkesselbesitzern, Zürich 1921.

auch bei schlechtem Kaminzug anwendbar sind. Von Interesse sind ferner die mit Öl gefeuerten Beckerschen »Calorix«-Wärme-Austauschapparate (Abb. 93a), die zum Austrocknen von Neubauten und zur Großraumheizung dienen. Die Flamme brennt in das mit Schamotte ausgefütterte Unterteil, der Wärmeaustausch erfolgt durch die parallelogrammförmigen Flächen der senkrechten Rauchgas-Abführungskanäle. Die warme Luft tritt entweder oben durch seitliche Öffnungen aus oder wird durch Rohrleitungen nach den zu heizenden Räumen geleitet. Zum Trocknen nasser Wände kann sie direkt auf die feuchten Stellen geblasen werden.

Abb. 92. Kesselhaus des Städteheizwerkes in Hamburg, Abb. 51.
Ausführung der Firma Rud. Otto Meyer, Hamburg.

In Fabriken, die über eine Generatorgasanlage verfügen, verwendet man bisweilen ähnliche, jedoch mit Gas gefeuerte, Apparate zu Heizzwecken, ferner wird in Privathäusern bisweilen Leuchtgas zum Betriebe von Gasöfen oder der Zentralheizungskessel benützt.[1]

Die Hauptvorteile der Öl- gegenüber der Koksfeuerung sind: Größte Einfachheit in der Bedienung, unter Umständen geringere Betriebskosten, wenig Platz erfordernde Brennstofflagerung, sowie bequeme Zufuhr des Öls. Man kann mit dem Ölwagen z. B. direkt über das im Boden angebrachte Hauptölreservoir fahren oder das Öl durch einen

[1] se. Ges.-Ing. vom 14. Febr. 1925.

Schlauch in den im Keller aufgestellten Behälter hinunterfließen lassen. Weiter fallen die beim Koksabladen auftretende Staubentwicklung und die damit oft verbundene Verschmutzung der Kellerräume und Gebäudefassaden weg, und für abgelegene Orte, z. B. Alpentäler, kommt außerdem die billigere Fracht hinzu, weil das Öl einen höheren Heizwert besitzt als Koks.

Die Bequemlichkeit ist von besonderer Bedeutung, weil es sich nicht nur um eine erwünschte Annehmlichkeit, sondern in vielen Fällen um eine wirtschaftliche Frage von Bedeutung handelt, indem einfach zu bedienende Anlagen leicht vom Dienstmädchen oder dem Hauswart im Nebenamt resp. dem Besitzer oder der Hausfrau selbst besorgt werden

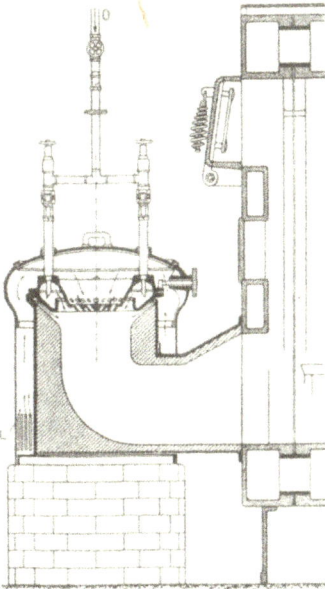

Abb. 93. Ölbrenner, System Becker.

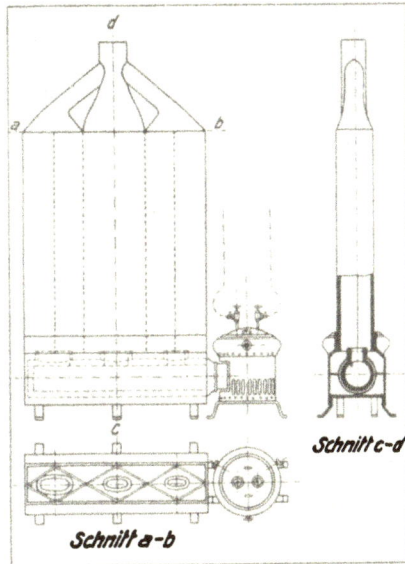

Abb. 93a. Wärmeaustauschapparat »Calorix«.

können, während sonst besondere Bedienung erforderlich ist. Und bei großen Anlagen spart man an Heizerpersonal, denn bei Ölfeuerung fallen das Feuerputzen, Abschlacken und die Beseitigung großer Aschenmengen dahin, auch müssen die Kessel, wenigstens bei Verwendung von Zerstäubungsbrennern, viel weniger oft gerußt werden als bei Koksfeuerung.

Die Wirtschaftlichkeit ist bedingt durch die Öl- und die Kokspreise, wobei nicht nur der größere Heizwert des Öles, sondern auch der Umstand zu berücksichtigen ist, daß bei Ölheizung die Regelung der Heizwirkung durch Abschalten einzelner Kessel oder einfache Verstellung der Brenner besonders leicht und bequem erfolgen kann, wobei die Wirkung sofort und nicht, wie bei der Koksfeuerung, erst nach

längerer Zeit eintritt. Das augenblickliche Inbetriebsetzen und Aus-
schalten erlauben ferner, die Ölfeuerung in den Übergangszeiten nur
zeitweise in Betrieb zu nehmen und dadurch ebenfalls an Brennmaterial
zu sparen. Zur Inbetriebsetzung der Ölfeuerung genügen zwei Minuten,
und das Abbrechen der Wärmezufuhr erfolgt durch Abschließen der
Ölleitung augenblicklich. Dies ist bei Zentralheizungen besonders in
den Übergangszeiten von Vorteil, weil dadurch bis weit in den Winter
hinein mit unterbrochenem, stoßweisem Heizbetrieb gearbeitet werden
kann, ohne daß lästiges Gasen auftritt und unnötigerweise Brennstoff
verbraucht wird, wie das bei Koks bisweilen der Fall ist. Aus diesen
Gründen verbraucht man bei Zentralheizungen meist nur 1 kg Öl an
Stelle von 2 bis 2,5 kg Koks.

Anderseits ist jedoch zu beachten, daß die Anschaffungskosten der
Ölfeuerung ziemlich hoch sind und mit einer kurzen Amortisationszeit
gerechnet werden muß, weil die Wirtschaftlichkeit der Ölheizung von
den Ölpreisen abhängt und diesbezüglich weit größere Unsicherheit
besteht als beim Koks, der normalerweise nur geringen Preisschwan-
kungen unterworfen ist. Einerseits gesellen sich zu den bereits bekannten Ölvorkommnissen wohl immer noch weitere, von zum Teil
sehr bedeutender Ergiebigkeit, anderseits steigt der Ölverbrauch durch
die stets anwachsende Zahl der Verbraucher, wie Autos, Schiffsdiesel-
motoren usw. stark an, so daß nicht vorausgesagt werden kann, wie
die Ölpreise sich in der Zukunft gestalten.

In der Schweiz hat die Ölfeuerung bei Zentralheizungen ziemlich
starke Verbreitung gefunden und sind auf Grund der gemachten Erfahrungen auch bereits behördliche Verordnungen entstanden. Diejenigen
der Feuerpolizei des Kantons Zürich betreffend die Erstellung
und den Betrieb von Ölfeuerungen für die Beheizung von
Wohn- und Arbeitsräumen lauten folgendermaßen:

§ 1. Für die Erstellung und den Betrieb von Ölfeuerungsanlagen (industrielle
Feuerungen ausgenommen) ist die vorherige Bewilligung der kantonalen Feuerpolizei nachzusuchen.

Die Gesuche sind dem Gemeinderat einzureichen. Die Anlage ist zu beschreiben
(System, Aufstellungsort, Polizei- und Assekuranznummer des Gebäudes, Eigenschaften des Öles, insbesondere Herkunft und Entflammungspunkt, Menge des zu
langernden Öles). Beizulegen sind die zur Veranschaulichung der Anlage erforderlichen Grundrisse und Schnitte im Maßstab 1:50, ferner Detailzeichnungen, welche
über die Konstruktion der wichtigen Teile, die Anordnung und Wirkungsweise der
Sicherheitsvorrichtungen genügende Auskunft geben.

§ 2. Alle Teile von Ölfeuerungsanlagen müssen so angeordnet sein, daß keine
Entzündungen oder Explosionen entstehen können.

§ 3. Der Entflammungspunkt des Heizöles, das möglichst wasser- und schmutzfrei sein soll, darf nicht unter 75 Grad Celsius liegen (bestimmt im offenen Tiegel
nach Markuson).

§ 4. Die Hauptlagertanks sind womöglich außerhalb des Gebäudes in den
Boden einzubetten und mindestens mit 1 m Erde zu überdecken. Die Tanks müssen
genügend stark konstruiert und gegen Belastungs- und Erschütterungseinflüsse wider-

standsfähig sein. Eiserne Tanks sind gegen Rostbildung gut zu schützen. Sie sind mit einer ins Freie führenden Entlüftung mit Sicherung (Kiessicherung usw.) zu versehen.

§ 5. Das Tagesreservoir ist dicht abgeschlossen zu konstruieren und durch gut gesicherte Leitungen ins Freie zu entlüften. Es darf nicht über den Heizkesseln liegen.

Bei kleineren Anlagen kann dessen Inhalt bis zu 250 l betragen, bei größerem Tagesverbrauch als 250 l darf der Inhalt den Tagesverbrauch nicht übersteigen.

§ 6. Die Leitungen, die nur aus schwer schmelzbarem Metall bestehen dürfen, sind so zu führen, daß sie im Brandfalle und gegen Beschädigungen möglichst geschützt sind. In diese sind direkt beim Hauptlagertank von außen bedienbare Absperrorgane einzubauen. Die Ölleitungen vom höherliegenden Hauptlagertank zum Tagesreservoir müssen während des Betriebes entleert sein. In der Leitung zum Brenner ist direkt beim Tagesreservoir ein Absperrventil anzubringen, das, wenn möglich, von außen bedient werden kann.

§ 7. Die Feuerungseinrichtung muß so konstruiert sein, daß bei Unterbruch der Luftzuleitung zwangsläufig auch die Ölzufuhr aufhört. Dies gilt auch für Anlagen ohne Druckluft. Flüssige Brennstoffe, die aus Teilen der Installation fließen, müssen gefahrlos nach einem unverbrennlichen Sammelgefäß abfließen können.

§ 8. Nach dem Ermessen der Feuerpolizei müssen in die Kaminzüge gußeiserne Explosionsklappen eingebaut werden. In die Kaminzüge der Ölfeuerungen dürfen keine Rauchrohrleitungen anderer Feuerungen eingeführt werden.

§ 9. Der Heizraum muß feuersicher ausgebaut und gut ventiliert sein. Alle anstoßenden Räume sind mit dicht schließenden, feuersicher verkleideten Türen abzuschließen. In die Türöffnungen müssen Schwellen von genügender Höhe eingebaut sein. Die künstliche Beleuchtung darf nur mit elektrischen Glühlampen mit Schutzgläsern und Außenschaltung geschehen. In besonderen Fällen kann verlangt werden, daß der Heizraum vom Freien zugänglich ist. Außer dem Inhalt des Tagesreservoirs darf im Heizraum kein Öl noch anderes Brennmaterial gelagert werden. Die Bedienungsvorschriften für die Ölfeuerungen und das Rauchverbot sind im Heizraum deutlich lesbar anzubringen.

§ 10. Einzelne gefüllte oder leere Ölfässer können in einem allseitigen Abstand von mindestens 20 m von Wohn- und Arbeitsgebäuden vorübergehend gelagert werden.

§ 11. Bei kleineren Ölfeuerungen (in Privathäusern) ist der Inhaber der Räume dafür verantwortlich, daß die die Anlage bedienenden Personen genügende Sachkenntnis besitzen.

Zur Nachtzeit, d. h. von 10 Uhr abends bis 5 Uhr morgens, sind Ölfeuerungsanlagen ohne besondere Überwachung außer Betrieb zu setzen.

Größere Anlagen (in öffentlichen Gebäuden, Geschäftshäusern, Fabriken, Hotels usf.) müssen während des Betriebes unter der Aufsicht einer dazu bezeichneten Person stehen, die mit den Bedienungsvorschriften vollständig vertraut ist.

§ 12. Abweichungen von den vorstehenden Vorschriften können in einzelnen Fällen von der kantonalen Feuerpolizei bewilligt werden.

III. Brennstoffe.

1. Übersicht über die für Raumheizung verwendeten Brennstoffe.

Man unterscheidet feste, flüssige und gasförmige Brennstoffe. Für Raumheizzwecke kommen hauptsächlich feste, bei Anwendung von Ölfeuerung Gasöl und Masut, bei großen Anlagen (Großkesseln) auch Rohöl, Teer und Teeröl zur Anwendung; gasförmige (Leuchtgas und Generatorgas) sind dagegen selten.

Zur Beurteilung der Eignung eines Brennstoffes in technischer und wirtschaftlicher Beziehung müssen bekannt sein:

1. der Preis,
2. der untere Heizwert, d. h. die Anzahl Wärmeeinheiten, die bei vollständiger Verbrennung eines Kilogramms (resp. bei gasförmigen Brennstoffen eines Kubikmeters) frei werden,
3. die Konstruktion der Feuerung (Art des Rostes, ob Füll-feuerung, großer oder kleiner Feuerraum usw.),
4. die Eigenschaften des Brennstoffes.

Unter den festen Brennstoffen sind solche ungeeignet, die auf dem Rost zu sog. »Sand« zerfallen, Neigung zum »Backen« oder zur Bildung von »Schlackenkuchen« haben. Großer Wassergehalt erhöht die Transportkosten, vermindert den Heizwert und kann zu Kamindurch-feuchtungen Veranlassung geben.

a) Feste Brennstoffe.

Die festen Brennstoffe bestehen aus:

α) der brennbaren Substanz oder Reinkohle,
β) den nicht brennbaren mineralischen Bestandteilen, welche die Asche und Schlacke ergeben,
γ) der Feuchtigkeit.

Bei sehr hohen Verbrennungstemperaturen (forciertem Feuerungs-betrieb) können durch Schmelzen der mineralischen Bestandteile Schlackenkuchen entstehen, die den Wirkungsgrad der Feuerung beeinträchtigen und zudem mühsam aus den Zentralheizkesseln zu ent-fernen sind. Wenn sie so groß sind, daß das Herausnehmen mit den Schüreisen und Schlackenzangen durch die Feuer- oder Fülltüre unmöglich ist, so müssen sie im Kessel zuerst in Stücke zerschlagen werden.

Jedes feste Brennmaterial hat einen mehr oder weniger großen Feuchtigkeitsgehalt; bei frisch gestochenem Torf kann er bis über 90 % , bei im Frühjahr gefälltem Holz und frisch gegrabener Braunkohle 60 % und mehr betragen. Läßt man solche Brennstoffe an einem ge-schützten Ort an der Luft liegen, so trocknen sie und werden dement-sprechend leichter. Nach einer gewissen Zeit hört die Wasserabgabe auf, dann sind die Stoffe lufttrocken. Sie fühlen sich vollkommen trocken an, enthalten aber immer noch 10 bis 30 % Wasser, die sog. hygro-skopische Feuchtigkeit.

Durch künstliche Trocknung, z. B. beim Aufschichten über heißen Kesseln oder Öfen, kann der Wassergehalt noch weiter vermindert werden; legt man das Brennmaterial hierauf in den Lagerraum zurück, so nimmt es aber solange wieder Feuchtigkeit aus der Luft auf, bis der als lufttrocken gekennzeichnete Zustand abermals erreicht ist.

Von wesentlicher Bedeutung für die richtige Verwendung der Brenn-stoffe ist ihr Gehalt an flüchtigen Bestandteilen. Beträgt derselbe über 25 %, wie z. B. bei Holz, Torf, Braunkohlen, Gas-, Gasflamm- und Sandkohlen, so entstehen bei der Verbrennung lange Flammen, die zum Ausbrennen einen großen Feuerraum erfordern. Man bezeichnet diese Brennstoffe daher als langflammig. Kurzflammig sind solche mit unter 25 % flüchtigen Bestandteilen wie Anthrazit, Magerkohlen, Kokskohlen, Koks und Holzkohlen. Ihrer kurzen Flammenbildung wegen benötigen sie keinen großen Feuerraum und eignen sich zum Teil auch gut für Füllfeuerung.

Wichtig ist, daß Rost und Brennmaterial zusammenpassen. Bei Kachelöfen soll das Verhältnis der Rost- zur Ofenheizfläche $1/50$ bis $1/100$ betragen. Die Rostspalten (freie Rostfläche) sollen bei langflammigen Brennstoffen 0,15 bis 0,3, bei kurzflammigen 0,3 bis 0,5 % der totalen Rostfläche ausmachen und bei Holz-, Torf- und Braunkohlenfeuerung eine Breite von 4 bis 7, bei Steinkohle, Koks und Anthrazit von 7 bis 12 mm haben. Holz, Torf und Braunkohlenbriketts brennen auch gut ohne Rost (se. Abb. 9).

Zahlentafel 6. Asche-, Schlacken- und Feuchtigkeitsgehalte.

Brennmaterial	Asche- und Schlackengehalt %	Feuchtigkeitsgehalt %
Guter Anthrazit	Gute Kohle bis höchstens 7	1
Steinkohle	Mittelgute Kohle 12—15	2—4
	Minderwert. Kohle über 15	
Steinkohlenbriketts . . .	8—10	ca. 3
Guter Koks	Gaskoks 6—15	5—10
Feuchter Koks	Zechenkoks 4—8	bis 25
Braunkohle	7—15	10—45 (naß bis 70)
Braunkohlenbriketts . .	6—12	10—15
Torf (lufttrocken) . . .	4—25	10—30
„ (angetrocknet) . . .	3—17	40—60
„ (naß)	1,5—8,5	70—90
Holz (lufttrocken) . . .	1—2	15—25 (frisch gefällt bis 60)
Holzkohlen	6—10	2—30

Zahlentafel 7. Gewichte und Heizwerte.

Brennmaterial	Grenzen des		Normaler mittlerer Heizwert in kcal/kg
	Gewichtes in kg/m³	Heizwertes in kcal/kg	
Bester Anthrazit	750—900	7500—8200	8000
Steinkohle	750—870	5000—7700	7200
Zechenkoks	380—530	6000—7300	7000
Gewöhnlicher Gaskoks . . .	350—500	5000—7000	6500
Beste Braunkohle (Pechkohle)	600—800	3000—6500	6000
Weniger gute Braunkohle . .	600—700	2000—5200	4500
Braunkohlenbriketts	600—1000 je nach Form und Schichtung	4500—5000	4900

Zahlentafel 7. Gewichte und Heizwerte. (Schluß).

Brennmaterial	Grenzen des		Normaler mittlerer Heizwert in kcal/kg
	Gewichtes in kg/m³	Heizwertes in kcal/kg	
Trockener Torf	150—500	2300—4600	3000
Angetrockneter Torf	200—800	1000—2900	1800
Nasser Torf	1000—1300	0—1000	—
Lufttrockenes Scheitholz:			
Hartholz	460		
Weichholz	270—370	1400—3400	2800
Lufttrockenes Stockholz:			
Hartholz	310		
Weichholz	190—250		
Holzkohle	150—220	4600—7500	6000
Petroleum	790—820	9800—10500	10000
Teer	1100—1200	8500—9000	8800
Teeröl	1000—1100	8900—9200	9000
Gasöl	850—900	8900—10400	10000
Leuchtgas	pro m²	4000—5000	4500
	pro kg	10000	
Generatorgas	pro m³	1000—1500	1200

Die Zahlentafeln 6 und 7 bieten Anhaltspunkte über Asche- und Feuchtigkeitsgehalte, sowie Gewichte und Heizwerte der hauptsächlichsten Brennstoffe. Über Holz, Anthrazit und Koks seien noch einige weitere Angaben beigefügt.

Holz.

Das Brennholz wird meist pro Ster (1 Ster = 1 m³) gekauft. Im Mittel enthält ein Ster mitteltrockenes Weichholz (Tannenholz) 1 000 000 kcal, ein Ster gleichtrockenes Buchenholz 1 500 000 kcal.

Über die Raum- und spezifischen Gewichte verschiedener Hölzer orientiert Zahlentafel 8.

Als Brennmaterial zeichnet sich das Holz durch seinen sehr geringen Aschegehalt aus (s. Zahlentafel 6), was der Grund ist, daß es ohne Rost verbrannt werden kann. Auf gewöhnlichen Rosten sollte das Holz nicht größer als faustdick und ¹/₂ m lang verfeuert werden.

Anthrazit

ist der kohlenstoffreichste und durchschnittlich auch feuchtigkeitsärmste, daher hochwertigste unter den Brennstoffen. Da er zudem wenig flüchtige Bestandteile enthält, verbrennt er mit kurzen, stark heizenden Flammen und eignet sich daher für Feuerungen mit kleinem Feuerraum, sowie auch für Füllöfen.

Zahlentafel 8.

Stergewichte (Raummetergewichte) und spezifische Gewichte verschiedener Hölzer. (Nach Gayer.)

Holzart	Lufttrockenes Scheitholz		Lufttrockene Knüppel 70/100 mm Durchmesser		Lufttrockenes Stockholz		Spezifisches Gewicht	
	Ein Raummeter							
	wiegt mit 20% Wassergehalt kg	enthält reine trockene Holzmasse (0% Wasser) kg	wiegt mit 20% Wassergehalt kg	enthält reine trockene Holzmasse (0% Wasser) kg	wiegt mit 20% Wassergehalt kg	enthält reine trockene Holzmasse (0% Wasser) kg	frisch geschlagen	lufttrocken
a) Laubholz								
Eiche	465	372	450	360	315	257	1,03	0,75
Esche	465	372	450	360	315	252	0,88	0,75
Rotbuche . . .	440	352	426	340	298	239	0,98	0,71
Weißbuche . .	459	368	444	355	311	249	1.05	0,74
Birke	403	292	390	312	273	218	0,96	0,65
Pappel	298	240	288	230	202	162	0,95	0,48
Linde	279	224	270	216	189	151	0,74	0,45
b) Nadelholz								
Lärche	366	292	354	283	249	199	0,81	0,59
Kiefer	322	256	312	250	218	174	0,82	0,52
Fichte	279	224	270	216	.189	151	0,76	0,45
Tanne	291	232	282	226	197	158	0,97	0,47

Koks.

Man unterscheidet Zechen- oder Hütten- und Gaskoks. Zechenkoks ist fester und hat kleineren Aschegehalt als Gaskoks. Sein höherer Preis ist daher gerechtfertigt. Allerdings steht ihm Vertikalofen-Gaskoks bezüglich Wärmewert nur wenig nach.

Beim Einkauf ist es angezeigt, ausgesiebten und trockenen Koks zu verlangen und die Lieferung, wenn diese Bedingungen nicht erfüllt sind, zurückzuweisen. Koks ist porös und kann daher sehr viel Wasser aufnehmen (nasser Koks enthält bisweilen bis zu 25 % Wasser), wodurch er schwer wird und ein schwarzes Aussehen annimmt. Im Gegensatz dazu ist hochwertiger Koks grau glänzend und ergibt beim Anschlagen einen klingenden Ton. Weiter soll er porig sein, damit die Luft guten Zutritt zu allen Teilen hat, trotzdem aber genügend Festigkeit besitzen, damit er beim Umladen und Einfüllen in die Feuerung nicht zerfällt.

Reiner Koks verbrennt rauchlos, erlischt aber leicht, wenn der Luftzutritt stark gedrosselt wird. Dieser Übelstand macht sich bei den Zentralheizungen in den Übergangszeiten unangenehm bemerkbar.

Braunkohlenbriketts.

Im Gegensatz zum Koks erlöschen die Braunkohlenbriketts ihres großen Sauerstoffgehaltes wegen nicht vollständig, auch wenn sämtliche Türen und Reguliereinrichtungen der Öfen geschlossen sind. Die Glut hält unter der Asche lange Zeit an und läßt sich durch Auflegen neuer Briketts und Luftzuführung leicht wieder zur Flamme entfachen. Die Intensität des Feuers kann daher in beliebigen Grenzen reguliert werden, und das Neuanfeuern der Öfen ist bei richtiger Handhabung nur selten nötig. Aus diesen Gründen und weil das Verfeuern der Briketts sauber ist, werden sie für Ofenheizung gerne verwendet. Ihre Nachteile sind großer Aschegehalt und starke Gasentwicklung.

b) Flüssige Brennstoffe.

Für häusliche Ölfeuerungen wird meist dünnflüssiges Gasöl verwendet (in der Schweiz galizisches oder nordamerikanische, ausnahmsweise auch persisches oder rumänisches). Es ist ein Destillationsprodukt des Erdöls (Rohöl, Rohnaphtha), das bei Temperaturen von 250 bis 360° C übergeht. Bei großen Heizungsanlagen mit Kesseln über 15 m² verwendet man ausnahmsweise auch etwa Masut, das bei über 360° C aus dem Erdöl abdestilliert. Gasöl hat ein spezifisches Gewicht von 0,85 bis 0,9 und einen Heizwert von 8900 bis 10400 kcal. Für häusliche Heizzwecke sollen nur beste, dünnflüssige Qualitäten verwendet werden (5° Engler). Dickflüssige Öle, wie Rohölrückstände, mexikanische Rohöle und eingedickte Teere, wie sie für Dampfkesselfeuerungen und andere industrielle Zwecke gebraucht werden, müssen vor der Zerstäubung durch Anwärmen dünnflüssig gemacht werden. Für Zentralheizungen kommen sie nicht in Betracht (Teere und dickflüssige Teeröle auch deswegen nicht, weil sie besser zum Teeren der Straßen verwendet werden.)

Das Öl für häusliche Feuerungen soll folgende Bedingungen erfüllen:

1. Möglichst wasser- und schmutzfrei sein,
2. sich mit den anderen üblichen Handelsprodukten restlos mischen (galizisches Gasöl ist leicht mit pensylvanischem mischbar, dagegen nicht mit Teer, weil sich dabei asphaltartige Ausscheidungen bilden, welche die Brenner verstopfen),
3. bei gewöhnlichen Temperaturen soll das Öl dünnflüssig sein,
4. der Flammpunkt, d. h. die Temperatur, bei welcher sich die entstehenden Öldämpfe entzünden, darf aus Sicherheitsgründen nicht unter 65° C liegen (im Kanton Zürich werden von der Feuerpolizei sogar 75° C verlangt),
5. der Lieferant soll angeben, ob das Öl bei 0° C stockt. Bei gewissen galizischen Ölen ist dies infolge Ausscheidung von

Paraffinkristallen der Fall. Paraffinfreie Öle können dagegen wesentlich tiefer abgekühlt werden, ohne zu erstarren. Sie werden aber dabei ebenfalls zähflüssiger. Nötigenfalls sind sie durch elektrische Heizeinrichtungen oder Dampfschlangen zu wärmen.

Bezüglich Gefährlichkeit der Lagerung des Öls ist zu sagen, daß die Erwärmung von Heizölen, selbst in geschlossenen Behältern, bis auf 250° C harmlos ist, während sich bei über 300° C infolge Zersetzung des Öls plötzlich starke Drucksteigerung einstellt.

2. Bestimmung des mittleren monatlichen und täglichen Brennmaterialverbrauches.

Bei Vorausbestimmung des mittleren monatlichen und täglichen Brennmaterialverbrauches kann es sich nur um angenäherte Mittelwerte handeln. Die Zahl der monatlichen Heiztage und die mittleren Monatstemperaturen ändern sich von Ort zu Ort und Jahr zu Jahr. Es ist nicht außer acht zu lassen, daß in besonders kalten Perioden die jeweiligen Werte an einzelnen Tagen auf die doppelte Höhe steigen, an anderen weit geringer als berechnet sein können.

In Zahlentafel 9 ist die Verteilung für das bereits unter Abschnitt I 6c betrachtete Einfamilienhaus zusammengestellt. Es wurde daselbst bestimmt, daß der totale jährliche Brennmaterialverbrauch bei Ofenheizung 1860 kg beträgt. Bei Zentralheizung ist angenommen, daß in milden Wintern und bei warmen Übergangszeiten 2500 kg, in normalen Wintern 3000 kg und bei gleichzeitig Sommer und Winter im Betrieb stehender Warmwasserversorgung 3800 kg Koks benötigt werden.

Wird die jährlich verfügbare Menge mit K, die Zahl der monatlichen Heiztage mit c und der prozentuale monatliche Verbrauch mit p bezeichnet, so ist die durchschnittlich pro Tag zur Verfügung stehende Brennmaterialmenge $= \dfrac{p \cdot K}{100 \cdot c}$.

IV. Kamine.

1. Anforderungen an die Kamine.

Für den zufriedenstellenden Betrieb aller Feuerungsanlagen, wie Öfen, Zentralheizungen, Koch- und Waschherde, ist die einwandfreie Wirkungsweise der Kamine unerläßlich.

Der Kamin ist gewissermaßen der treibende Motor der Anlage. Bei ungenügendem Zug ergeben sich Schwierigkeiten beim Anfeuern, können zeitweise Rauch oder Gase in die Räume austreten und ist es unmöglich, die erforderlichen Leistungen herauszubringen.

Zahlentafel 9.

Monat	bei Ofenheizung in normalen Wintern				bei Zentralheizung in milden Wintern bei warmen Übergangszeiten				bei Zentralheizung in normalen Wintern				bei Zentralheizung und Warmwasserversorgung			
	Zahl der Heiztage c	prozentualer Verbrauch pro Monat %	totaler Verbrauch pro Monat kg	Durchschnittl. Verbrauch pro Tag kg	Zahl der Heiztage	prozentualer Verbrauch pro Monat %	totaler Verbrauch pro Monat kg	Durchschnittl. Verbrauch pro Tag kg	Zahl der Heiztage	prozentualer Verbrauch pro Monat %	totaler Verbrauch pro Monat kg	Durchschnittl. Verbrauch pro Tag kg	Zahl der Heiztage	prozentualer Verbrauch pro Monat %	totaler Verbrauch pro Monat kg	Durchschnittl. Verbrauch pro Tag kg
Juli	—	—	—	—	—	—	—	—	—	—	—	—	31	1,7	66	2,1
August	—	—	—	—	—	—	—	—	—	—	—	—	31	1,7	66	2,1
Septemb.	7	1	19	2,7	—	—	—	—	7	2	60	8,6	30	3,4	127	4,2
Oktober	25	8	150	6,0	20	7	175	8,7	25	7	210	8,4	31	7,3	277	8,9
Novemb.	30	14	260	8,7	30	15	375	12,5	30	14	420	14,0	30	12,8	487	16,2
Dezemb.	31	19	353	11,4	31	19	475	15,3	31	19	570	18,4	31	16,8	637	20,5
Januar	31	23	426	13,8	31	24	600	19,4	31	23	690	22,2	31	19,9	757	24,4
Februar	28	18	335	12,0	28	18	450	16,1	28	18	540	19,3	28	16,0	607	21,6
März	28	12	224	8,0	28	13	325	11,6	28	12	360	12,9	31	11,3	427	13,8
April	15	4	75	5,0	12	4	100	8,3	15	4	120	8,0	30	4,9	187	6,2
Mai	5	1	18	3,6	—	—	—	—	5	1	30	6,0	31	2,5	96	3,1
Juni	—	—	—	—	—	—	—	—	—	—	—	—	30	1,7	66	2,2
Total	200	100	1860		180	100	2500		200	100	3000		365	100	3800	

Das »Nichtziehen« kann verschiedene Ursachen haben:

Vor allem sind zu nennen unrichtige Querschnittsabmessungen oder zu geringe Kaminhöhe und starke Abkühlung der Rauchgase, wodurch ihr Auftrieb beeinträchtigt wird. Es kann:

1. Der Kaminquerschnitt zu eng sein und dadurch den Gasen zuviel Widerstand bieten. Abhilfemittel: Erstellung eines neuen oder Erhöhung des bestehenden Kamins zwecks Vergrößerung des Auftriebes. Anwendung von künstlichem Zug.

Das gesetzlich erlaubte Mindestmaß des Querschnittes beträgt an den meisten Orten 18 oder 20 auf 20 cm (s. die Verordnungen der Feuerpolizei des betreffenden Ortes).

2. Der Kaminquerschnitt kann zu weit sein, wodurch den Gasen zu große Abkühlungsflächen geboten sind und außerdem von oben her Kaltkuftzirkulationen auftreten, die ebenfalls starke Abkühlung der Gase bewirken. Bei Öfen und Zentralheizkesseln ist es auf diese Weise auch möglich, daß, trotz abgeschlossener Zuluftöffnungen, Frischluft zur Feuerung tritt und daher die Regulierung versagt. Solche Kamine sind ebenfalls neu zu erstellen oder durch eine Zunge zu unterteilen, oder es ist ein eisernes Rauchrohr einzuschieben, was allerdings einen Notbehelf darstellt.

3. Der Kamin kann zu wenig hoch und dadurch der Auftrieb zu gering sein. Hier hilft Erhöhung oder Anwendung von künstlichem Zug.

4. Der Kamin kann ungünstig, beispielsweise in einer Außenwand, oder auf große Länge ganz im Freien gelegen sein, was zu starker Abkühlung der Gase Veranlassung gibt. Hiergegen hilft Isolation resp. Erstellung eines neuen, gegen Wärmeabgabe besser geschützten Kamins, z. B. aus Formstücken (Schofer-, Isolit-, Spar-, Ascro-, Pasquier-Kamin).

Rauchkanäle unter Terrain sind beispielsweise zu erstellen aus 25 cm Backstein, 25 cm Schlackenstein mit wasserdichtem Zementüberzug. Zur Ableitung von Sickerwasser ist eine Drainage empfehlenswert.

5. Die Feuerzüge des Ofens resp. Zentralheizungskessels und der Kamin können undicht sein, so daß infolge des im Innern der Rauchzüge herrschenden Unterdruckes falsche Luft hereingesaugt wird, die sich mit den Gasen mischt und sie ebenfalls abkühlt. Aus diesem Grunde müssen alle Reinigungstüren, auch diejenigen am unteren Kaminende, gut schließen. (Prüfung mit einer brennenden Kerze, deren Flamme durch die undichten Stellen angesaugt wird).

In alten Gebäuden sind die vorhandenen Kamine zum Anschluß von Zentralheizungskesseln oft ungeeignet infolge von Undichtigkeiten oder weil Form und Größe ihres Querschnittes von unten nach oben stark wechseln oder sie entsprechend den früheren Aufstellungsorten der Öfen wiederholt schief gezogen sind. Jedenfalls müssen sie genau untersucht und nötigenfalls ganz oder teilweise aufgebrochen und neu erstellt werden. Diese Arbeiten können erhebliche Kosten verursachen.

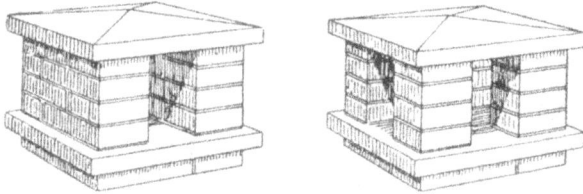

Abb. 94. Kaminabdeckungen, links mit zwei, rechts mit vier Öffnungen.

6. Die Ausmündung des Kamins über Dach kann unrichtig beschaffen oder ungünstig gelegen sein, so daß bei gewissen Windströmungen Gegendruck entsteht. Um dies nach Mög-

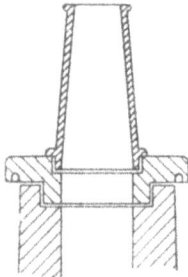

Abb. 95. Kaminaufsatz aus Ton der Steinzeugfabrik Embrach A.-G.

Abb. 97. Züricher Hut der Züricher Ziegeleien A.-G.

Abb. 96. Modell eines Sparkamins der Züricher Ziegeleien A.-G., bestehend aus: Unterteil mit Rußtüre, aufgeschnittenem Mittelteil, Zwischenteil mit Ventilationsklappe und Pfeifenhut.

lichkeit zu vermeiden, soll die Ausmündung die höchste Stelle des Gebäudes, den Dachfirst oder eine in der Nähe gelegene Brandmauer, um mindestens 30 cm überragen. Von nach oben geschlossenen Abdekkungen` nach Abb. 94 ist am besten abzusehen. Werden sie jedoch erstellt, so müssen die Seitenöffnungen mindestens 30 cm hoch sein und eine Breite haben, welche die Lichtweite des Kamins keineswegs unterschreitet. Nur wenn der Kaminquerschnitt das erlaubte Mindestmaß aufweist, im Verhältnis zur Rauchgasmenge aber trotzdem noch wesentlich zu weit ist und daher von oben her Kaltluftzirkulationen zu

Abb. 98. Rauchinjektor der Spezialbeton-A.-G., Staad.

befürchten sind, ist es angezeigt, die Ausmündungen durch besondere Aufsätze zu verkleinern. Eine derartige Ausführung aus Ton der Steinzeugfabrik Embrach A.-G. zeigt beispielsweise Abb. 95. Normalerweise ist der Kaminquerschnitt in Form und Größe jedoch von unten bis oben gleichmäßig beizubehalten.

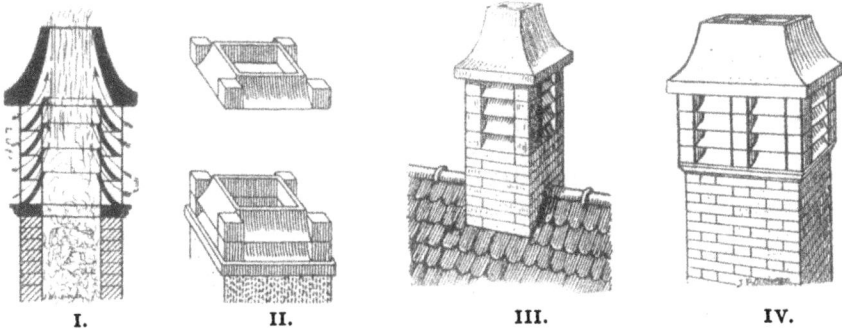

I.   II.   III.   IV.

Abb. 99. Kaminaufsätze der Firma Bolsinger, Schaffhausen.
I. Querschnitt mit Profilsockelplatte. II. Schichten mit glatter Sockelplatte. III. Aufsatz ohne Sockelplatte. ,IV. Zweiteiliger Aufsatz.

Liegen mehrere Kaminröhren oder Kamine und Luftschächte nebeneinander, so ist das Hochführen der Zwischenzungen über die Kamin-Ausmündungsstellen hinaus bis zur Abdeckplatte zu vermeiden, weil sonst der Wind die Gase der äußersten Züge am Ausströmen hindern kann.

In neuerer Zeit werden meist frei ausmündende Pfeifen (Abb. 96) oder anders geformte Aufsätze, z. B. sog. Zürcherhüten (Abb. 97),

Rauchinjektoren (Abb. 98), Endstücke nach den Abb. 99 und 100 usw. angewendet.

In föhnreichen Gegenden oder sonst bei schwierigen Verhältnissen, z. B. wenn der Wind infolge der Terrainbeschaffenheit von oben her drückt, können allerdings Abdeckungen oder Deflektoren, deren Aufgabe es ist, den Wind, komme er von welcher Seite er wolle, so abzulenken, daß er saugend auf die Kaminröhre wirkt, von Vorteil sein. Einer der bekanntesten ist der Deflektor von Wolpert Abb. 101. Bei richtiger Konstruktion können diese Hüte gute Dienste leisten, zur Verschönerung der Dacharchitektur tragen sie indessen nicht bei. Bei Windstille stellen sie auch ein gewisses Hindernis für den Gasaustritt dar. Drehbare Deflektoren sind an schwer zugänglichen Orten zu vermeiden, weil sie beim Festsitzen zu großen Unzuträglichkeiten führen.

Bekanntlich treten Kaminstörungen besonders leicht im Sommer auf, weil dann, der hohen Außentemperaturen wegen, der nötige Auftrieb fehlt. Da dies bei Sonnenschein in besonderem Maße der Fall ist, hat sich der Ausspruch gebildet, dieser Überstand rühre daher, weil »die Sonne in den Kamin scheine«.

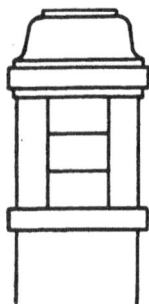

Abb. 100. Neue Bolsingersche Kaminaufsätze.

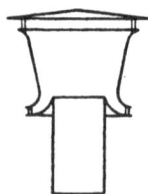

Abb. 101. Wolpertscher Sauger.

Bezüglich Anschluß der Feuerstellen an die Kamine sind die Feuerpolizeiverordnungen des betreffenden Ortes maßgebend. So untersagen z. B. diejenigen des Kantons Zürich, daß auf derselben Etage mehr als zwei und im ganzen mehr als drei Feuerungen (Öfen, Kohlenherde, Bade- und Glätteöfen usw.) in denselben Kamin einmünden.

Allgemein ist zu sagen, daß bei einem Querschnitt von 20 auf 20 cm höchstens 3 bis 4 Öfen an einen Kamin angeschlossen werden sollen. Münden in einem Stockwerk mehrere Öfen ein, so sollen die Rohre nicht in gleicher Höhe und auch nicht einander gegenüber eingeführt werden,

Bei der Neuerstellung von Gebäuden sind die Kamine so anzuordnen, daß zur Aufstellung der Öfen keine langen Rauchrohre erforderlich sind, sondern direkter Anschluß möglich ist.

Für Zentralheizkessel und gewerbliche Feuerungen, wie Backöfen, Essen usw. sind separate Kamine zu erstellen. Hie und da werden zwecks Platz- und Kostenersparnis allerdings auch zwei Zentralheizungskessel in den gleichen Kamin geleitet. Niemals sollte dies jedoch geschehen, wenn es sich um einen großen Kessel für den Winter und einen kleinen für den Sommer, z. B. zur Bedienung der Warmwasserversorgung, handelt. Dadurch würden im Sommer mehrere ungünstige Umstände zusammenfallen: Zu großer Kaminquerschnitt, falscher Luftzutritt durch den großen Kessel usw. Die Folgen können nicht nur ungenügender Kaminzug, sondern unter Umständen auch Gasaustritt in den Kesselraum sein.

Sind mehrere nebeneinander stehende Heizkessel in einen gemeinsamen Kamin zu leiten, so sollen die horizontalen Rauchzüge mit starker Steigung (mindestens 10 cm pro lfd. m) von jedem Kessel bis zum Kamin gesondert geführt und im untersten Teil durch Zungen voneinander getrennt werden. Besser ist es jedoch, die Zungen hochzuführen.

In die Zentralheizungskamine dürfen in den oberen Stockwerken keine anderen Feuerstellen wie Abzüge von Bade-, Glätteöfen usw. einmünden. Um bei Neuerstellung von Zentralheizungen in bestehenden Gebäuden sicher zu sein, daß dies nicht der Fall ist und die Kamine auch sonst dicht sind, muß die sog. »Kaminprobe« gemacht werden, indem der Kamin oben verstopft und am unteren Ende Rauch, z. B. durch Verbrennen von Dachpappe, erzeugt wird. Das gleiche gilt auch für Dauerbrandöfen.

Neue Kamine sind der geringeren Abkühlung wegen in die Innenmauern zu verlegen, was zudem den Vorteil hat, daß die abgegebene Wärme den anstoßenden Räumen zugute kommt. Das ist insbesondere bei Zentralheizungskesseln und Dauerbrandöfen von Bedeutung, weil diese Feuerstellen dauernd im Betriebe stehen und es sich daher um recht bedeutende abgegebene Wärmemengen handelt. Bei Zentralheizungen hat dies oft zur Folge, daß die Heizkörper in den an den Kamin anstoßenden Räumen kleiner gemacht werden können. Allerdings wirkt der Umstand bisweilen auch störend, wenn es sich um kleine Räume handelt, die infolge der Wärmeabgabe des Kamins in den Übergangszeiten überheizt werden oder um solche, die überhaupt nicht erwärmt werden sollen wie Keller- und Vorratsräume. In dem Falle ist die Wärmeabgabe durch nicht verbrennliche Isolierschichten zu vermindern.

Bisweilen legt man auch Abluftkanäle neben oder um die Kamine, damit sich die Abluft erwärmt und ihr Auftrieb erhöht wird (Aspirationslüftung). Besonders intensiv ist die Wirkung, wenn ein Eisenkamin (des geringeren Durchrostens wegen ist Gußeisen zu verwenden) in den gemauerten Abluftschacht hineingestellt wird, weil das Eisenrohr viel Wärme an die Luft abgibt. Selbstverständlich sind solche Anordnungen aber nur an Orten möglich, wo die Gase so heiß sind, daß der Kaminzug, trotz der Wärmeabgabe, nicht gestört wird. Auch hatten sie früher größere Berechtigung, als Elektromotoren zum bequemen Antrieb von Ventilatoren noch fehlten, während heute Strom fast überall erhältlich und es daher ein Leichtes ist, zum Absaugen von Luft Ventilatoren aufzustellen. Dadurch hat man es auch in der Hand, einen beliebigen Lüftungseffekt zu erzielen, während die Aspirationslüftungen von den herrschenden Temperatur- und sonstigen Verhältnissen abhängig sind.

An Ventilationszüge dürfen keine Feuerungen angeschlossen werden, wie umgekehrt Kamine, die bereits mit Feuerungen belastet sind, nicht zugleich als Dampfabzüge u. dgl. dienen sollen. Auch Abzüge von Gasöfen jeglicher Art dürfen nicht an Kamine, die bereits mit Holz- oder Kohlenfeuerungen belastet sind, angeschlossen werden.

Zudem sind Abzüge von Feuerstellen, in denen Gas, Torf, Öl, Braunkohle oder in großen Mengen Braunkohlenbriketts verbrannt werden, bestmöglich gegen starke Wärmeverluste zu schützen, weil sonst zufolge der Rauchgasabkühlung Wasserniederschläge und dadurch Mauerdurchfeuchtungen entstehen können. Diese Erscheinung zeigt sich namentlich in kalten Dachböden und den über Dach reichenden Kaminteilen. In solchen Fällen kann daher die Erstellung von wasserundurchlässigen Abzügen, in glasierten Tonröhren oder Gußrohren angezeigt sein. Für die gute Ableitung des sich bildenden Wasserniederschlages ist Sorge zu tragen.

Gasbadeöfen sind aus dem genannten Grunde und auch der bisweilen auftretenden Explosionen wegen womöglich mit besonderen Abzügen zu versehen. In die Kamine von mit Öl gefeuerten Kesseln empfiehlt es sich Explosionsklappen einzubauen.

2. Gemauerte Kamine.

Gemauerte Kamine sind aus vollen Hartbrandsteinen oder einem in bezug auf Widerstandsfähigkeit gegen das Feuer gleichwertigen Material zu erstellen. Ton- und Zementröhren wie auch Zementformsteine von weniger als 12 cm äußerer Wandstärke und ungepreßte Zementformsteine sollen nicht verwendet werden. Gemauerte Kamine müssen nach allen Seiten eigene, unter sich regelrecht verbundene Wände besitzen. Eine bestehende Mauer darf nicht als Kaminwand benutzt werden, auch sollen in Kaminwände keinerlei Balken oder Konstruktionsteile aufgelegt werden. Innerer Verputz ist zu vermeiden, da er keine Gewähr für Dichtigkeit bietet, der großen Temperaturunterschiede wegen leicht springt oder sich gar ablöst und dann zu Verstopfungen führen kann. Durch Innenputz wird mitunter auch unsorgfältiges Ausfugen der Kaminwände verdeckt. Die Außenseiten gemauerter Kamine werden dagegen bis unter das Dach gewöhnlich verputzt, über Dach verputzt oder ausgefugt. Für gewöhnliche Feuerungen sollen gemauerte Kamine ohne den Verputz eine Wandstärke von mindestens 9 cm (Kaminsteine) aufweisen. Für größere Feuerungen sind Kaminstärken von mindestens 12 cm anzuwenden. Die Wände zwischen den Kaminen (Zungen) können 6 cm stark ausgeführt werden. Sie sind vom Kaminfundament bis Oberkant Kaminausmündung zu führen. Eine Verbindung der Züge untereinander darf nicht stattfinden, auch am unteren Ende, zur Ersparung von Rußtüren, nicht, weil sonst das Ansaugen falscher Luft ermöglicht ist.

Das Schleifen der Kamine auf hölzerner Unterlage ist nicht statthaft und das Vorstehenlassen von Steinkanten ist streng zu vermeiden. Schließbare Kamine sollen eine Lichtweite von mindestens 36 × 42 cm oder, wenn sie rund sind, einen Durchmesser von 45 cm haben. Bei größeren Abmessungen sind Steigeisen anzubringen. Jeder Zug muß für sich gereinigt werden können.

Jeder Kamin muß von einem Stockwerk zum andern gehörig ausgewechselt werden. Dabei ist das Holzgebälk, wie bei der Durchführung durch das Dach, durch eine massive Wandstärke von mindestens 20 cm in gutem Verbande zu sichern.

Überhaupt soll alles Holzwerk mindestens 20 cm von der Innenwand des Kamins abstehen (Abb. 102). Eiserne Rauchröhren, die nicht unmittelbar durch ein unverbrennliches Dach geführt werden können, sind innerhalb desselben Stockwerkes in einen Kamin zu führen. Ist seitliche Ausmündung solcher Rauchröhren ins Freie erforderlich, so sollen sie aus Gußeisen oder mindestens 5 mm dickem Eisenblech erstellt werden.

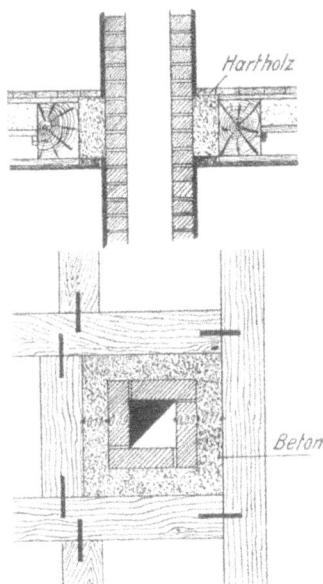

Abb. 102. Kaminauswechslung.
(Entnommen aus »Der Ofenbau« vom 15. Juni 1919).

Kamine, die mit einem 2 cm starken Außenverputz versehen sind, können mit fest anliegenden Tapeten bekleidet werden und bei 12 cm Wandstärke ist das Anbringen von Täfer statthaft, sofern dieses mit einer 30 mm starken Eternitplatte gesichert wird. Ebenso können nach Abb. 102 Bodenbeläge aus Hartholz bis an den Kaminverputz angestoßen werden. In Räumen, die zur Lagerung leicht brennbarer Stoffe dienen, sollen die Kamine bis auf 20 cm von der Außenwand und so hoch, wie die Stoffe gelagert werden, in geeigneter Weise isoliert werden.

Diese Forderungen entsprechen im allgemeinen den feuerpolizei-
lichen Vorschriften des Kantons Zürich. An anderen Orten gelten
teilweise andere Bestimmungen.

Der freie Querschnitt f gemauerter Kamine läßt sich berechnen
nach der Formel

$$f = \frac{W}{30 \cdot \sqrt{H}} \ cm^2$$

$W =$ maximale stündliche Wärmeleistung des Kessels in kcal.
$H =$ Kaminhöhe (vom einmündenden Rauchrohr bis Oberkant
Kamin) in m.
f freier Querschnitt in cm²:

Damit berechnet ergeben sich die in Zahlentafel 10 angegebenen
Werte.

Diese Querschnitte sind reichlich groß in Hinsicht darauf, daß
infolge von hereingepreßtem Mörtel (oder sogar vorstehenden Steinen,
was allerdings nicht vorkommen sollte) die Kaminwandungen oft rauh
und die Querschnitte verengt sind. Sorgfältig gemauerte Kamine können
ohne Bedenken bis zu 20 % enger gehalten werden.

Weiter ist jedoch zu beachten, daß Kaminquerschnitte unter 18
oder 20 auf 20 cm gewöhnlich nicht erlaubt sind. Ergibt die Tabelle
kleinere Abmessungen, so sind trotzdem 360 resp. 400 cm² als Minimum
einzuhalten. Es betrifft das die links von dem in Zahlentafel 10 einge-
tragenen Linienzug liegenden Werte.

Weist eine Anlage besonders viele Widerstände wie Abkröpfungen,
plötzliche Querschnittserweiterungen usw. oder große Abkühlung auf,
so ist genaue Berechnung des Kaminquerschnittes am Platz, auf die
hier jedoch nicht eingetreten wird, weil sie von dem projektierenden
Heiztechniker auszuführen ist.

3. Formstückkamine.

Gelegentliche unliebsame Erscheinungen mit gemauerten Kaminen
haben vor etwas über 10 Jahren zur Erstellung von Formstücken
geführt, mit deren Hilfe bei guter Arbeit glatte, dichte, gut isolierte
Kamine entstehen, die normalerweise nicht teurer, unter Umständen
billiger sind als die gemauerten. Die ersten waren die Schoferkamine
(Abb. 103, 107 und 108). Ihnen folgten die Ascrokamine (Abb. 106),
Isolitkamine (Abb. 104), Sparkamine (Abb. 105) u. a.

Die Formstücke aller dieser Ausführungen sind 60 bis 70 cm lang.
Sie brauchen nicht ummauert oder verputzt zu werden und leisten auch
unter ungünstigen Verhältnissen, selbst zum Hochführen außerhalb
der Gebäude, gute Dienste.

Im Abb. 108 ist zur Veranschaulichung gebracht, wieviel mehr Fugen ein gemauerter Kamin gegenüber einem aus Formstücken bestehenden aufweist. Im ersten Fall sind 25 Lager- und 130 Stoßfugen, im zweiten nur 2 innere und 2 äußere Lagerfugen erforderlich.

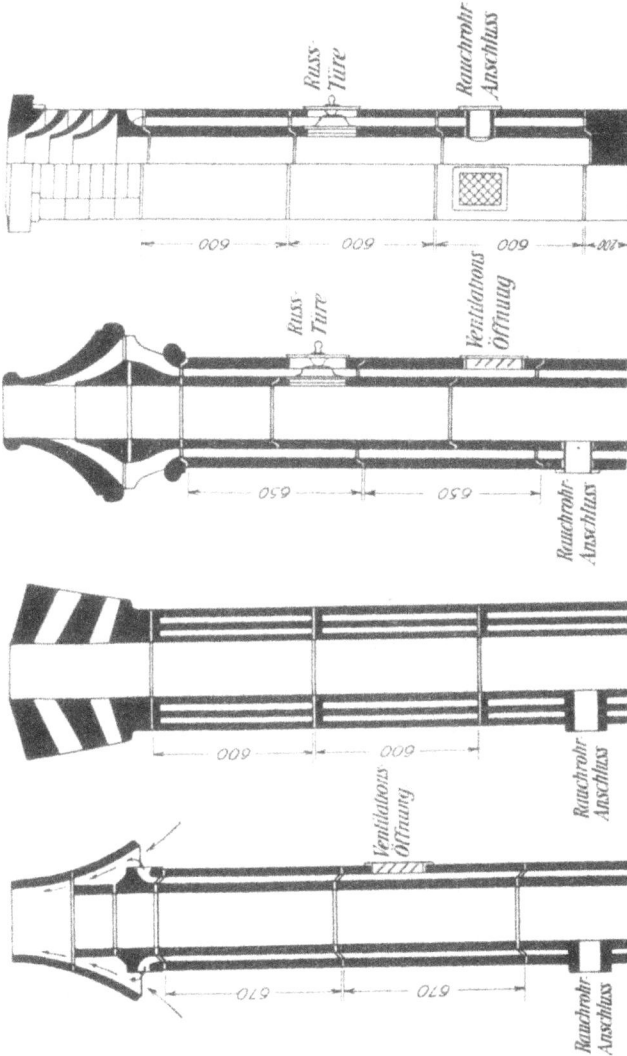

Abb. 106. Ascrokamin.

Abb. 105. Sparkamin.

Abb. 104. Isolitkamin.

Abb. 103. Schoferkamin.

Die Formstückkamine können gewünschtenfalls auch zu Lüftungszwecken dienen, indem man die Hohlräume zwischen der eigentlichen Rauchröhre und der äußeren Ummantelung als Luftabzugskanäle benützt. Ihre isolierende Wirkung geht dadurch allerdings verloren, was

Zahlentafel 10.

einer Kaminhöhe (H) von / bei einer Kasselheizfläche (F) in m² von:	2	3	4	5	6	7	8	9	10	12	14	16	18	20	25	30
resp. einer maximalen Wärmeleistung (W) in kcal/h von ca.:	16000	24000	32000	40000	48000	56000	64000	72000	80000	96000	112000	128000	144000	160000	200000	240000
resp. einem maximalen stündlichen Koksverbrauch (K) in kg/h von ca.:	4	6	8	10	12	14	16	18	20	24	28	32	36	40	50	60
m (Querschnitt in cm²)																
5	240	360	470	590	710	830	950	1070	1190	1420	1660	1900	2130	2370	2970	3570
10	170	260	340	420	510	590	680	760	840	1020	1190	1350	1520	1690	2110	2540
15	140	210	280	350	410	480	550	620	690	830	970	1100	1240	1380	1720	2070
20	120	180	240	300	360	420	480	540	600	720	840	950	1070	1190	1490	1790
25	110	165	220	275	330	380	430	480	540	640	750	860	960	1060	1330	1600
30	100	150	200	250	300	345	390	440	490	590	685	780	880	980	1220	1460

von ungünstigem Einfluß auf den Zug ist und die Glanzrußbildung erhöht. Aus diesen Gründen sollte, insbesondere bei ungünstigen Zugsverhältnissen, nicht nur auf die Benützung dieser Kanäle als Ventilationszüge verzichtet, sondern die Luftzirkulation in ihnen nach Möglichkeit unterbunden werden, indem man sie wenigstens am oberen Ende des Kamins oder besser, wie bei den Isolitkaminen (Abb. 104), zwischen je zwei Formstücken zuschließt. Es empfiehlt sich dies um so mehr, als der Luftauftrieb infolge der meist sehr engen Querschnitte, die bisweilen noch durch hineingepreßten Mörtel verengt sind, gering ist, so daß man nicht mit Sicherheit auf eine bestimmte Ventilationswirkung rechnen kann. Auch sind sie als Luftkanäle vom hygienischen Standpunkt aus ungeeignet, weil die Reinigungsmöglichkeit fehlt. Ist ein Raum, z. B. der Kesselraum der Zentralheizung, zu lüften, so wird besser ein Batteriekamin, d. h. ein Kamin mit mehreren nebeneinander liegenden Rauchröhren, vorgesehen, und ein Kanal desselben als Luftschacht verwendet. Diese Lösung kostet nicht viel mehr und bietet zudem den Vorteil, daß ein Reservekamin vorhanden ist. Bei seiner eventuellen späteren Verwendung als Rauchabzug muß die Ventilationsfrage dann allerdings auf andere Weise gelöst werden.

Bisweilen tritt, wie bei den gemauerten, auch bei den Formstückkaminen falsche Luft in die

Rauchrohre ein und beeinträchtigt den Zug. Dieser Fall wird insbesondere bei Kaminen beobachtet, deren Rauchrohr und Mantel aus
einem einzigen, durch Stege fest verbundenen Stück bestehen, weil
sie innen nicht gut ausfugbar sind und sich bei hoher Erwärmung,
infolge der ungleichen Ausdehnung der inneren und äußeren Teile,
Risse bilden können. Die Formstückkamine haben auch ein kleineres
Wärmespeichervermögen als die gemauerten und müssen daher, selbst
nach kurzen Feuerungsunterbrüchen, stets wieder angewärmt werden,
was, ihrer geringen Maße wegen, allerdings leicht und rasch erfolgt.
Schon wiederholt wurde der Fehler begangen, daß Formstückkamine
für Feuerungen verwendet wurden, für die sie sich nicht eignen. Für
häusliche Zwecke haben sie sich, wenn die betreffenden Feuerstellen
nicht forciert werden müssen, im allgemeinen gut bewährt.

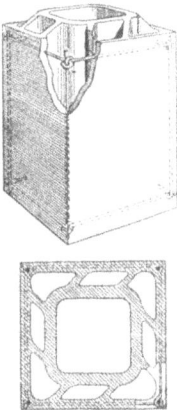

Abb. 107. Die Armierung der
Schofer-Formsteine.

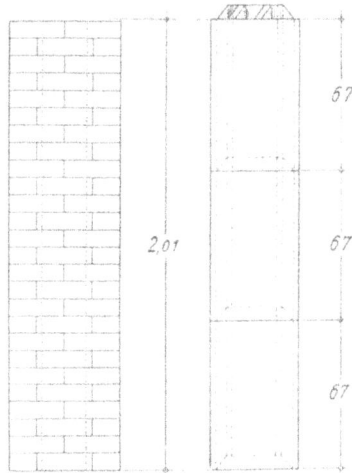

Abb. 108. Fugenvergleich zwischen einem gemauerten und einem aus Schofersteinen zu-
sammengesetzten Kaminstück.

Die Querschnitte sachgemäß ausgeführter Formstückkamine können
ihrer genannten Vorzüge wegen bedeutend enger gehalten werden als
diejenigen gemauerter Kamine. Für die Schoferkamine werden in der
Literatur beispielsweise die in Zahlentafel 11 wiedergegebenen Angaben
gemacht.

Zu den einzelnen Ausführungsarten sei folgendes bemerkt:

a) Schofer- und Isolitkamine.

Längs- und Querschnitte durch einen Schoferkamin mit 30 · 30 cm
und einen Isolitkamin mit 20 · 20 cm im Lichten zeigen die Abb. 103

Zahlentafel 11.

bei einer Kesselheizfläche (F) in m² von:
resp. einer maximalen Wärmeleistung (W) in kcal/h von ca.:
resp. einem maximalen stündlichen Koksverbrauch (K) in kg/h von ca.:

F	2	3	4	5	6	7	8	9	10	12	14	16	18	20	25	30
W	16000	24000	32000	40000	48000	56000	64000	72000	80000	96000	112000	128000	144000	160000	200000	240000

einer Kaminhöhe (H) von — Querschnitt in cm²

m	4	6	8	10	12	14	16	18	20	24	28	32	36	40	50	60
10	90	135	180	225	270	310	355	400	445	530	620	710	800	885	1100	1330
15	70	110	145	180	220	255	290	330	360	435	510	580	650	725	900	1085
20	60	95	130	160	190	220	250	280	315	380	440	500	565	630	780	940
25	55	85	115	145	170	200	225	250	280	335	390	445	500	560	700	840
30	50	75	100	130	155	180	205	230	255	310	360	410	460	510	640	770

Es ist allerdings beizufügen, daß diese Werte knapp sind.
Bei runden Rauchrohrquerschnitten sind die folgenden Durchmesser in cm zu wählen:

Zahlentafel 12.

bei einer Kesselheizfläche (F) in m² von:
resp. einer maximalen Wärmeleistung (W) in kcal/h von ca.:
resp. einem maximalen stündlichen Koksverbrauch (K) in kg/h von ca.:

F	2	2,5	3	4	5	6	7	8	9	10	12,5	15	20	25
W	16000	20000	24000	32000	40000	48000	56000	64000	72000	80000	100000	120000	160000	200000

einer Kaminhöhe (H) von — Rauchrohrdurchmesser in cm

m	4	5	6	8	10	12	14	16	18	20	25	30	40	50
5	20	20	20	20	25	25	30	30	30	30	35	40	45	50
10	20	20	20	20	20	20	25	25	25	30	30	35	40	45
15	20	20	20	20	20	20	20	25	25	25	30	30	35	40
20	20	20	20	20	20	20	20	20	25	25	25	30	30	35
25	20	20	20	20	20	20	20	20	20	20	25	25	30	35
30	20	20	20	20	20	20	20	20	20	20	25	25	30	30

und 104, und in den Zahlentafeln 13 und 14 sind ihre Abmessungen und Gewichte angegeben.

Zahlentafel 13.

Schoferkamine.

Lichte Maße der Rauchrohre cm	Äußere Abmessungen der Formstücke cm	Gewicht der Formstücke kg/lfm
12/25	32/45	130
14/14	34/39	130
14/31	39/51	190
20/20	40/40	150
25/25	45/45	160
30/30	50/50	180
14/26	25/41	100
20/43	46/68,5	270
25/53	50/78,5	320
30/63	55/88,5	400
20/20	50/50	280
25/25	55/55	300
25/30	55/60	340
30/30	60/60	370
35/35	65/65	400
40/40	70/70	430
50/50	84/84	630

Batteriekamine.

Lichte Maße der Rauchrohre cm	Äußere Abmessungen der Formstücke cm	Gewicht der Formstücke kg/lfm
14/14, 14/14	39/51	190
14/14, 14/14, 14/14	39/68	230
14/14, 14,31	39/68	230
14/14, 14/14, 14/31	39/85	300
14/14, 14/14, 14/14, 14/31	39/102	330
14/14, 14/14, 14/31	51/51	240
14/14, 14/14, 31/31	51/68	300
14/31, 31/31	51/68	300
15/20, 20/25	45/68,5	270
20/20, 20/20	45/68,5	270
20/20, 20/20, 20/20	45/92	340
20/20, 20/43	45,92	340
20/25, 25/30	50/78,5	320
25/25, 25/25	50/78,5	320
30/30, 30/30	55/88,5	400

Zahlentafel 14.

Isolitkamine.

Lichte Maße der Rauchrohre cm	Äußere Abmessungen der Formstücke cm	Gewicht der Formstücke kg/lfm
16/20	36/44	160
20/20	44/44	175
25/25	49/49	230
30/30	54/54	275
30/40	60/65	355
40/40	70/70	410
50/50	82/82	525
50/70	84/104	680

Batteriekamine.

Lichte Maße der Rauchrohre cm	Äußere Abmessungen der Formstücke cm	Gewicht der Formstücke kg/lfm
16/20, 16/20	36/67	230
15/20, 20/25	45/68,5	275
20/20, 20/20	45/68,5	270
20/43	45/68,5	260
20/25, 25/30	50/78,5	330
25/25, 25/25	50/78,5	320
25/53	50/78,5	320
16/20, 10/43	36/90	315
16/20, 16/20, 16/20	36/90	315
20/20, 20/43	45/92	340
20/20, 20/20, 20/20	45/92	340
30/30, 30/30	55/88,5	390
30/63	55/88,5	390

Zur Herstellung dieser Steine dient eine Mischung von gemahlenen Backstein- und Ziegelabfällen (max. 6 mm Korngröße) und Portlandzement (ohne Sandzusatz), welche mit Wasser angerührt und in auseinandernehmbare Formen eingefüllt wird. Mittels Rütteln bringt man die Luft zum Entweichen und erzielt ein festes, homogenes Materialgefüge. Durch Einlegen von Rundeisen nach Abb. 107 entsteht eine Armierung. Nach der Vortrocknung in der Form erfolgt das fertige Abbinden auf dem Lagerplatz.

b) Sparkamine.

Die von den Zürcher Ziegeleien, A.-G., hergestellten Sparkamine sind in Abb. 105 im Längs- und Querschnitt dargestellt und in Abb. 109 sind die Querschnitte wiedergegeben.

Im Gegensatz zu den anderen hier besprochenen Formstückkaminen liegt hier eine zweiteilige Konstruktion vor, indem Rauchrohr und Mantel getrennt sind, so daß sich die Rauchrohre unabhängig ausdehnen können. Der Rauchrohrquerschnitt ist rund. Die Konstruktion erlaubt sämtliche Fugen, sowohl innen als außen, leicht abzudichten. Die Kamine können auf Wunsch durch Spezialstücke mit dem Mauerwerk verbunden werden.

Auch hier dienen als Materialien gebrannter Ziegelschotter und wenig Zement. Die Herstellung der Formstücke erfolgt unter Druck, so daß die Mischung als halbfeuerfest bezeichnet werden kann. Nach

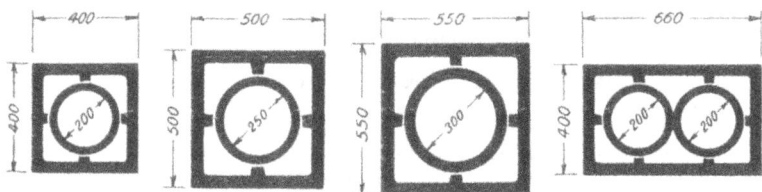

Modell № I.   II.   III.   IV.

Abb. 109. Querschnitte der Sparkamine der Züricher Ziegeleien A.-G.

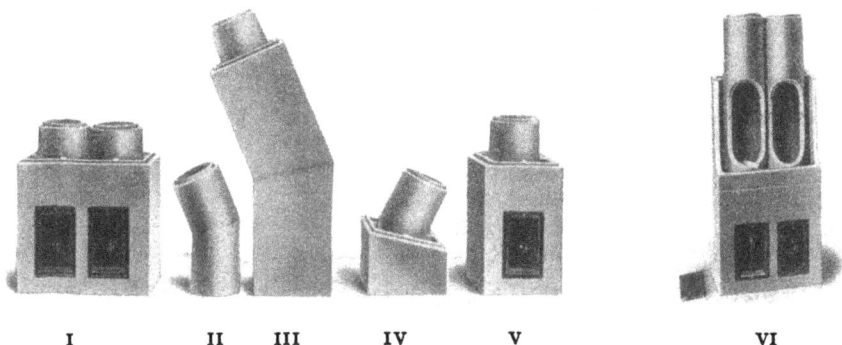

I   II   III   IV   V   VI

Abb. 110. Einzelteile der Sparkamine der Züricher Ziegeleien A.-G.
I. Doppelunterteil mit Rußtüren. II. Rauchrohr-Kniestück aus einem Stück. III. Kniestück mit Mantel. VI. Kniestück mit Mantel. V. Unterteil mit Rußtüre. VI. Aufgeschnittenes Doppelsparkamin.

einem Attest der Materialprüfungsanstalt Zürich wurden bei einer Temperatur von 700° C nur feine Risse festgestellt. Die Formstücke haben eine Länge von 65 cm. Abmessungen und Gewichte gehen aus Abb. 109 und Zahlentafel 15 hervor.

Zahlentafel 15.

Modell	I	II	III	IV
	entsprechend Abb. 109			
Rauchrohr . . . kg/lfm	40	52	70	80
Mantel . . . . „	90	145	160	120
Zusammen . . . „	130	197	230	200
Sockelstück . . kg	55	—	—	90
Hut (Pfeife) . . „	167	245	270	275

Zur Herstellung von Schweifungen erstellen die Zürcher Ziegeleien besondere Formstücke unter beliebigen Winkeln nach Abb. 110, II bis IV, und zwar sowohl für gezogene, als versetzte Kamine. Wie ersichtlich, besteht das innere Rohr dieser Winkel aus einem Stück und ist daher Dichtigkeit garantiert.

Als Endstücke dienen bei den Sparkaminen entweder Pfeifen nach den Abb. 96 und 105 oder Zürcherhüte, von denen Abb. 97 einen solchen für zwei Rauchrohre (Doppelkamin) darstellt. Abb. 110, VI, zeigt den unteren Teil eines Doppelsparkamins in aufgeschnittenem Zustand.

Für die Aufstellung ihrer Kamine haben die Zürcher Ziegeleien folgende Wegleitung ausgearbeitet:

1. Die Verbindungsstellen der Kamine sind vor dem Versetzen gut anzunetzen und mit Mörtel (bestehend aus Ziegelmehl, welches mitgeliefert wird, und hydraulischem Kalk) zu bestreichen.

2. Nach Versetzen der einzelnen Stücke ist der hervorquellende Mörtel innen und außen sauber zu verstreichen.

3. Das erste Mantelstück (gewöhnlich ein Mantel mit eingebauter Rußtüre) kann auf einen Betonsockel oder ein Sockelstück gestellt werden.

4. Hierauf wird ein Rauchrohr aufgesetzt mit der Spitzmuffe nach oben.

5. Nun wird das zweite Mantelstück aufgesetzt und gerichtet; dann wieder ein Rauchrohr usw. bis zur ersten Ofenrohreinführung.

6. Die Ofenrohreinführungen und oberen Rußtüren müssen vor dem Versetzen mit einem scharfen Schrothammer in den Mantel und nach dem Versetzen desselben in den Rauchzug eingehauen werden.

7. Vor dem Aufsetzen weiterer Kaminstücke wird die Einführung oder die Rußtüre mit Mörtel eingesetzt und sowohl innen als außen mit der Hand sauber verstrichen.

8. Wird mit einem gewöhnlichen Mantelstück angefangen, so ist in dasselbe zuerst ein halbes Rauchrohr, mit der Spitzmuffe nach oben, einzusetzen.

9. Das letzte Rauchrohr wird oben auf die Höhe des letzten Mantelstückes abgeschnitten und darauf der Hut mit Mörtel versetzt.

10. Ventilationsklappen können auch nach dem Versetzen des Kamins eingehauen und eingesetzt werden.

11. Schweifungen werden nach Plan und Angaben ausgeführt, die einzelnen Kniestücke in der Fabrik abgeschrägt erstellt und mit Versetzplan geliefert. Die darin enthaltenen Nummern decken sich mit den gleichen fortlaufenden Nummern der Stücke, die beim Versetzen nicht verwechselt werden dürfen.

12. Das erste Rauchrohr der Schweifung, mit Nr. 1 bezeichnet, wird in der Normallänge von 65 cm geliefert und muß auf dem Platz unten auf die richtige Läng abgeschnitten werden.

c) Ascrokamine.

Die Ascrokamine (Abb. 106) haben runden Querschnitt wie die Sparkamine, bestehen jedoch, wie die Schoferkamine, aus einem Stück. Als Herstellungsmaterial wird Schamotte verwendet. Über die Abmessungen der Normalausführungen orientiert Zahlentafel 16.

Zahlentafel 16.

Rauchrohr-Durchmesser cm	Äußere Abmessungen der Formstücke cm	Gewicht der Formstücke kg/lfm
20	40/40	130
22	40/40	140
25	45/45	150
30	55/55	205
35	60/60	230
40	65/65	265
20, 20	40/66	205
20, 20, 20	40/92	280
22, 22	40/66	215
25, 25	45/76	220
30, 30	55/91	325
35, 35	60/101	380

V. Heizkörper

1. Ausführung.

Daß die Zentralheizkörper einen Zimmerschmuck darstellen, wird niemand behaupten. Man hat sich aber allmählich an ihren Anblick gewöhnt und empfindet ihr Dasein nicht mehr als unnatürlich, namentlich wenn sie am richtigen Orte untergebracht und durch Wahl geeigneter Modelle und unauffälligen Anstrich der Umgebung angepaßt sind.

Abb. 111. »Columbus«-Radiator bestehend aus Normalelementen des von Rollschen Eisenwerkes Clus.

Abb. 112. »Columbus«-Radiatoren des von Rollschen Eisenwerkes Clus in einer Veranda.

An Modellen besteht kein Mangel. Es gibt ein-, zwei- und dreischenkelige, niedrige und hohe Radiatoren, deren Oberflächen glatt, leicht putzbar, also den hygienischen Anforderungen entsprechend aus-

gebildet sind. Unseren Geschmack nicht mehr befriedigende Verzierungen, wie veraltete Ornamente oder gar aufgegossene, mit Goldbronze
angestrichene Efeuranken u. dgl. sind verschwunden, was um so be-
grüßenswerter ist, als die dadurch hervorgerufenen Vertiefungen die
Staubablagerung begünstigten. Wir verlangen heute glatte, einfache,
aber gefällige Formen. Breite, langweilig wirkende Flächen sind bei
den meisten Modellen in geschickter Weise durch schwach vorstehende
Linien unterteilt, was vollständig genügt.

Das von Rollsche Eisenwerk Clus bringt seit einiger Zeit Radiatoren nach den Abb. 111 und 112 auf den Markt, die speziell dem
Wunsch nach gefälliger Formgebung entsprungen und vor allem für

Abb. 113. Flacher Sulzer Heizkörper mit
Handtuchhalter

Abb. 114. Heizkörpermodell für Spitäler der Firma Gebrüder SulzerA.-G.

Fensternischen bestimmt sind. Es gibt auch keramische Heizkörper,
die jedoch keine große Verbreitung gefunden haben.

Die Aufzählung oder gar Darstellung aller Heizkörperformen ist
hier nicht möglich, dagegen dürfte die Wiedergabe einiger Sonderkon-
struktionen angezeigt sein. Abb. 113 veranschaulicht einen Radiator
mit flachen Elementen zur Aufstellung hinter Türen oder sonst bei
beschränkten Platzverhältnissen. Mit Handtuchhaltern versehen sind
sie auch zum Trocknen von Wasch- und Badetüchern neben Wasch-
tischen in Toilette- und Baderäumen bequem.

Für Spitäler, wo die hygienischen Forderungen an erste Stelle zu
treten haben, sind besondere Modelle nach Abb. 114 geschaffen worden.
Die weit voneinander abstehenden, glatten Elemente sind leicht putzbar. Bisweilen macht man die Heizkörper in Spitälern zu Reinigungs-

zwecken von der Wand wegschwenkbar und versieht in Operationssälen neuerdings die Wände auch hinter den Heizkörpern mit Plattenbelag, so daß sie mit dem Wasserschlauch abgespritzt werden können.

Für gewisse Zwecke werden außer Radiatoren horizontal oder vertikal angeordnete glatte Rohre als Heizkörper verwendet, beispielsweise in Fabriken (Abb. 115), Bureaux, Kirchen (Abb. 75), Ateliers, Operationszimmern, Gewächshäusern, Baderäumen und Lehrzimmern von Schulen (Abb. 116) usw. Glatte Rohre sind nicht besonders hübsche, aber wirksame und leicht rein zu haltende Heizkörper.

Abb. 115. Aufstellung von Rohrharfen an den Fachwerkträgern der Maschinenfabrik Rauschenbach A.-G., Schaffhausen.
Ausführung der Firma Gebr. Sulzer A.-G.

Rippenrohre werden zum Glück selten mehr verwendet. Sie sind wohl billig aber unhygienisch, weil Staub und Schmutz schwer zwischen den Rippen herausgeputzt werden können und außerdem unschön, besonders bei abgeschlagenen Rippen.

Die Radiatoren stehen entweder auf Füßen oder werden mittels Konsolen (Abb. 117) an die Wand befestigt. Beim Einbau von Zentralheizung in bestehende Gebäude wird die erstgenannte Art meist bevorzugt, wenn Täfer vorhanden sind, die zum Einmauern der Konsolen weggenommen werden müßten. Dagegen kommen in Neubauten besser Konsolen zur Anwendung, weil sie verschiedene Vorteile aufweisen. Die Heizungsmontage läßt sich beendigen, bevor die Böden gelegt sind, Linoleums können, ohne Ausschnitte für die Heizkörperfüße und

9*

Teppiche ohne Umlegen, bis an die Wand verlegt werden. Die Reinigungsmöglichkeit des Fußbodens ist erleichtert.

Heizrohre werden auf Konsolen oder mit Rohrschellen an die Wand befestigt. Auch erstellt man sog. »Rohrharfen« (Abb. 115), bei denen mehrere Heizrohre in gemeinsame Verteil- und Sammelstücke eingeschweißt werden.

Rippenrohre werden aneinandergeschraubt und auf Träger gelegt.

Abb. 116. Schulzimmer mit den Wänden
entlang laufenden Heizröhren.
Ausführung der Firma Gebrüder Sulzer, A.-G..

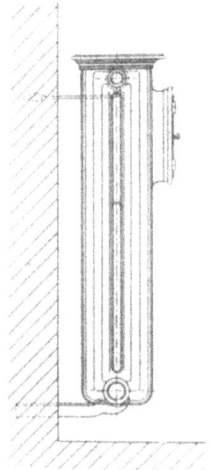

Abb. 117. Auf Konsolen stehender Radiator mit Wärmeschrank und Abdeckplatte.

2. Wärmeleistung.

Die stündliche Wärmeabgabe einer Heizfläche ist zu berechnen nach der Formel:

$$W = F \cdot k \cdot (t_1 - t_2) \text{ kcal/h,}$$

worin bedeuten:

F die Größe der Fläche in m^2,

k die Wärmedurchgangszahl,

t_1 die Temperatur im Heizkörperinneren in $^\circ$C,

t_2 die mittlere Temperatur der umgebenden Luft in $^\circ$C.

W ist also direkt proportional der Größe der Heizfläche und dem Temperaturunterschied $(t_1 - t_2)$.

Die Wärmedurchgangszahl k nimmt zu mit der Luftbewegung und ist außerdem von der Oberflächenbeschaffenheit der Heizkörper (Form, Anstrich usw.) abhängig. Der Wärmeübergang an die Luft findet statt durch Leitung, d. h. infolge der direkten Berührung mit der Luft,

Strahlung und Wärmeströmung (Konduktion), womit man die Erhöhung der Wärmeabgabe infolge des Auftriebes der Luft bezeichnet. Die Wärmeströmung wird begünstigt durch Steigerung des Temperaturunterschiedes $(t_1 - t_2)$ und möglichst ungehinderte Zirkulationsmöglichkeit der Luft am Heizkörper vorbei. Die Strahlung fällt um so höher aus, je ungehinderter die von der Heizfläche ausgehenden Wärmestrahlen in den Raum hinausdringen können und je weniger die einzelnen Teile des Heizkörpers sich gegenseitig bestrahlen. Bei der Formgebung der Heizkörperelemente ist hierauf Rücksicht zu nehmen. Auch wird die Strahlung um so größer, je dunkler, matter und rauher die Oberfläche ist. Gold- und Silberbronzeanstriche beeinträchtigen sie erheblich (Abnahme bis zu 15 %[1]). Heizkörperverkleidungen sind ihr ebenfalls hinderlich. Bei einem den Raum frei durchziehenden dunklen Dampfrohr kann der Anteil der durch Strahlung abgegebenen Wärme bis zu 60 % betragen.

Selbstverständlich wird man aus diesen Gründen jedoch nicht einen für den Raum ungeeigneten Anstrich wählen, sondern bei ungünstigen Verhältnissen die Heizfläche entsprechend vergrößern.

Die Wärmedurchgangszahlen k sind daher nicht nur für verschiedene Heizkörpermodelle, sondern auch für dasselbe Modell verschieden, je nach seiner Aufstellungsart und den andern, vorstehend erwähnten Einflüssen. Um trotzdem einige Anhaltspunkte geben zu können, seien in Zahlentafel 17 die Daten der »Regeln« des Verbandes der deutschen Zentralheizungsindustrie wiedergegeben, die vorsichtig eingesetzt sind. Es ist:

Zahlentafel 17.

für	k bei	
	Warm-wasser-heizung	Nieder-druck-dampf-heizung
einsäulige Radiatoren		
bis 500 mm Bauhöhe[2]	7,4	9,0
» 600 » »	7,2	8,8
» 700 » »	7,0	8,6
» 900 » »	6,8	8,4
» 1100 » »	6,6	8,2
zweisäulige Radiatoren		
bis 500 mm Bauhöhe	7,0	8,5
» 600 » »	6,8	8,2
» 700 » »	6,7	8,0
» 900 » »	6,6	7,8
» 1100 » »	6,4	7,7

[1]) Vgl. Ges.-Ing. vom 15. Aug. 1925, S. 145.
[2]) Als Bauhöhe gilt der Abstand von Mitte bis Mitte Gewindebohrung.

Zahlentafel 17. (Schluß.)

für	Warm-wasser-heizung	Nieder-druck-dampf-heizung
dreisäulige Radiatoren		
bis 500 mm Bauhöhe	6,4	7.3
» 600 » »	6,3	7.1
» 700 » »	6,1	7.0
» 900 » »	6,0	6.8
» 1100 » »	5,9	6.7
viersäulige Radiatoren		
bis 500 mm Bauhöhe	6,1	6.9
» 600 » »	6,0	6.7
» 700 » »	5,8	6.5
» 900 » »	5,7	6.3
» 1100 » »	5,6	6.1
Rippenöfen (Elemente)	4,0	4.5
Rippenrohrstränge	4,5	5,5
Glatte Rohrschlangen bis 33 mm äußerem Durchm.	10,8	12,5
Glatte Rohrschlangen mit über 33 mm » »	8,5	11.0

Am günstigsten sind Einzelrohre, weil sie die Wärme nach allen Seiten ungehindert abgeben. Einsäulige Radiatoren verhalten sich ungünstiger, weil sich die Elemente gegenseitig bestrahlen, und die Luft weniger gut an der Heizfläche vorbei zirkuliert, und bei zwei- bis vier-säuligen tritt dieser Umstand noch mehr in die Erscheinung. Auch zunehmende Höhe der Heizkörper wirkt nachteilig.

Über die Heizwasser- und Heizdampftemperaturen t_1 wurden Angaben bereits unter den Abschnitten I 3 a und I 3 c gemacht und betreffend die Raumtemperaturen t_2 s. Abschnitt VII 2.

Ist beispielsweise die Raumtemperatur 18° C und die mittlere Tempe-ratur im Heizkörper bei Warmwasser 80° C, bei Niederdruckdampf 100° C und bei Mitteldruckdampf 120° C, so wird die stündliche Wärmeabgabe pro m² Heizfläche:

Zahlentafel 18.

bei	Warm-wasser-heizung kcal/m²/h	Nieder-druck-dampf-heizung kcal/m²/h	Mittel-druck-dampf-heizung kcal/m²/h
einsäuligen Radiatoren 500 mm hoch .	460	740	940
» » 1000 » » . C.	415	680	870
dreisäuligen Radiatoren 500 mm hoch .	395	600	770
» » 1000 » » .	365	550	700
» » 1500 » » .	345	520	670
glatten Rohrschlangen mit äußern Durch-messern bis zu 33 mm	670	1020	1300
über 33 mm	530	900	1140
Rippenrohrsträngen	280	450	850

Die in den Räumen mitheizenden Rohrleitungen können pro m² Oberfläche bewertet werden:

a) Bei Warmwasserheizungen:

die Vorlaufleitungen bei 90° C Wassertemperatur mit 830 kcal/m²/h
» Rücklaufleitungen » 70° C » » 550 »
» » » 60° C » » 420 »

Für die Expansionsgefäße sind pro m² wasserbespülte Heizfläche etwa 500 kcal pro m²/h anzunehmen.

b) Bei Niederdruckdampfheizungen

die Dampfleitungen bei 100° C Dampftemperatur mit 1000 kcal/m²/h
» Kondenswasserleitungen sollen nicht in Rechnung gestellt werden.

Handelt es sich beispielsweise um einen Raum mit einem maximalen Wärmebedarf von 2000 kcal/h bei 18° C Raumtemperatur, so sind bei Warmwasserheizung, ohne Berücksichtigung der Leitungen, erforderlich entweder: ein einsäuliger Radiator 1000 mm hoch mit $\frac{2000}{415} = 4,8$ m² Heizfläche oder glatte Rohrschlangen bei über 33 mm Durchmesser mit $\frac{2000}{530} = 3,8$ m² Heizfläche oder ein Rippenrohrstrang mit $\frac{2000}{280} = 7,2$ m² Heizfläche.

Der Radiator wird bei 1 m Höhe vom Boden bis Oberkant und 120 mm Tiefe 1 m lang und wiegt 155 kg.

Bei Verwendung von 1½″ Rohr mit 48 mm äußerem Durchmesser sind 25 lfd. m erforderlich mit einem Gewicht von 105 kg.

An Rippenrohren sind bei 110 mm lichter Weite und 200 mm Rippendurchmesser ein solches zu 2 m und ein solches zu 1,5 m Länge erforderlich, die zusammen 161 kg wiegen.

Gesteigerte Luftbewegung an den Heizflächen vorbei erhöht die Wärmeabgabe. In den Gebläseheizkörpern, wie sie bei Lüftungsanlagen und Luftheizungen verwendet werden (Abb. 38, 40, 42 etc.), in denen Luftgeschwindigkeiten bis zu 10 m/sek und darüber vorkommen, steigen die Werte unter Umständen auf das sechs- und noch mehrfache.

Heizkörperverkleidungen sind je nach ihrer Beschaffenheit von ganz verschiedenem Einfluß auf die Wärmeabgabe. Begünstigen sie die Luftbewegung, so nimmt die Wärmeabgabe infolge der gesteigerten Auftriebsgeschwindigkeit der Luft zu. Dieser Fall ist allerdings selten. Gewöhnlich müssen verkleidete Heizkörper für gleiche Wärmeleistung bis zu 20 und mehr Prozent vergrößert werden[1]).

Bei der Prüfung von Heizungsprojekten ist auf die von den Firmen angenommene Wärmeabgabe der Heizkörper zu achten. Zu kleine

---

[1]) Vgl. Einfluß von Heizkörperverkleidungen auf die Wärmeabgabe von Radiatoren, Heft 4 der Mitteilungen der Prüfungsanstalt für Heizungs- und Lüftungseinrichtungen. Verlag von R. Oldenbourg, München 1913.

Heizkörper bedingen höhere Heizwassertemperaturen resp. Dampfdrücke und damit größere Wärmeverluste. Außerdem ergeben zu knapp bemessene Anlagen im strengen Winter keine genügende Erwärmung der Räume.

3. Aufstellung.

Die Radiatoren können an die Innenwände der Räume oder unter die Fenster gestellt werden. Die erstgenannte Ausführungsart ergibt billigere Anlagen, weil das Rohrleitungsnetz, wie die Abb. 118 und 119 zeigen, kürzer ausfällt (kürzere Verteil-, weniger Steigleitungen, geringere

Obergeschoss

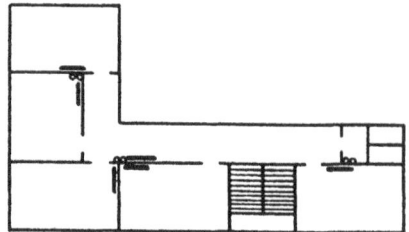

Obergeschoss

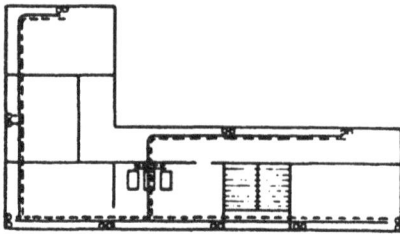

Keller

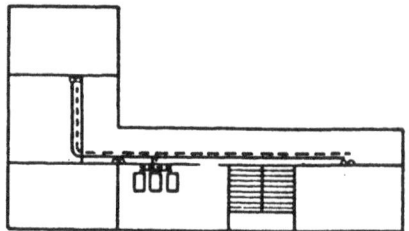

Keller

Abb. 118. Schema der Verteil- und Steigleitungen bei Aufstellung der Heizkörper in den Fensternischen.

Abb. 119. Schema der Verteil- und Steigleitungen bei Aufstellung der Heizkörper an den Innenwänden.

Montagekosten) und bei gleich großer Heizfläche weniger Heizkörper erforderlich sind, wodurch an Armaturen (Regulierhahnen, Verbindungsleitungen, Konsolen) gespart werden kann. Fensternischenheizkörper nehmen dagegen keinen wertvollen Platz an den Wänden in Anspruch. Auch ist in dem Falle die Temperaturverteilung in den Räumen gleichmäßiger (Abb. 22) und lassen sich bei richtiger Anordnung Zugerscheinungen unter den Fenstern vermeiden. Der letztere Umstand wird begünstigt, wenn die kalte, niedersinkende Luft hinter die Heizkörper strömt (Abb. 120) und die warme innerhalb des niedersinkenden Luftstromes aufsteigt. Die Herbeiführung einer solchen Luftzirkulation ist namentlich bei exponierten Räumen wie Erkern und hohen Fenstern empfehlenswert. Über den Heizkörpern liegende Abdeckungen sind daher mit genügend großen Öffnungen zu versehen, und der aufsteigende Luftstrom ist durch Leitflächen nach dem Raume zu abzulenken.

Sind die Radiatoren in bewohnten Räumen an die Innenwände zu stellen, so richtet sich der Ort ihrer Unterbringung nach der Raumaufteilung und der Möblierung. Sie sollen möglichst wenig auffallen. Aus wirtschaftlichen Gründen ist jedoch darauf Rücksicht zu nehmen, daß sie in übereinanderliegenden Räumen ebenfalls übereinander zu stehen kommen, um an die gleichen Leitungssträge angeschlossen werden zu können. Versetzte Aufstellung erfordert mehr Leitungen, was unschön ist und erhöhte Kosten verursacht.

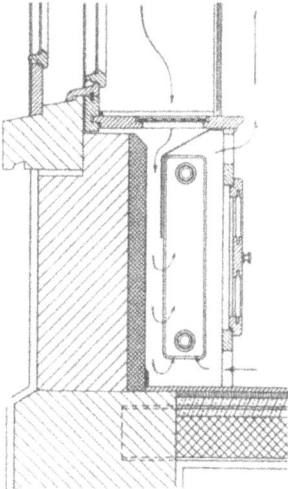

Abb. 120. Verkleideter Fensternischenheizkörper mit richtiger Luftführung und Korkisolierung hinter dem Heizkörper.

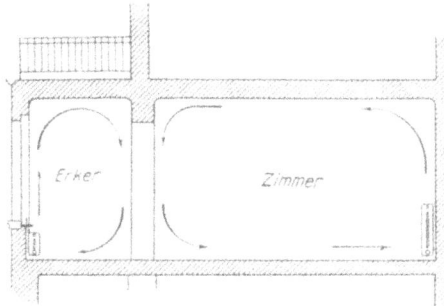

Abb. 121. Anordnung der Heizfläche in einem Erkerzimmer.

Das Einzeichnen der Heizkörper in die Pläne hat maßstäblich zu geschehen, damit sie bei der Montage auch wirklich untergebracht werden können. Besonders gilt dies für Fensternischenheizkörper, deren Höhen sich nach dem Abstand des Fenstersimses über Boden zu richten haben. Es ist zu beachten, daß die Radiatoren 5 cm von der Rück- und mindestens 20 cm von der Seitenwand abstehen sollen, damit der Monteur beim Arbeiten zukommt.

In Fabriken, Kirchen und anderen großen Räumen sind die Heizkörper so aufzustellen, daß jedem derselben ein bestimmter Raumanteil zum Heizen zugewiesen wird, und zwar derart, daß die Stromkreise der sich an den Heizkörpern erwärmenden, aufsteigenden, nach den Abkühlungsflächen strömenden, daselbst niedersinkenden und zu den Heizkörpern zurückkehrenden Luft möglichst klein ausfallen.

Sollen Erker richtig warm werden, so sind sie mit Heizkörpern zu versehen. Die Erwärmung vom Raum aus genügt nicht, namentlich wenn sich etwa noch ein Unterzug zwischen Raum und Erker befindet, welcher den warmen, der Decke entlang streichenden Luftstrom entsprechend Abb. 121 nach unten ablenkt.

Bei Räumen mit sehr kalten Decken, beispielsweise Kirchen, legt man etwa Heizfläche unter die Decke, z. B. in Form von Rohren, um die oberste Luftschicht schwach zu erwärmen und dadurch Zugerscheinungen zu verhindern. Das gelingt, weil die warme Luft ihres geringeren spezifischen Gewichtes wegen auf der kälteren, wie Öl auf Wasser, schwimmt und dadurch zu starke Abkühlung der Raumluft verhindert.

Auch Oberlichter werden derart geheizt. Sind zwei Glasflächen vorhanden, so bringt man die Heizfläche im Zwischenraum unter. Beheizung der Oberlichter bietet zudem den Vorteil, daß der Schnee rasch abtaut, und daher auch bei Schneefall keine Beeinträchtigung der Belichtung auftritt.

Werden in Fabriken Heizrohre unter die Werkbänke gelegt, so ist dafür zu sorgen, daß die warme Luft nicht an den Arbeitern hochsteigt und sie belästigt, sondern nach Abb. 122 zwischen Arbeitstisch und Mauer abströmt. Selbstverständlich ist dafür zu sorgen, daß keine Gegenstände vom Tisch durch die Öffnung fallen können. Mit dieser Anordnung gelingt es zudem von den Fenstern kommende Zugerscheinungen abzuhalten.

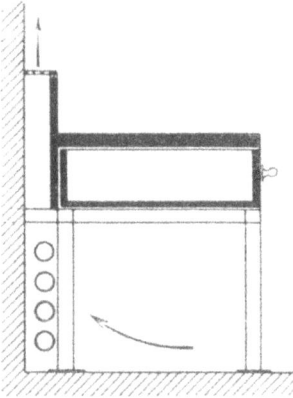

Abb. 122. Heizrohre unter Werkbank. Damit die warme Luft nicht an den Arbeitern hochstreicht, ist die Werkbank ca. 10 cm vor der Wand aufzustellen.

Unter dem Abschnitt »Luftheizung« wurde bereits darauf hingewiesen, daß Fabriken und Hallen vielfach durch sog. »Fabrikheizapparate« geheizt werden.

Wenn immer möglich sind die Heizkörper frei sichtbar, d. h. nicht verkleidet aufzustellen, was bei geschickter Anordnung meist möglich ist, ohne daß sie auffallend oder gar abstoßend wirken. Verkleidungen haben die Nachteile, daß die Reinigung oft unterbleibt, weil man den Schmutz nicht sieht, auch fallen die Erstellungskosten der Anlage, der Verkleidung und der dadurch meist erforderlich werdenden größeren Heizflächen wegen, höher aus, ebenso die Betriebskosten, weil die Wärmeverluste größer sind. Zur möglichsten Verminderung des letztgenannten Übelstandes ist Isolierung der Mauern hinter verkleideten Fensternischenheizkörpern durch Korkplatten nach Abb. 120 oder wärmesparende Bausteine empfehlenswert. Dasselbe gilt auch, wenn die Heizkörper nach Abb. 123 unverkleidet in Mauernischen gestellt werden und die Mauerstärke dadurch vermindert wird. Weitere Beispiele für unverkleidete Aufstellung zeigen die Abb. 124 und 125.

Ein Mittelweg zwischen freier Aufstellung und vollständiger Verkleidung besteht darin, daß um die Heizkörper herum und bis an sie heranreichend eine Holz- oder Kachelverschalung erstellt wird, während die Radiatorelemente selber frei bleiben und dadurch wie die Sprossen einer Stabverkleidung aussehen.

Abb. 123. Unverkleidete Aufstellung eines einschenkligen
Radiators in einer Mauer-
nische.

Abb. 124. Heizkörperaufstellung in
einem Korridor des Bezirksgericht-
Gebäudes in Zürich. Ausführung der
Fa. Gebr. Sulzer, A.-G., Winterthur.

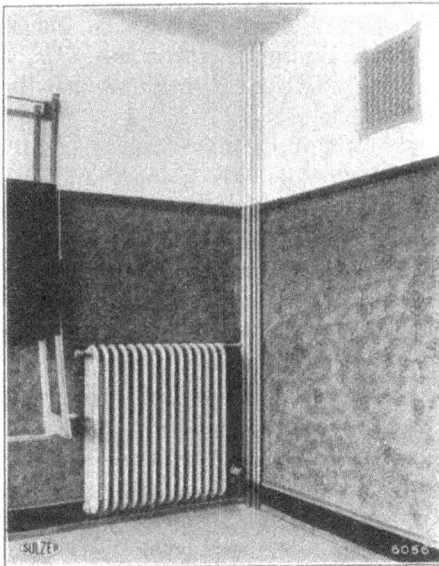

Abb. 125. Heizkörper mit Steckschlüssel und automatischer
Temperaturregelung in einem Schulzimmer. Rechts oben
das Zuluftgitter der Lüftungsanlage.
Ausführung der Firma Gebr. Sulzer, A.-G., Winterthur.

4. Verkleidung.

Werden Verkleidungen verlangt, so sind sie der Raumarchitektur anzupassen. Zur Erfüllung der heiztechnischen und hygienischen Forderungen müssen sie der Luft genügend Zirkulationsfreiheit lassen, wozu unten und oben entsprechend große Öffnungen erforderlich sind.

Der freie Querschnitt soll nach Recknagel mindestens betragen:

$$q = 0.5 \cdot \frac{W}{\sqrt{h}} \text{ cm}^2$$

worin bedeuten:

W die maximale Wärmeabgabe des Heizkörpers in kcal/h,
h die Heizkörperhöhe von Unterkante bis Oberkante in m.

Ist beispielsweise $\quad W = 1100$ kcal/h,
$$h = 0.6 \text{ m},$$

so sind die freien Querschnitte oben und unten mindestens

$$q = 0.5 \cdot \frac{1100}{\sqrt{0.6}} = 700 \text{ cm}^2$$

d. h. bei 1 m Breite, 7 cm hoch resp. breit zu machen; bei Anbringung von perforiertem Blech jedoch entsprechend höher, weil der freie Querschnitt 700 cm² ausmachen soll. Trotzdem ist die Heizfläche bei Verkleidung der Heizkörper normalerweise 10 bis 30%, sofern keine genaueren Ausführungszeichnungen vorliegen 20%, größer zu machen als bei freier Aufstellung[1]). Offene Umrahmungen bedingen keine Vergrößerung der Heizflächen.

Eine Heizkörperverkleidung mag architektonisch noch so schön ausgeführt sein, so ist sie doch als mangelhaft zu bezeichnen, wenn man zur Erlangung eines warmen Zimmers gezwungen ist, sie aufzuschließen, ebenso wenn sie sich nur mit Mühe öffnen oder wegheben läßt. Als Annehmlichkeit wird empfunden, wenn das An- und Abstellen der Heizkörper erfolgen kann, ohne daß die Heizkörperverkleidungen jedesmal geöffnet und davorstehende Möbel weggerutscht werden müssen, was erreichbar ist, wenn die Regulierhähne durch Öffnungen in den Verkleidungen bedient werden können oder die Handgriffe resp. Handrädchen aus denselben vorstehen.

Beispiele verschiedener Verkleidungen zeigen die Abb. 126 bis 138. Bei Abb. 126 ist beachtenswert, daß der sonst sehr kalte Erkerfußboden durch eine Zwischendecke aus Holz, unter der dem Heizkörper warme Raumluft zuströmt, warm gehalten wird. Bei großen Fenstern mit

---

[1]) Vgl. Heft 4 der Mitteilungen der Prüfungsanstalt für Heizungs- und Lüftungseinrichtungen Einfluß von Heizkörperverkleidungen auf die Wärmeabgabe von Radiatoren, Verlag von R. Oldenbourg, München 1913.

den Erkern entlang laufenden Bänken ist Unterbringung der Heizfläche unter den letzteren zweckmäßig, sofern dafür gesorgt wird, daß
die warme Luft nach Abb. 127 hinter der Lehne hochsteigen kann,
wodurch zudem Zugerscheinungen von den Fenstern her vermieden

Abb. 126. Heizkörperaufstellung in den Fensternischen und
dem Erker eines Wohnzimmers. Der Erkerfußboden ist durch
einen Doppelboden und die darunter durchströmende Raumluft
warm gehalten.

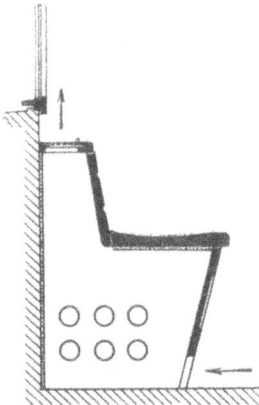

Abb. 127. Erker-Sitzbank mit darunterliegenden Heizrohren.

oder wenigstens vermindert werden. Ebenso wichtig wie bei Erkern ist
die Aufstellung von Heizkörpern unter den Fenstern von Glasveranden
(Abb. 128), Wintergärten usw.

Eine interessante Ausführung zeigt Abb. 129, nämlich die Unterbringung von Heizrohren in den durchbrochenen Leibungen der großen

Fenster des Bürgerratssaales im Kasino Bern, zwecks Abhaltung von Zugerscheinungen.

Abb. 128. Heizkörperverkleidung in einer Glasveranda.

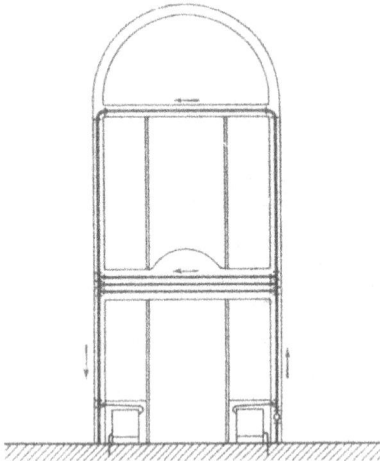

Abb. 129. Heizrohranordnung in den durchbrochenen Leibungen der großen Saalfenster
im Bürgerratssaal des Kasinos Bern zwecks
Abhaltung von Zugerscheinungen von den
Fenstern her und durch ev. Undichtigkeiten
der Fensterrahmen.
Ausführung der Firma Gebr. Sulzer A.-G.

Abb. 130.   Heizkörperverkleidung in
Holz im Kunstmuseum Winterthur.

(Arch. Rittmeyer und Furrer,
Winterthur.)

Kachelaufbauten um oder hinter Zentralheizkörpern werden bisweilen auch als Öfen zur lokalen Erwärmung der Räume in den Übergangszeiten ausgeführt.

Weiter verwendet man zur Verkleidung von Heizkörpern etwa Kettengehänge, bestehend aus gepreßten Blechen, die lose miteinander verbunden sind. Sie sind einfach, lassen die Luft gut zirkulieren und sind zum Reinigen der Heizkörper leicht aufzuheben. Allerdings eignen sie sich mehr nur für Vestibüle, Treppenhäuser, Korridore und ähnliche untergeordnete Räume. Für diesen Zweck kommen auch die vom von Rollschen Eisenwerk Clus hergestellten gußeisernen Vorsetzplatten (Abb. 136 und 137) in Betracht.

Bisweilen stellt man Heizkörper neben oder unter den zu heizenden Räumen auf und leitet diesen die Wärme durch Luftkanäle zu. Dabei ist darauf zu achten, daß der von der Luft mitgeführte, zum Teil verkohlte Staub

Abb. 131. Heizkörperverkleidung in der Stadthalle in Hannover. Direkt unter der Decke sind die Luftschlitze der Lüftungsanlage sichtbar.

Zur Verfügung gestellt von der Firma Gebr. Körting A.-G., Hannover-Linden.

über den Luftaustrittgittern Schwärzungen bewirkt. Es ist die nämliche Erscheinung, wie sie auch über heißen Leitungen und Heizkörpern

Abb. 132. Heizkörperaufstellung im Kunstmuseum Winterthur. Rechts ist die Verkleidung weggenommen, wodurch die Heizröhren und der Staubsauganschluß sichtbar werden. (Arch. Rittmeyer und Furrer, Winterthur.)

beobachtet wird. Im Publikum ist die Meinung vertreten, solche Heizungen rauchen, was natürlich ausgeschlossen ist, da in ihnen nur Wasser, Dampf oder Luft zirkuliert.

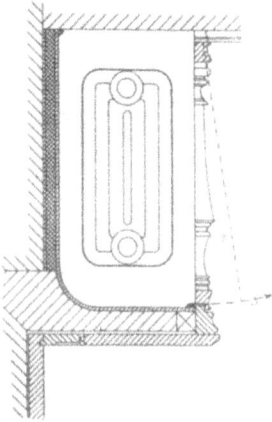

Abb. 133. Heizkörperverkleidung in den Direktorenzimmern der Schweiz. Nationalbank in Zürich Zu Reinigungszwecken ist die Verkleidung im Sinne des Pfeiles aufklappbar. (Arch. Gebrüder Pfister.)

Abb. 134. Heizkörperaufstellungen, im Hintergrund in der Fensternische des Erkers, links in einem Kachelumbau im Vestibül.

Die Fußbodenheizungen mit unter den Böden liegenden Dampf-, Warmwasser- oder elektrischen Heizkörpern wurden unter Abschnitt I, 4 bereits erwähnt. Sie sollen normalerweise nicht zur eigentlichen Beheizung der Räume, sondern nur zum Wärmen sonst sehr kalter Steinfußböden verwendet werden. Ferner soll man aus hygienischen Gründen vermeiden, in die Böden, z. B. von Kirchen, Theatern, Vestibülen usw. Gitter und darunter Heizrohre zu legen, weil beim Überschreiten und Kehren der Böden Schmutz und Staub hindurchfallen. Sind im unteren Teil eines Raumes Gitter zum Austritt warmer Luft anzuordnen, so sollen dieselben an vertikal stehenden Flächen, den Seitenwänden, oder, bei feststehender Stuhlung, an den Stützen der Sitze angebracht werden.

Abb. 135. Heizkörper in Marmorverkleidung.

Besondere Erwähnung verdienen die Windfangheizungen, wie sie in Staatsgebäuden, Kirchen, Warenhäusern usw. erstellt werden, um Zugerscheinungen durch sich öffnende Türen nach Möglichkeit auszuschließen. Dazu dienen Doppeltüren und Heizkörper, welche die beim Öffnen der Türen eindringende Luft anwärmen. Zwei derartige Lösungen zeigen die Abb. 138 und 139[1]). Bei der Ausführung nach

---

[1]) Die Abbildungen 126 bis 130, 132 bis 135 und 137 bis 139 betreffen Heizungen der Firma Gebr. Sulzer, A. G., Winterthur.

Abb. 138 stehen Heizrohre hinter den links sichtbaren Gittern, bei
Abb. 139 bilden sie in unauffälliger, dem Nichtfachmann nicht zum
Bewußtsein kommender Weise die Seitenwände des Windfanges.

In letzter Zeit werden, besonders in England, auch Warmwasser-
und Dampfheizungen mit in den Wänden und Decken der Räume
untergebrachten, zum Teil direkt von Beton umgossenen Heizrohren
erstellt. Den Vorteilen, daß von diesen Heizungen nichts zu sehen ist
und sie keinen Platz beanspruchen, stehen die Nachteile der Unzu-
gänglichkeit beim Defektwerden und die zu geringe Anpassungsfähigkeit an die Witterung gegenüber, denn bis die Mauern durchwärmt sind
oder sich nach Abstellen der Heizung abgekühlt haben, verstreicht
längere Zeit, was namentlich in den Übergangszeiten, bei rasch wechselnder Witterung, zu Unzuträglichkeiten führen kann.

Abb. 136. Gußeiserne Vorsetzplatten des von Rollschen Eisenwerkes Clus.

Ferner sind Vorschläge aufgetaucht, die Gebäudemauern mit
Hohlräumen zu versehen und diese im Winter von warmer Luft durchströmen zu lassen. Hierzu ist zu bemerken, daß derartige Heizungen
aus verschiedenen Gründen zu sehr hohen Betriebskosten führen und
auch bezüglich Regelbarkeit der Heizwirkung nicht befriedigen würden.

Es ließe sich noch viel zum Thema Aufstellung und Verkleidung
der Heizkörper sagen. Die Zahl der Möglichkeiten ist unendlich groß.
Aber eben deswegen hat es wenig Zweck, der vorstehenden Auswahl
typischer Fälle weitere anzureihen. Bezüglich der Verkleidungen wurden die von den Heiztechnikern und Hygienikern zu stellenden Forderungen erwähnt, im übrigen muß der gute Geschmack des Bauherrn
resp. Architekten wegleitend und von Fall zu Fall entscheidend sein.

Abb. 137. Anwendung einer gußeisernen Vorsetzplatte des von
Rollschen Eisenwerkes Clus in der Nationalbank in Zürich.
(Arch. Gebr. Pfister.)

Abb. 138. Heizkörperanordnung in mit Gittern
verkleideten Mauernischen seitlich eines Ein-
ganges zum Bezirksgerichtsgebäude in Zürich.
(Arch. Pfleghard und Häfeli.)

Abb. 139. Windfang in der Universität Zürich
mit aus Heizröhren gebildeten Seitenwänden.
(Arch. Prof. K. Moser, Zürich.)

10*

VI. Rohrleitungen

1. Verlegung der Rohrleitungen.

Die vertikalen Leitungen werden entweder offen oder in Mauerschlitze verlegt.

Bei offener Verlegung sind sie nach Möglichkeit in untergeordneten Räumen wie Küchen, Badezimmern, Aborten, Gängen, Schlafzimmern usw. anzuordnen. Außerdem sind aber in den Räumen horizontale Verbindungen zwischen den Vertikalleitungen und Heizkörpern erforderlich, die um so weniger eine Zierde darstellen, als sie, bei Warmwasserheizung zwecks Entlüftung, bei Dampfheizung zwecks Ableitung des Kondenswassers, schief gezogen werden müssen. In Parterreräumen lassen sie sich umgehen, wenn die . horizontalen Verteilleitungen im Keller bis unter die Heizkörper geführt werden. In den Wohnungen sind alle sichtbaren Leitungen möglichst unauffällig zu streichen. Unschön ist, daß sich über ihnen die Wände und Decken schwärzen. Die Erscheinung wird um so auffallender, je heller die Wände und je heißer die Leitungen sind, weil der Luftauftrieb dabei intensiver ist und der auf den Leitungen liegende Staub in höherem Maße verkohlt. Daß der gleiche Übelstand auch über Heizkörpern und den Luftaustrittgittern bei Luftheizungen bemerkbar ist, wurde schon erwähnt.

Die Vorteile offener Verlegung der Leitungen bestehen in der guten Zugänglichkeit und ihrer Wärmeabgabe an die Räume, so daß die Heizkörper entsprechend kleiner gemacht werden können. Beim Einbau von Zentralheizung in bestehende Bauten wird der offenen Verlegung auch meist der Vorzug gegeben, weil das Ausspitzen von Mauerschlitzen mit hohen Kosten verbunden ist.

In den Kellern größerer Bauten sind die Gas-, Kalt- und Warmwasser-, Dampf- und Warmwasserheizleitungen durch verschiedenfarbige Anstriche und ein Verzeichnis kenntlich zu machen, damit bei Reparaturen das Auffinden und Verfolgen der gewünschten Leitungen leicht möglich ist.

Bei verdeckter Verlegung der Leitungen genügen zur Unterbringung von zwei Rohren in der Regel Schlitze von 20 cm Breite und 15 cm Tiefe. Liegen sie in den Außenmauern, so sind die Leitungen zu isolieren (s. Abschnitt VI 5). Auch ist dafür zu sorgen, daß die Schlitze nicht mit dem Dachboden in freier Verbindung stehen, weil die Leitungen sonst infolge der Luftzirkulation starker Abkühlung unterworfen sind und die von ihnen abgegebene Wärme zum größten Teil verloren geht. Die vertikalen Mauerschlitze sind beim Bau direkt auszusparen, während die horizontalen meist erst nachträglich geschlagen werden, damit sie in die richtige Höhe zu liegen kommen.

Nach Vornahme der Druckprobe und probeweisen Inbetriebsetzung (s. Abschnitt XV 5) können die Schlitze mit Gipssteinen abgedeckt, mit Mauerschutt zugefüllt und verputzt werden. Bisweilen überdeckt man sie auch einfach durch Täfer (z. B. in den Fensternischen) oder Schlacken- resp. Korksteine, wenn die Wände damit verkleidet werden. Auf keinen Fall darf feste Einmauerung der Leitungen stattfinden, da sie beim Warmwerden Ausdehnungsmöglichkeit besitzen müssen. Aus dem gleichen Grunde sind sie in den Mauer- und Deckendurchbrüchen mit imprägniertem oder Wellkarton zu umwickeln. Sollen sie zugleich isoliert werden, so verwendet man mit Vorteil 15 mm Isolierpolster. Nach dem Zuputzen der Öffnungen ist der herausragende Teil dieser Umwicklungen mit einem scharfen Messer abzuschneiden.

2. Mauer- und Deckendurchbrüche.

Der Architekt hat von der Installationsfirma einen sog. »Lochplan« zu verlangen, auf dem sämtliche Mauer- und Deckendurchbrüche sowie Mauerschlitze verzeichnet sind, damit sie bei Neubauten rechtzeitig ausgespart, bei bestehenden Bauten geschlagen werden können. Besonders bei Eisenbetonbauten ist streng darauf zu achten, daß keine Öffnung vergessen wird. Das Zumauern sich nachträglich als unnötig erweisender Löcher ist eine kleine Arbeit im Vergleich zum Schlagen, ganz abgesehen davon, daß sich bei armiertem Beton erhebliche Schwierigkeiten ergeben können.

Die Öffnungen sind so groß zu bemessen, daß der Monteur am Arbeiten nicht gehindert ist, anderseits sollen sie, namentlich in bestehenden Bauten, auch nicht größer als nötig gemacht werden, damit Decken, Tapeten, Täfer usw. nicht allzusehr leiden.

Horizontale Mauerdurchbrüche sind 20 auf 30 bis 50 cm zu machen, je nach der Zahl der Rohre. Für Bodendurchbrüche genügen bei zwei nebeneinander liegenden Leitungen meist 15 auf 20 cm.

3. Bodenkanäle.

Eine weitere mit der Verlegung der Leitungen in Verbindung stehende bauliche Arbeit besteht in der Erstellung von Bodenkanälen. Sie können erforderlich werden, wenn einzelne Teile des Gebäudes nicht unterkellert sind oder Leitungen unter Türen durchgeführt oder zwischen den Gebäuden unter Terrain verlegt werden müssen.

Die gewöhnlichen Kanäle zur Unterbringung von zwei Rohren sollen mindestens 30 auf 40 cm messen, bei größerer Rohrzahl entsprechend mehr. Bezüglich der begehbaren und nichtbegehbaren Kanäle für Fernleitungen wurde das Nötige bereits unter Abschn. I 3 e gesagt.

4. Befestigung und Federung der Rohrleitungen.

Die Befestigung der Rohrleitungen muß so erfolgen, daß sie sich nicht stark verschieben können, beim Warmwerden aber doch genügende Ausdehnungsmöglichkeit besitzen. Ist dies nicht der Fall, so sind Verbiegungen und Undichtigkeiten die Folge. Selbstverständlich muß auch leichte Demontierbarkeit bei eventuellen Reparaturen bestehen.

Horizontale Leitungen legt man beispielsweise in an der Decke befestigte Schleifen aus Bandeisen oder auf Bügel aus Rundeisen. Sind sie an den Seitenwänden anzubringen, so verwendet man Haken oder Träger, bei mehreren übereinander liegenden Leitungen auch Konsolen oder $\underline{\text{T}}$-Eisen, an denen die Leitungen in der Höhenlage leicht verstellbar angebracht werden. Vertikale Leitungen werden durch Rohrschellen gehalten.

Das Befestigen aller dieser Träger und Halter an den Mauern gehört in der Schweiz normalerweise zu den bauseitig auszuführenden Arbeiten. Es wäre jedoch für Bauherren und Architekten von Vorteil, wenn die Heizungsmonteure sie ebenfalls übernehmen könnten, weil, besonders in bestehenden Bauten, das Zurverfügungstellen ungenügend beschäftigter Maurer fast während der ganzen Montagezeit eine teure Sache ist. Auch ergeben sich daraus immer wieder Anstände, weil die Maurer von den Monteuren außer für die genannten Arbeiten oft zu Hilfsdiensten, dem Halten von Rohren usw., verwendet werden.

Die freie Ausdehnungsmöglichkeit der Leitungen erfordert um so mehr Aufmerksamkeit, je länger sie sind und je größere Temperaturunterschiede auftreten. Vor allem die rascher Anwärmung auf hohe Temperaturen unterworfenen Dampfleitungen erfordern große Aufmerksamkeit bei der Verlegung. Lange, gerade Leitungsstücke sind mit Federungen zu versehen, d. h. sie sind in Wellen- oder Zickzacklinien zu führen oder zwischen den Fixpunkten mit Kompensatoren zu versehen (s. Abschnitt I 3 e).

Ferner dürfen unmittelbar neben den vertikalen Leitungen stehende Heizkörper nicht durch kurze, starre Verbindungen angeschlossen werden, weil sich die Leitungen beim Warmwerden nach oben verschieben und daher bei starrer Verbindung die Heizkörper heben, was zu Undichtigkeiten führt. Auch hier sind Federungen vorzusehen, indem man die Verbindungsleitungen hinter den Heizkörpern durchführt oder, wenn sie auf der Leitungsseite angeschlossen werden, in Schleifenform ausführt. Besteht zwischen Heizkörper und Leitungen ein Abstand von mindestens ½ m, so kann die Verbindung direkt erfolgen.

5. Wärmeschutz.

Sämtliche Leitungen, die gegen Wärmeverlust oder Einfriergefahr geschützt werden sollen, müssen gut isoliert werden.

An Wärmeschutzmitteln kommen vor:

mineralische: Asbest, Schlacken (Schlackenwolle), Asche, Bimskies, poröse Kunststeine;

vegetabilische: Kork (Expansit), Torf (Torfmull, Torfoleum),
Jute, Hanf, Sägemehl, Moos, Koks, Holzkohle, Zell-Kautschuk;

animalische: Kieselgur (Patentgurit, Diatomit), Rohseide (Re-
manit), Wolle, Filz, Schwammteilchen als Beimengungen.

Ein vorzügliches Isoliermittel ist ruhende Luft. Sie verliert ihre
Wirkung jedoch, wenn sie in Zirkulation gerät (vgl. die Abschnitt VII 4 und
IX 3). Bei der Leitungsisolation gilt dasselbe, was in bezug auf die Baustoffe
zu sagen ist. Die Materialien leiten die Wärme um so schlechter, je
poröser, lockerer sie sind, weil die in den Poren eingeschlossene Luft
vorzügliche Isolationswirkung ausübt. Werden dagegen eigentliche
Luftschichten um die Rohre gelegt, so zirkuliert die Luft in denselben
und ist die schützende Wirkung weniger groß.[1]

Den geringsten Wärmeschutz bieten die mineralischen Stoffe. Dagegen haben sie, wie auch Kieselgur und Luftschichten, den Vorteil
der Unverbrennlichkeit und eignen sich daher als Zwischenlagen zwischen sehr heißen Leitungen und vegetabilischen oder animalischen
Isoliermaterialien, die bei direktem Auflegen versengt würden.

Rohseide wird z. B. auf heiße Rohre aufgetragen:

bis 105° C Rohrtemperatur direkt,

von 105 bis 120° C Rohrtemperatur auf 10 mm Kieselgurunter-
strich,

von 120 bis 150° C Rohrtemperatur auf 20 mm Kieselgurunter-
strich oder Luftschicht,

von 150 bis 200° C Rohrtemperatur auf Luftschicht, dann Asbest-
schicht, darüber nochmals Luftmantel.

Bei Verwendung von Expansitzöpfen (Schläuchen, gefüllt mit
präpariertem Kork) kann das Auftragen erfolgen:

bis maximal 110° C Rohrtemperatur direkt,

von 110 bis 145° C Rohrtemperatur auf 5 mm Unterstrich aus
Kieselgur oder Expansitmasse,

von 145 bis 175° C Rohrtemperatur auf 10 mm Unterstrich aus
Kieselgur oder Expansitmasse.

Für hoch überhitzten Wasserdampf, sowie eiserne Rauchrohre ist
die ausschließliche Anwendung von mineralischen Isoliermitteln zu
empfehlen. Bei der Wahl einer Isolierungsart ist zu beachten, daß ihre
Güte durch den Namen allein nicht verbürgt ist, weil es verschiedene

---

[1] Vergl. die Mitteilungen aus dem Forschungsheim für Wämeschutz (E. V.)
München und die Arbeiten von Dr. Ing. J. S. Cammerer in den »Wärmeschutz —
wissenschaftlichen Mitteilungen« der Firma Reinhold & Co., Berlin.

Zahlentafel 19.

Wärmeersparnis durch Isolation von Rohrleitungen (nach Rietschel).

Art der Umkleidung	Wärmeersparnis in Prozenten der Wärmeabgabe des unbekleideten Rohres bei einer Umhüllung von			
	15 mm	20 mm	25 mm	30 mm
Strohseil mit Lehm	31	36	40	43
Asbest (Schnur aus Asbestklöppelung mit Asbestfaserfüllung)	41	44	46	48
Kieselgur:				
a) Kieselgur mit Lederfeilspänen	41	43	44	45
b) Kieselgur mit Schwammteilchen, bandagiert und schwarz gestrichen	52	56	58	60
c) desgl. nicht bandagiert u. nicht gestrichen	57	60	63	65
d) Asbestschlauch mit Kieselgurfüllung . . .	54	58	60	61
e) Aufrollbare Kieselgurrippen-Platten (mit Hohlräumen und Luftschichten)	57	61	63	64
f) Kieselgur mit Malzkeimen und Brauereiabfällen, bandagiert und mit Dextrin gestrichen	53	61	67	72
g) Kieselgur mit Korkteilchen, nicht bandagiert	65	69	72	74
h) Kieselgurschalen	66	70	73	75
i) Kieselgür ohne Fremdkörper, kalziniert, d.h. die organischen Bestandteile verbrannt . .	68	74	77	80
Kunsttuffsteinschalen	62	67	70	72
Korkschalen	56	65	71	76
Rohseide:				
a) Seidenpolster mit Luftschicht. Luftschicht durch reibeisenartige auf das Rohr gewickelte Blechstreifen hergestellt. Die Stärke der Luftschicht etwa 30% der Gesamtstärke der Umwicklung	73	76	78	79
b) Seidenpolster ohne Luftschicht in Gestalt eines Leinenschlauches mit Seidenfüllung .	73	76	78	79
c) Seidenzöpfe ohne Luftschicht	75	78	80	81
d) Seide, darunter eine Schicht Kieselgur:				
20% der Umhüllung ist Seide	72	76	79	80
40% » » » »	75	78	80	81
60% » » » »	75	78	80	81
e) Remanit- (karbonisierte Seide-) Zöpfe . .	75	78	80	81
f) Remanitpolster zwischen weitmaschigem, aus dünnem Eisendraht bestehendem Gewebe .	77	80	82	83
Filz (weiches, braunes Material) ohne Bandage oder bandagiert und mit Dextrin gestrichen .	81	84	86	87
Diatomitschalen (Grünzweig und Hartmann):				
a) Schalenstärke 30,7 mm				
1. Schalen außen verstrichen, bandagiert, Ölfarbanstrich	67			
2. Schalen außen verstrichen, Filz, Nesseltuch	77			
b) Schalenstärke 51 mm				
1. Wie unter a, 1	76			
2. Wie unter a, 2	82			

Qualitäten desselben Stoffes gibt und auch die Sorgfalt der Umwicklung von Bedeutung ist. Besonders ist darauf zu achten, daß die Wärmeschutzmittel nicht feucht werden dürfen, weil sie ihre isolierende Wirkung sonst in hohem Maße einbüßen (s. Zahlentafeln 27 und 28).

Über die Wärmeersparnisse, welche bei Rohrleitungen durch sorgfältig hergestellte und in verschiedenen Dicken aufgetragene Isoliermittel gegenüber unbekleideten Rohren erzielt werden können, gibt
Zahlentafel 19 Aufschluß.

Oft werden die genannten Materialien miteinander gemischt oder
in mehreren Lagen übereinander angewendet und dadurch entsprechend
höhere Wärmeersparnisse erzielt. So hat der bayerische Revisions-
verein z. B. festgestellt, daß sich mit 10 mm Unterstrich aus Expansitmasse, darüber 27 mm Expansitzöpfen mit Abglättung durch Expansitmasse und Bandage (Gesamtstärke der Isolierung 41 mm) bei um-
hüllten Rohrflanschen nachstehende Ergebnisse erzielen lassen:

Zahlentafel 20.

bei einer mittleren Dampftemperatur von ° C	einer mittleren Luft-temperatur von ° C	eine Ersparnis von %
136,8	17,1	87,1
162,6	16,6	87,8
191,3	19,0	89,7

Als weiteres Beispiel diene folgendes:

Die Isolierung der Hochdruckdampfleitung eines Fernheizwerkes
besteht aus 15 mm Patentgurit, 10 mm Luftmantel, 25 mm Seide,
Kartonumwicklung und Bandage. Die Ersparnis gegenüber dem nackten
Rohr beträgt 87 bis 89%.

Wird mit Isolierpolster (Seiden- oder Jutezopf) isoliert, so sind folgende Ausführungsarten zu empfehlen: Für

Hochdruckdampfleitungen (z. B. 8 Atm.):
    20 mm Kieselgurunterstrich,
    20 mm Isolierpolster,
    Kartonabglättung,
    Tucheinband mit Dextrin,
    zweimaliger Ölfarbanstrich oder Wasserglas- und Ölfarb-
        anstrich,
    an den Enden Zinkmanschetten.

Mitteldruckdampfleitungen (z. B. 4 Atm.):
    10 mm Kieselgurunterstrich,
    im übrigen wie bei Hochdruckleitungen.

Niederdruckdampf- und Kondenswasserleitungen:

15 —25 mm Isolierpolster (bei Dampf von 0,1—0,5 Atm. unter dem Isolierpolster 5—10 mm Kieselgur oder Luftschicht), im übrigen wie bei Hochdruckleitungen.

In den Kellern und Fernleitungskanälen liegende Verteil-Warmwasserheizungs- und Warmwasserversorgungsleitungen:

25 mm Isolierpolster, im übrigen wie bei den Dampfleitungen.

In den Dachschrägen liegende Verteil-Warmwasserheizungs- und Warmwasserversorgungsleitungen:

doppelte Umwicklung mit 25 mm Isolierpolster, im übrigen gleich wie in den Kellern.

Zirkulationsleitungen und einzelne Teilstücke der Warmwasserversorgungen:

15 bis 25 mm Isolierpolster, im übrigen gleich wie bei den Verteilleitungen.

In Mauerschlitze verlegte Warmwasserheizungs- und Warmwasserversorgungsleitungen:

15 bis 25 mm Isolierpolster; befinden sich die Mauerschlitze in Innenmauern, die an beheizte Räume anstoßen, so kann von Isolierung abgesehen werden.

Leitungen in Mauer- und Deckendurchbrüchen:

Sofern sie isoliert werden sollen: 15 mm Isolierpolster, sonst Umwicklung mit imprägniertem oder Wellkarton.

Kaltwasserleitungen zur Verhütung von Schwitzwasser im Sommer:

10 bis 15 mm Isolierpolster, im übrigen wie bei den Warmwasserleitungen.

Boiler, Reservoire, Gegenstromapparate:

50 mm Isolierpolster (oder Korksteine), Kartonabglättung, Tucheinband mit Dextrin, zweimaliger Ölfarbanstrich oder Wasserglas- und Ölfarbanstrich.

Bei Isolation mit Schalen, die gegenüber Kieselguraufstrich die Vorteile größerer Sauberkeit und geringerer Zeitinanspruchnahme aufweisen, verwendet man z. B. bei Leitungen mit Temperaturen von 110 bis 150° C und ½ bis 1″ Durchmesser 20 mm Korkschalen, für 1¼ bis 2″ 30 mm Korkschalen, für größere Durchmesser 50 mm Diatomitschalen, ferner bei Leitungen mit Temperaturen von über 150° C und ½ bis 2″ Durchmesser 30 mm Diatomit-, für größere Durchmesser 50 mm Diatomitschalen.

In Abb. 140 sind einige Isolierarten von Dampf- und Warmwasser-Heiz- und -Versorgungsleitungen wiedergegeben.

Eiserne Rauchrohre werden entweder nur mit Kieselgur isoliert, bandagiert und mit Wasserglas und Ölfarbe gestrichen, oder man wickelt zuerst ein spiralig gewundenes Flacheisen um das Rohr, worauf folgen: Asbest, Kieselgur, Bandage, Wasserglas- und Ölfarbanstrich.

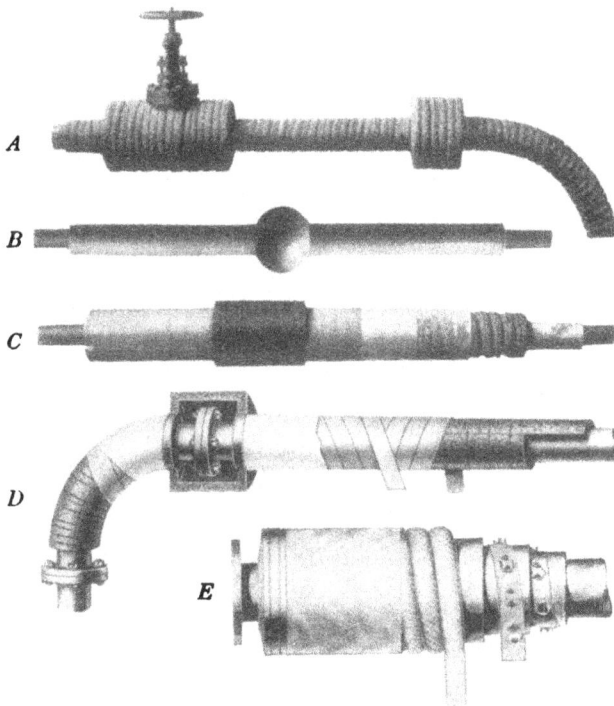

Abb. 140. Verschiedene Isolierarten.

A Zöpfe, direkt aufs Rohr gewunden. B Zöpfe abgeglättet und bandagiert.
C Zöpfe auf Unterstrich, abgeglättet und bandagiert. D Mit Formstücken
(aus Kork oder Kieselgur) isolierte Leitung, bandagiert und gestrichen. E Unterstrich, zwei Luftschichten, Zöpfe, abgeglättet und bandagiert.

Expansionsgefäße, die in unbenützten Dachböden aufgestellt werden, sind bauseitig gut gegen das Einfrieren zu schützen. Man umgibt sie beispielsweise mit einer Holzverschalung und füllt den Zwischenraum mit Sägespänen oder Schlacken auf. Trotzdem ist es bei sehr kalten Räumen angezeigt, etwas Heizwasser durch die Gefäße zirkulieren zu lassen.

Sind Kaltwasserreservoire im Dachboden unterzubringen, so
stellt man sie zur Vermeidung der Einfriergefahr oft neben die Expansionsgefäße in die gleiche Holzverschalung hinein.

Handelt es sich um Warmwasserheizung mit oberer Verteilung im
unbenützten Dachboden, so ist, wie unter Abschnitt I 3a angegeben,
beste Isolierung der Verteilleitungen erforderlich, weil die abgegebene
Wärme verloren ist und zudem bei ganz oder teilweise abgestellter
Heizung Einfriergefahr besteht. Nach der normalen Isolierung umgibt
man sie zur noch besseren Umkleidung, sowie zum Schutz gegen mechanische Einflüsse, daher oft noch mit einer Holzverschalung und füllt
den Zwischenraum mit Sägespänen auf.

Es dürfte noch ein Wort am Platze sein über das Einfrieren
von Luftleitungen bei Warmwasserheizungen.

Hier bietet Isolierung keinen genügenden Schutz.

Reichen die Luftleitungen beispielsweise bis an die Decke des
Dachgeschosses hinauf, sind daselbst horizontal zusammengeführt und
mit der vom Expansionsgefäß kommenden Überschüttleitung verbunden, so kann die Einfriergefahr durch zwei Umstände herbeigeführt
werden. Der häufigere ist der, daß die horizontalen Strecken der Luftleitungen mit ungenügendem Gefälle verlegt sind oder Wassersäcke
bilden, in denen sich, durch gelegentliches Hochdrücken, Überfüllen der
Anlage oder sich niederschlagenden Dunst, Wasser ansammelt. Der
Fall, daß das Wasser in den vertikalen Leitungen gefriert, kann
eintreten, wenn das Expansionsgefäß zu klein ist, wodurch das Wasser
bei der Ausdehnung in den Luftleitungen und dem Überschüttrohr empor-
steigt und sich daselbst infolge mangelnder Zirkulation abkühlt.

Um das Einfrieren trockener Entlüftungsleitungen zu vermeiden,
sind somit die horizontalen Strecken in allen unbeheizten Räumen
durchwegs mit genügendem Gefälle (mindestens 10 mm pro lfd. m) zu
verlegen und ist das Expansionsgefäß so groß zu bemessen, daß es die gesamte Wasserausdehnung der Anlage mit Sicherheit aufzunehmen vermag.

Bei Anlagen, in welchen der Normalwasserstand in unbeheizte
Räume zu liegen kommt und aus diesem Grunde Einfriergefahr besteht,
kann dem Übelstand auch vorgebeugt werden, indem man die Luftleitungen am Boden der unbeheizten Räume endigen läßt und mit
Luftschrauben versieht oder indem mittels einem dünnen Zirkulations-
röhrchen schwacher Wasserumlauf in den gefährdeten Teilen hervorgerufen wird.

Frieren Luftleitungen ein, so besteht die Gefahr, daß sie auseinander gesprengt werden, auch können, wenn das ganze System durch
Eisbildung verschlossen wird, gefährliche Drucksteigerungen entstehen.
Ferner hört die Entlüftung durch die zugefrorenen Leitungen auf und
können deshalb gewisse Teile der Anlage von der Erwärmung ausgeschlossen werden.

VII. Die Berechnung des Wärmedurchganges durch die Umfassungswände der Räume

Die durch eine einfache, ebene Wand von gleichförmiger Dicke in der Stunde hindurchgehende Wärme läßt sich berechnen nach der Formel:

$$W = F \cdot k \cdot (t_1 - t_2) \text{ kcal/h.}$$

W Wärmeeinheiten in der Stunde (kcal/h),
F Fläche in m²,
t_1 Lufttemperatur auf der wärmeren Seite in ⁰ C,
t_2 Lufttemperatur auf der kälteren Seite in ⁰ C,
k Wärmedurchgangszahl.

1. Die Außentemperatur.

Zur Bestimmung des maximalen Wärmebedarfes eines Raumes legt man die niedrigste Außentemperatur des betreffenden Ortes zugrunde, in nördlichen und Alpengegenden je nachdem — 25 bis — 35⁰ C (in der Schweiz beispielsweise — 30⁰ C für Arosa, Andermatt, Lenzerheide, St. Moritz, Zermatt; — 25⁰ C für Andeer, Adelboden, Chaux-de-fonds, Davos, Engelberg, Einsiedeln, Grindelwald, Klosters, le Locle), in tiefergelegenen Gegenden von Mitteleuropa — 20⁰ C, an geschützten Orten — 15 bis — 5⁰ C (in der Schweiz beispielsweise — 15⁰ C für Altdorf, Bex, Genf, Lausanne, Morges, Vitznau, Weggis; — 10⁰ C für Bodio, Faido, Lugano, Territet; — 5⁰ C für Brissago, Mendrisio).

Wo es sich nur um sog. Übergangsheizungen handelt, z. B. in Hotels von Höhenkurorten, die im Winter geschlossen sind, kommen nicht die tiefsten Winter-, sondern die tiefsten Herbsttemperaturen in Frage, beispielsweise für Pilatus-Kulm — 5⁰ C.

In Deutschland werden im allgemeinen — 20⁰ C zugrunde gelegt, dagegen für Orte, die höher als 600 m über Meer liegen, sowie einzelne besonders kalte Orte der Provinzen Oberschlesien, Posen, Ost- und Westpreußen und im südlichen Pommern — 25⁰ C und für geschützte Orte in der Rheinebene, sowie in den Flußtälern in Baden, Württemberg und im Maintal, ferner in Schleswig-Holstein und im Gebiete der Nordseeküste — 15⁰ C.

2. Zweckmäßige Raumtemperaturen.

Zur Messung der Raumtemperaturen sind die Thermometer normalerweise 1,5 m über Boden, mitten im Raum oder mindestens 1 m von einer Innenwand entfernt (oder, wenn nebenan ebenfalls geheizt wird, an einer Scheidewand) aufzuhängen. Sie sollen weder von Türen, Fenstern, noch Heizkörpern beeinflußt werden.

In Räumen mit stark geneigtem Boden, z. B. Hörsälen, Kinos usw. ist die Temperatur bei der untersten Bankreihe, 1,5 m über Boden, maßgebend. Ferner ist zu beachten, daß die Temperatur wenig über Boden wesentlich niedriger sein kann und sich die Besucher beim Sitzen daher unter Umständen in tieferen als den 1,5 m über Boden gemessenen Temperaturen befinden.

In einem freistehenden, mit einer verpfuschten Luftheizung versehenen Kinosaal, der in der Woche nur zweimal gebraucht wird und daher starker Auskühlung unterworfen ist, konnten z. B. bei — 2° C Außentemperatur drei Stunden nach Beginn des Anheizens folgende Temperaturen festgestellt werden:

$$\begin{array}{lll}
\text{Vorn im Saal 10 cm über Boden} & . \; . \; . \; & 9 \quad {}^{\circ}\text{C} \\
\text{» \quad » \quad » 1,5 m » \quad »} & . \; . \; . & 14 \quad \text{»} \\
\text{In Saalmitte 1,5 » \quad » \quad »} & . \; . \; . & 15,8 \; \text{»} \\
\text{Hinten im Saal 10 cm über Boden} & . \; . & 12,5 \; \text{»} \\
\text{» \quad » \quad » 1,5 m » \quad »} & . \; . & 16,5 \; \text{»}
\end{array}$$

Trotzdem nach drei Stunden Anheizzeit bei — 2° C Außentemperatur in Saalmitte, 1,5 m über Boden, 15,8° C erreicht wurden, genügte diese Heizung den Anforderungen selbstverständlich nicht. Die Besucher befanden sich beim Sitzen in Temperaturen vorn von 9 bis 14° C, hinten von 12,5 bis 16,5° C und beklagten sich über ungenügende Temperaturen, insbesondere kalte Füße.

Anderseits kommt man in Kirchen, die von einem Sonntag zum andern nicht gebraucht werden und daher ebenfalls starker Auskühlung unterworfen sind, bei Fußbankheizung mit bedeutend niedrigeren mittleren Raumtemperaturen, z. B. von 12° C, aus, weil die Besucher warme Füße haben. Derartig anormale Fälle sind daher, unter Berücksichtigung der besonderen Verhältnisse, stets für sich zu behandeln.

Die normalerweise zu verlangenden mittleren Raumtemperaturen sind für:

Zahlentafel 21.

Wohn- und Geschäftsräume, je nach Benutzung	16 bis 18° C,
Schulzimmer, Hörsäle, je nach Dichtigkeit der Besetzung, vor Beginn des Unterrichts	15 » 18° »
Theater, Konzert- und Vortragssäle, vor Beginn der Veranstaltung und je nach der zu erwartenden Besetzung	15 » 18° »
Verkaufsräume	15 » 18° »
Schlafräume (Heizbarkeit namentlich in den kältesten Perioden und bei Krankheitsfällen erwünscht)	12 » 18° »
Korridore, Flure, Treppenhäuser:	
bei ausschließlicher Benützung als Verbindungsraum	10 » 15° »
bei Benützung als Warteraum	15 » 18° »
bei Benützung als Wohndiele	18° »
Aborte	10 » 15° »

Zahlentafel 21. (Schluß).

Baderäume für gewöhnliche warme Bäder	20 bis 22⁰ C
Krankenräume, je nach Art der Kranken	18 » 20⁰ »
Operationsräume (nach Angabe des Arztes) bis zu	25⁰ C u. mehr
Kinderzimmer	18 bis 22⁰ »
Werkstätten, je nach Art der in ihnen ausgeübten Tätigkeit . .	10 » 18⁰ »

beispielsweise: Gießereien 10⁰ C; Räume für schwere Handarbeit, z. B. Schlossereien 12⁰ C; Räume für leichte Handarbeit 15⁰ C, bei sitzender Beschäftigung 18⁰ C (Textilfabriken s. Abschnitt XIV).

Turnsäle, wenn nur zum Turnen gebraucht	10 bis 12⁰ »
wenn auch als Vortragsraum gebraucht	16⁰ »
Museen	10 » 15⁰ »
Kirchen, vor Beginn des Gottesdienstes:	
bei Ofenheizung, Zentral- oder elektrischer Heizung mit direkt wirkenden Heizkörpern und Luftheizung	15⁰ »
bei Fußbankheizung	12⁰ »
Ställe	15⁰ »
Weinkeller	8⁰ »
Küchen	15⁰ »
Gewächshäuser: Kalthäuser	15⁰ »
Warmhäuser	25⁰ »
Römisch-irische Bäder:	
Auskleide- und Nachschwitzraum	22⁰ C
erster Schwitzraum (Tepidarium)	40 bis 50⁰ C
zweiter Schwitzraum (Sudatorium)	50 » 70⁰ »
Wasch- und Brauseraum (Lavacrum)	25⁰ C
Gefängnisse zum Aufenthalt:	
von Gefangenen bei Tag, je nach Beschäftigung	15 bis 18⁰ C
» » » Nacht	10⁰ C

Die zu garantierenden Temperaturen sind von den Heizungsfirmen in die Offertpläne einzuschreiben oder in der Kostenberechnung anzugeben. Nur durch schriftliche Festlegung der Temperaturgrade ist dem Besteller Garantie für ausreichende Heizwirkung geboten. Bemerkungen wie »temperiert« oder »beheizt« verpflichten die Installationsfirma nicht zur Innehaltung einer bestimmten Temperatur. Ohne ausdrückliche andere Vereinbarung ist die Erreichungsmöglichkeit der garantierten Temperatur jedoch nur gewährleistet, wenn alle Räume gleichzeitig beheizt werden.

Die sich bei — 20⁰ C Außentemperatur in unbeheizten Räumen einstellenden Temperaturen kann man schätzungsweise annehmen für:

Zahlentafel 22.

geschlossene, zwischen beheizten Räumen gelegene Räume . .	+ 10° C
» einseitig neben beheizten Raumen gelegene Räume	0 bis + 5° »
Keller	0 » + 5° »
unbeheizte, öfter mit der Außenluft in Verbindung stehende Räume (Einfahrten, Vorhallen usw.)	— 5° »
unter Ziegel- oder Betondächern, jedoch über beheizten Räumen gelegene Dachräume	0 » — 5° »
desgl. unter Metall- oder Schieferdächern	— 10° »
über unbeheizten Räumen gelegene Dachräume	
mit Dachschalung	— 10° »
ohne »	— 15° »
mit Holzzementdach	— 5° »
» Glas- oder Metalldach	— 15° »
Temperatur angebauter beheizter Nachbargebäude im Mittel . .	+ 5° »
Temperatur des Erdreichs:	
unter dem Kellerfußboden	+ 5° »
an den Außenwänden unter der Erdoberfläche	0° »

3. Die in Rechnung zu stellenden Flächen F.

Zur Berechnung der Flächen F sind in m einzusetzen:

Länge und Breite der Räume im Lichten,
Höhe der Räume inkl. Bodendicke (ganze Geschoßhöhe),
Fenster- und Türmaße im Lichten.

4. Wärmedurchgangszahl k und Zuschläge.

Die Wärmedurchgangszahl k gibt an, wieviel Wärmeeinheiten pro Stunde bei 1° C Temperaturunterschied zwischen innen und außen durch 1 m² der Wand hindurchgehen.

Wenn nichts anderes dazu bemerkt ist, gelten die Werte für gut ausgeführte und normal feuchte Wände. Bei schlecht gefugten und nassen oder die Wärme aus einem anderen Grunde besonders gut leitenden Mauern sind sie zu erhöhen (s. Abschnitt: Die Bestimmung von k S. 166).

Feuchtigkeitsbildungen an den Umfassungswänden von Räumen sind aus ästhetischen, hygienischen, bau- und heiztechnischen Gründen keine erfreulichen Erscheinungen. Sie können verschiedene Ursachen haben.

Ein Fall ist der, daß sich mit Ölfarbe gestrichene oder mit einem anderen undurchlässigen Belag versehene Wände in Küchen, Waschküchen, Badezimmern usw. mit Wasser beschlagen. Die Feuchtigkeit kommt dabei aus der Raumluft, da sie sich bei der Berührung mit den kalten Wänden abkühlt, dadurch relativ feuchter wird und bei zu tiefem Sinken der Temperatur Wasser ausscheidet. Es ist dieselbe Erscheinung, wie sie an kalten Fensterscheiben und im Sommer an Kaltwasserleitungen, ferner beim Einströmen warmer Luft in kalte Keller an Betonböden beobachtet werden kann. Die Feuchtigkeitserscheinungen sind weniger auffallend, wenn die Wände nicht oder nur teilweise mit Ölfarbe gestrichen, sondern mit einem Verputz versehen sind, der das Wasser aufnimmt und nach außen ableitet oder später an die Raumluft wieder abgibt. Feuchtigkeitsausscheidungen aus der Raumluft werden auch bisweilen in Schlafzimmern, mit Menschen überfüllten Räumen und Ställen beobachtet. Sie finden um so leichter und intensiver statt, je gesättigter die Luft und je größer der Temperaturunterschied zwischen ihr und der Wand ist. Einfache Betonwände, sowie Bruchsteinmauerwerk sind kälter und neigen daher mehr zu Feuchtigkeitsbildungen als Backsteinmauern. Solche Wände sind erforderlichenfalls mit einer Isolierschicht (s. Abschnitt IX 2) oder einem mit einem Isoliermaterial ausgefüllten Hohlraum zu versehen. Oft wird auch der äußere Teil von Betonhohlmauern in Normal- (z. B. 5 cm), der innere in besser isolierendem Leichtbeton (z. B. 8 cm) ausgeführt. Feuchte Stellen an den Innenwänden werden besonders von den durchgehenden Bindern in Bruchsteinmauern erzeugt. Die feuchten Stellen sind in dem Falle scharf umgrenzt.

Um den Feuchtigkeitsgehalt der Luft nicht höher als nötig werden zu lassen, sind solche Räume gut zu lüften und zu heizen, Küchen, Waschküchen und Badezimmer sollen mit Dunstabzügen versehen werden. Fensterlüftung allein ist oft zu wenig wirksam, auch müssen die Fenster der Witterung wegen zeitweise geschlossen gehalten werden. Dunstabzüge sind besonders bei eingebauten und daher nicht mit Fenstern versehenen Badezimmern unbedingtes Erfordernis, sonst können Feuchtigkeitserscheinungen und als Folge davon Schimmelbildung in der Wohnung auftreten. Besonders trifft dies für Parterre- und Subparterrewohnungen zu, weil sie besonders kalt sind. Auch in direkt an die Außenmauern angebauten Küchenwandschränken tritt Schimmelbildung leicht in hohem Maße auf. Die Rückseiten solcher Kästen sind daher mit Isolierbelägen zu versehen und außerdem ist für genügende Luftzirkulation zu sorgen. Ferner sind die Umfassungswände von Färbereien, Bleichereien und anderen industriellen Gebäuden, in denen starke Dampfentwicklung stattfindet, der Durchnässung besonders zugänglich. Sie sollen daher ebenfalls schlecht leitend erstellt werden. Korkisolation direkt unter Putz ist bei Durchnässungsgefahr jedoch zu vermeiden (s. Abschnitt XIV). Oft tun an solchen Orten Entnebelungsanlagen gute Dienste (s. Abschnitt XIV).

Weitere Ursachen für Mauerdurchfeuchtungen können defekte Rohrleitungen, mangelhafte Dachrinnen, Überschwemmungen, oder Kamine in denen sich Wasser niederschlägt, sein (s. Abschnitt IV). Ist die Durchnässung weit vorgeschritten, so müssen die Mauern von Tapeten, Putz, Täfer usw. befreit, gründlich trocknen gelassen, dann event. mit einem wasserundurchlässigen Produkt, z. B. Zementsika, oder einem Asphaltanstrich versehen und hierauf wieder verputzt werden. Derartige Innenreparaturen nützen aber erfahrungsgemäß nur dann, wenn das weitere Eindringen von Feuchtigkeit von außen her vermieden wird. Ist z. B. Regeneinwirkung die Ursache, so wird Außen-Imprägnation der Wände mit warm aufgetragenen Lösungen, die den Farbcharakter der Mauer bestehen lassen, aber das Eindringen des Wassers verhüten, empfohlen. Ein solches Anstrichmittel muß dünnflüssig sein, damit es auf einige Millimeter in die Mauern eindringt. Es wirkt nicht durch Verstopfen der Poren, wie asphaltartige Überzüge, sondern durch Aufhebung der Kapillaranziehung. Hierzu eignen sich in ammoniakhaltigem Wasser lösliche Metallverbindungen, z. B. Ceresitol.

Ein anderes Mittel, um das Eindringen von Wasser, selbst unter Druck, zu verhindern, ist die Verwendung von Isoliermörtel und Isolierbeton, indem man dem Mörtel- bzw. Betongemisch kolloidale Körper (z. B. fettsaure Salze gewisser Metalle oder deren Doppelverbindungen, wie Ceresit, Fluresit, Sika usw.) zusetzt. Ein ca. 2 cm starker derartiger Außenputz genügt, um das Durchschlagen des Regens zu verhindern; bei Wasserdruck sind je nachdem bis zu 4 cm anzuwenden.

Weiter kann zur Abhaltung des Regenwassers auch sog. Falzbaupappe auf der Außenseite unter Putz angebracht werden. Sie ist in Asphalt getränkt und besitzt auf der Mauerseite schwalbenschwanzförmige Falze, welche Luftzirkulation ermöglichen. Bringt man sie oder eine Doppelwand aus Bausteinen auf der Innenseite an, so wird dadurch lediglich die Feuchtigkeit vom Innenputz resp. der Tapete abgehalten, die Durchfeuchtung des äußeren Teiles der Mauer dagegen nicht unterbunden.

Gegen das Aufsteigen von Grund(Sockel-)feuchtigkeit besteht das beste Mittel in der Anbringung einer in die Mauer eingefügten Isolierschicht. Dazu wird Asphalt in seinen verschiedenen Formen (Asphaltmastix, Gudron, Asphaltpappe usw.) oder Blei verwendet. Diese Schichten können auch in bestehenden Häusern nachträglich noch angebracht werden. Die Fugen sind mit wasserdichtem Mörtel zu vergießen.

Muß gegen Feuchtigkeitserscheinungen vorgegangen werden, so ist in erster Linie ihre Ursache festzustellen, damit das richtige Abhilfemittel zur Anwendung gebracht werden kann. Vom heiz- und lüftungstechnischen Standpunkt aus ist zu beachten, daß zur Erlangung warmer Räume die Feuchtigkeit nicht nur von der innersten Mauerschicht abzuhalten ist, sondern daß die Mauer auf ihre ganze Tiefe trocken sein soll und ferner, daß Dichtungsmittel, welche die Luftdurchlässigkeit beseitigen und damit die natürliche Lüftung beeinträchtigen, nur in beschränktem Maße, z. B. auf der Wetterseite des Hauses, angewendet werden sollen[1]).

Eine unangenehme Erscheinung ist das Salpetern der Mauern. Um es zu beheben, ist ebenfalls der Verputz abzuschlagen und die Stelle nach gründlicher Trocknung mit einem undurchlässigen Mittel zu streichen. Hernach kann der Verputz wieder angebracht werden. In gewissen Fällen sind jedoch die Wirkungen des Salpeters schon derart vorgeschritten, daß nichts anderes übrigbleibt, als das betreffende Mauerstück herauszunehmen und neu aufzuführen.

Betreffend der Wärmedurchlässigkeit der Mauern ist zu berücksichtigen, daß in den berechneten k-Werten der Einfluß der Lüftung der Räume durch die Fenster, häufig geöffnete Türen und künstliche Ventilation nicht inbegriffen ist. Die Kalorieberechnung ist daher für gewisse Räume einerseits aufzustellen z. B. für — 20° C Außentemperatur und anderseits für — 10° C Außentemperatur unter gleichzeitiger Berücksichtigung der Lüftung der Räume. Zur Bestimmung der nötigen Heizflächen ist sodann der größere dieser Werte einzusetzen. Die Wärmebedarfsberechnung für — 20° C Außentemperatur durchzuführen und den Luftwechsel außerdem bei dieser Temperatur zu berücksichtigen, ist nicht erforderlich. Bei kälteren Temperaturen als — 10° C soll die Lüftung eingeschränkt werden. In Spitälern sind z. B. unter Berücksichtigung der zum Teil natürlichen, zum Teil künstlichen Lüftung anzunehmen für:

Operationssäle 25° C und ein dreimaliger stündlicher Luftwechsel,

Untersuchungszimmer 20° C und ein zweimaliger stündlicher Luftwechsel,

---

[1]) Näheres betr. Feuchtigkeitsisolierungen s. z. B. in O. Frick: Handbuch der Steinkonstruktionen, Willy Geißler-Verlag, Berlin SW 61; ferner Flügge: Das Trockenlegen feuchter Mauern (Der Einfluß auf die Warmhaltung des Wohnhauses), Bauwelt, Heft 32/1925, S. 751, und P. Mecke: Wie wirken Isoliermittel in Mörtel und Beton, Bauwelt, Heft 33/1925, S. 774.

Vorbereitungsräume 20° C und ein einmaliger stündlicher Luftwechsel,

Röntgenräume 20° C und ein einmaliger stündlicher Luftwechsel,

Krankenräume 18° C und ein einmaliger stündlicher Luftwechsel,

Kinderkrankenzimmer 20° C und ein einmaliger stündlicher Luftwechsel,

Korridore 15° C und, bei starkem Verkehr, ein einmaliger stündlicher Luftwechsel,

Aborte 15° C und ein fünfmaliger stündlicher Luftwechsel,

Bäder 22° C und ein 2½ maliger stündlicher Luftwechsel,

Ärztezimmer 18° C.

Weiter ist:

die Waschküche zu temperieren, was durch die Apparate selber
geschehen kann, außerdem ist ihr vorgewärmte Frischluft
zur Entnebelung zuzuführen,

die Kochküche ist ebenfalls durch die Apparate und durch Zuführung von vorgewärmter Frischluft für einen 15 maligen stündlichen Luftwechsel zu temperieren,

Spülküchen, Zurüsträume und Speiseausgaben sind durch direkt
wirkende Heizkörper und vorgewärmte Frischluft für einen
fünfmaligen stündlichen Luftwechsel zu temperieren.

Besondere Zuschläge sind weiter zu machen für Windanfall, starken
Luftauftrieb in den Gebäuden, ferner auf Mauern, die der Sonne nie
oder nur wenig, und Räume mit Erkern, Eckzimmer, Windfänge usw.,
die der Abkühlung in besonderem Maße, ausgesetzt sind.

Einige der hauptsächlichsten dieser Zuschläge sind:

1. Für Erdgeschoßräume bei mehrstöckigen Bauten in Rück-
sichtnahme auf den im Innern des Gebäudes herrschenden Luftauftrieb:

an Orten, deren tiefste Temperatur über — 10° C liegt, 5%,

an Orten, deren tiefste Temperatur unter — 10° C liegt, 10%,

auf die für diese Räume berechneten kcal.

Bei mehr als dreistöckigen Bauten sind an Orten, deren tiefste
Außentemperatur unter — 20° C liegt, für die Räume im 1. Stock
5% zuzuschlagen.

Je größer die Höhe der Gebäude und je tiefer die Außentemperatur
ist, um so stärker ist der in ihnen herrschende Luftauftrieb, um so
größer müssen die hierfür einzusetzenden Zuschläge gemacht werden.
Im Gebäude der Metropolitan-Lebensversicherungsgesellschaft in New
York, das 48 Ober- und 2 Untergeschoße besitzt, wurden in den unteren
Stockwerken Zuschläge bis zu 65%, in den oberen bis zu 30% gemacht,
also kleinere, trotzdem die oberen Stockwerke den Witterungseinflüssen.

11*

in stärkerem Maße ausgesetzt sind. Diese Verteilung erwies sich als richtig, wobei jedoch auf dicht schließende Fenster und Türen besondere Sorgfalt verwendet wurde.

2. Für exponierte Räume, wie Eckzimmer, Räume mit gegenüberliegenden Außenwänden, Glasgalerien usw. ist der übliche Zuschlag 5—10% auf die für die betreffenden Räume berechneten Wärmemengen.

In Windfängen, die dazu dienen, bei sich öffnenden Türen das direkte Einströmen kalter Außenluft in die Räume zu verhindern, wird soviel Heizfläche untergebracht als möglich. Beispiele hierfür sind die Abb. 138 und 139. In Privathäusern, wo verhältnismäßig wenig aus- und eingegangen wird, plaziert man die Heizfläche jedoch vorteilhafter innerhalb des Windfanges, im Korridor resp. Treppenhaus. Daß der Windfang der wärmste Raum des Hauses sei, wie das etwa vorkommt, ist nicht erforderlich.

3. Für Himmelsrichtung und Windanfall. Da die Wirkung der Sonne von Einfluß auf die Erwärmung der Räume ist (s. Abschnitt IX 1), macht man auf diejenigen Teile der Umfassungswände eines Gebäudes, die nie oder nur selten von der Sonne getroffen werden, Zuschläge. Dasselbe ist auch der Fall für Teile, die kalten Winden ausgesetzt sind. Während aber die Zuschläge für Himmelsrichtung stets zu machen sind, kommen diejenigen für Windanfall nur für die Partien exponiert gelegener Gebäude, welche vom vorherrschenden Wind getroffen werden, ferner stets für alle Außenflächen geheizter Dachräume in Betracht.

Die Höhe dieser Zuschläge beträgt:

Zahlentafel 23.

auf die Flächen nach:	für Himmelsrichtung %	für Windanfall %
Norden	15	15
Nordosten	15	15
Osten	15	15
Südosten	10	10
Süden	0	0
Südwesten . . . . . . : .	10	5
Westen	10	10
Nordwesten	15	10

Steht also beispielsweise die Längsfront eines Gebäudes in der Richtung Südwest-Nordost, und ist der Westwind vorherrschend, so haben die Zuschläge zu betragen:

Zahlentafel 24.

	für Himmels- richtung %	für Windanfall %	Total %
auf die Nordwestseite . .	15	10 weil vom Westwind getroffen	25
auf die Südwestseite . .	10	5 weil vom Westwind getroffen	15
auf die Südostseite . . .	10	0 weil vom Westwind nicht getroffen	10
auf die Nordostseite . .	15	0 weil vom Westwind nicht getroffen	15

4. In hohen Räumen ist der durch den Luftauftrieb zustande
kommende Luftwechsel (s. Abschnitt XIII 1) ebenfalls von auskühlender
Wirkung. Für Räume mit über 4 m Höhe ist daher für jeden weiteren
Meter ein Zuschlag von 2½% auf die für den Raum, ohne übrige Zu-
schläge, berechneten Wärmeverluste zu machen, im Maximum 20%.
Treppenhäuser erhalten diesen Zuschlag nicht.

5. Für Außentüren, die selten dicht schließen, beträgt der übliche Zuschlag 50% auf die für die betreffende Tür berechneten Wärmeeinheiten.

Handelt es sich z. B. um eine nach Osten gelegene Balkontüre
und ist der Ostwind vorherrschend, so müssen auf die für den normalen Wärmedurchgang durch die Tür berechnete Wärmemenge zu-
geschlagen werden:

$$\begin{array}{ll}
\text{für Himmelsrichtung} \ldots \ldots & 15\%, \\
\text{» Windanfall} \ldots \ldots \ldots & 15\%, \\
\text{» Außentür} \ldots \ldots \ldots & \underline{50\%.} \\
\text{Total} \ldots & 80\%.
\end{array}$$

6. Ein weiterer Zuschlag betrifft Fenster mit Rolladen, und
zwar hat er auf die für die Fenster berechneten Wärmemengen zu betragen:

25%, wenn die Rolladen außerhalb der Fenster,
10%, wenn sie zwischen den Fenstern liegen.

Es ist zu beachten, daß verschiedene Vereine und Verbände besondere Aufstellungen über anzunehmende Raumtemperaturen, Wärmedurchgangszahlen, Zuschläge usw. herausgegeben haben, die vielfach
unter sich und gegenüber den in der Literatur zu findenden Werten
kleine Abweichungen aufweisen. Bei der Aufstellung von Submissionsbedingungen (Programmen) ist anzugeben, an welche dieser »Bestimmungen« oder »Regeln« sich die Bewerber zu halten haben.

Die Bestimmung von k.

Die Wärmedurchgangszahl k für eine einfache, ebene, homogene Wand ist zu berechnen nach der Formel:

$$\frac{1}{k} = \frac{1}{a_1} + \frac{1}{a_2} + \frac{e}{\lambda}$$

Die drei Glieder rühren daher, weil sich der Wärmedurchgang aus drei Vorgängen zusammensetzt:

1. Dem Wärmeübergang von der warmen Luft an die Wand (abhängig vom Temperaturunterschied $(t_1 - \delta_1)$ zwischen Luft und Wandoberfläche und der Wärmeübergangszahl a_1).

2. Der Wärmeströmung durch die Wand (abhängig vom Temperaturunterschied zwischen den beiden Wandflächen $(\delta_1 - \delta_2)$, der Wanddicke e in m und der Wärmeleitzahl λ des betreffenden Materials).

3. Dem Wärmeübergang von der Wand an die kalte Luft (abhängig vom Temperaturunterschied $(\delta_2 - t_2)$ zwischen Wandoberfläche und Luft und der Wärmeübergangszahl a_2).

Besteht die Wand aus mehreren festen Schichten, so lautet die Gleichung:

$$\frac{1}{k} = \frac{1}{a_1} + \frac{1}{a_2} + \frac{e_1}{\lambda_1} + \frac{e_2}{\lambda_2} + \frac{e_3}{\lambda_3} + \dots \dots \dots + \frac{e_n}{\lambda_n}$$

Enthält sie eine Luftschicht, so sind auch hierfür Wärmeübergangszahlen einzusetzen:

$$\frac{1}{k} = \frac{1}{a_1} + \frac{1}{a_2} + \frac{1}{a_3} + \frac{1}{a_4} + \frac{e_1}{\lambda_1} + \frac{e_2}{\lambda_2} + \frac{e_3}{\lambda_3} + \dots + \frac{e_n}{\lambda_n}$$

Die Luftschicht ist jedoch nur als Isolierschicht zu betrachten und daher ein Wert $\frac{e}{\lambda}$ für dieselbe in Rechnung zu stellen, wenn sich die Luft in Ruhe befindet. Steht die Wand senkrecht oder geht bei horizontaler Lage die Wärme von unten nach oben hindurch, so zirkuliert die Luft und überträgt dadurch die Wärme von der wärmeren an die kältere Wand. Bei horizontaler Lage und Wärmedurchgang von oben nach unten erwärmt sich dagegen zuerst die oberste Luftschicht, infolgedessen wird sie spezifisch leichter und schwimmt auf der darunterliegenden kälteren, ohne in Bewegung zu geraten. Die Wärme muß daher ihren Weg in gleicher Weise durch sie hindurch nehmen, wie durch eine feste Schicht.

Für eine volle Backsteinmauer von 51 cm Stärke ohne Verputz beträgt die Wärmedurchgangszahl k nach Rietschel $= 1,1$. Berechnet man k in gleicher Weise für eine Backsteinwand, bestehend aus 25 cm Innenwand, 14 cm Luftschicht und 12 cm Außenwand, also total auch

51 cm, so wird k ungefähr gleich groß, weil die Luft in der Zwischen-
wand zirkuliert. Ihre Bewegung ist um so intensiver, je größer der
Temperaturunterschied zwischen den beiden inneren Wandoberflächen
und je höher die Luftschicht ist. Durch öftere Unterteilung mittels
Querwänden kann sie vermindert werden; ganz aufheben läßt sie sich
aber nur durch Ausfüllen der Zwischenschicht mit einem losen, trockenen
Material, z. B. Kork, Schlacke, Torf, Sand, magerem Lehm usw., wodurch
kleine, eingeschlossene und daher ruhende Luftinseln entstehen. Dadurch läßt sich k unter Umständen auf $\frac{1}{4}$ oder noch weiter herunter-
mindern. Allerdings trifft dies nicht für alle Wandkonstruktionen zu. Besteht eine vertikalstehende Wand z. B. aus zwei Rabitzschichten von je
3 cm Stärke und einer dazwischenliegenden Luftschicht von ebenfalls 3 cm
Dicke, so ergibt die Berechnuug einen k-Wert von rd. 1,7 und ungefähr
ebensoviel wenn der Hohlraum mit Schlacke ausgefüllt wird.

Ein Dach, das durch Sonnenbestrahlung sehr heiß wird, so daß
sich die darunterliegenden Räume unerwünscht hoch erwärmen, kann
durch Einbau einer Zwischendecke aus Rabitz oder Gipsdielen in weit-
gehendem Maße verbessert werden, weil der dadurch entstehende Luftraum isolierend wirkt. Findet der Wärmedurchgang von unten nach oben
statt, so hilft ein solcher Einbau wesentlich weniger, weil dann die Luftschicht nicht als Isolierschicht dient. In dem Falle ist sie ebenfalls mit
einem losen Füllmaterial, z. B. Schlacken, auszufüllen resp. es ist eine
Isolierung aus Korkstein oder einem ähnlichen Material anzubringen.

Die Wärmeübergangszahlen a sind für den Wärmedurchgang von
Luft durch eine Wand an Luft folgendermaßen zu berechnen:

Für Außenmauern oder ungeheizten und kalten Räumen zuge-
wendete Innenwände:

$$a = l + s + (0,0075 \cdot l + 0,0056 \cdot s) \cdot (\delta - t),$$

für Innenwände:

$$a = l + s + 0,0075 \cdot l \, (\delta - t).$$

l, der Wert für Leitung, ist zu setzen:

für ruhige, eingeschlossene Luft $= 4$ (z. B. in beheizten Räumen),

» schwach bewegte Luft $\quad = 5$ (z. B. zwischen Doppelfenstern
und auf der Innenseite einfacher
Fenster),

» bewegte, freie Luft $\quad = 6$ (z. B. im Freien).

Starke Luftbewegung, infolge Windanfall, wird durch den auf
Seite 164 besprochenen Zuschlag berücksichtigt.

s, die Strahlungszahl des mit der Luft in Berührung stehenden Wand-
materials ist beispielsweise zu setzen für

Bausteine, Gips, Holz, Sand $= 3,6$;

Glas $\qquad\qquad\qquad = 2,9$;

Eisen oxydiert $= 3,36$; Eisenblech, gewöhnlich $= 2,77$, poliert $= 0,45$;

Messing, poliert $= 0,26$; Zink $= 0,24$; Kupfer $= 0,16$;

Papier = 3,8, versilbert = 0,42, vergoldet = 0,23;
Wasser = 5,3.

($\delta - t$) ist der Temperaturunterschied zwischen Wand und Luft.

Vom bautechnischen Standpunkt aus kommt den Faktoren, welche die Höhe der Wärmeleitzahl λ bedingen, besonderes Interesse zu und soll daher hierauf noch etwas näher eingetreten werden.

Schon unter Abschnitt VI 5 wurde darauf hingewiesen, daß ein Stoff die Wärme um so schlechter leitet, je weniger dicht, d. h. je poröser er ist, weil Luft in feiner Verteilung vorzüglich isoliert. Allerdings dürfen die Poren nicht zu groß sein, weil sonst die Luft in Zirkulation gerät, dabei die Wärme überträgt und zudem der Einfluß der Strahlung wächst.

Der Name eines Stoffes allein ist somit durchaus nicht maßgebend für seine Wärmeleitszahl. Um dieselbe einigermaßen beurteilen zu können, muß auch sein spezifisches Gewicht bekannt sein.

So geben z. B. die Verfasser Prof. Dr. Knoblauch, Prof. R. Schumacher und Privatdozent Dr. K. Hencky in ihrer interessanten, im Verlag A. Mahr in München erschienenen Schrift: Untersuchungen über die wärmewirtschaftliche Anlage, Ausgestaltung und Benutzung von Gebäuden, folgende Wärmeleitzahlen λ an:

Zahlentafel 25.

Für Korkplatten, trocken, bei 20° C und			50 kg Raumgewicht pro m³	$\lambda = 0,0325$
»	»	»	» 20° »	» 100 »	»	» » » = 0,037
»	»	»	» 20° »	» 200 »	»	» » » = 0,045
»	»	»	» 20° »	» 300 »	»	» » » = 0,053
»	»	»	» 20° »	» 400 »	»	» » » = 0,062
» Beton mit............			800 »	»	» » » = 0,25
» » »			1000 »	»	» » » = 0,35
» » »			1500 »	»	» » » = 0,62
» » »			2000 »	»	» » » = 0,89
» » »			2300 »	»	» » » = 1,05

Und deshalb ist auch die Wärmeleitzahl für ein Material in pulverförmigem Zustand kleiner als in festem oder wenn das Pulver durch Zement- resp. Kalkzusatz in Steinform gebracht wird. λ beträgt entsprechend Zahlentafel 33 beispielsweise für:

Zahlentafel 26.

Backstein (trocken) . . . . 0,35—0,45	Backsteinmehl 0,25
gewachsenes Erdreich 2,0	lose Erde 0,45
gebrannte Erde, dicht 0,8	zerstoßen 0,15
Kiesbeton 0,7	losen Kies 0,30
dichten Koks 5,0	zu Pulver zerstoßen 0,16
Kreide 0,8	Kreidepulver 0,09
Sandstein . . . . 1,1—1,6	loser Sand, trocken 0,28
Schamotte . . . . 0,3—1,0	Schamottemehl 0,38
Speckstein . . . . 2,3 bis 2,9	Specksteinmehl 0,25

Weiter ist bei allen porösen Materialien der Feuchtigkeitsgehalt von großem Einfluß, weil beim Naßwerden die schlecht leitende Luft ($\lambda \doteq 0,02$ bis $0,05$) durch das besser leitende Wasser ($\lambda \doteq 0,5$) teilweise verdrängt wird. Es ist einleuchtend, daß dieser Einfluß bei sehr dichten, d. h. nicht oder nur sehr wenig porösen Materialien, wie beispielsweise Metallen, Gneis, Granit, nicht oder nur in sehr geringem Maße in die Erscheinung tritt. In seinem, in Heft 4 der Mitteilungen des Forschungsheims für Wärmeschutz, München, erschienenen sehr interessanten Aufsatz: »Über den Zusammenhang zwischen Struktur und Wärmeleitzahl bei Bau- und Isolierstoffen« gibt Dr.-Ing. J. S. Cammerer beispielsweise für einen Stoff, der bei 20° C und einem Porenvolumen $= 0$ eine Wärmeleitzahl $\lambda = 2,8$ besitzt, an, daß sich dieser Wert mit zunehmendem Porenvolumen in trockenem und nassem Zustand etwa folgendermaßen ändert:

Zahlentafel 27.

Porenvolumen	Wärmeleitzahl λ des vollkommen trockenen	nassen
	Materials	
0	2,8	2,8
20	0,65	1,70
40	0,35	1,15
60	0,2	0,85
80	0,1	0,65

In derselben Arbeit macht Cammerer auf Grund von Versuchen auch folgende wertvolle Angaben:

Zahlentafel 28.

Material	Raumgewicht trocken kg/m³	Feuchtigkeitsgehalt Vol. %	Temperatur °C	Wärmeleitzahl λ
Maschinenziegel	1620	0	50	0,414
		0,08		0,429
		0,57		0,545
		0,89		0,600
		1,81		0,828
Holländischer Torf	200	0	ca. 30	0,051
		6,5		0,100
Schlackenbetonplatten	1425	0	20	0,320
		4,1		0,366
Hochporöser Ziegelstein	727	1,2	20	0,145
		5,8		0,210
		21,5		0,343

Soll an Heizmaterial gespart werden, so sind somit die Gebäude-
umfassungsmauern in ihrer Konstruktion wärmesparend zu erstellen,
aber außerdem ist dafür zu sorgen, daß sie möglichst trocken sind
(s. Abschnitt VII 4). Dasselbe gilt auch bezüglich der Isolation von
heißen Leitungen. Wenn die Leitungen in der Luft liegen, so ist die
Isolierung zwar zumeist trocken, weil die Feuchtigkeit durch die Heizwirkung der Leitung vertrieben wird; in Bodenkanälen kann dagegen
die Gefahr auftreten, daß sich Wasser staut und im Freien sind sie gut
gegen die Einwirkung von Regen und Schnee zu schützen.

Als weiterer Umstand bezüglich Höhe der Wärmeleitzahl ist bei
geschichteten und faserigen Materialien zu beachten, ob die
Wärme den Körper senkrecht zur Schichtung oder längs derselben
durchströmt.

Als Beispiele seien folgende Zahlen genannt:

Zahlentafel 29.

Schiefer	senkrecht zur Schichtung	$\lambda = 0,29 - 1,7$
	längs der Schichtung . .	$\lambda = 2,0 - 2,4$
Eichenholz	senkrecht zur Faserung	$\lambda = 0,13 - 0,21$
	längs der Faserung . .	$\lambda = 0,31 - 0,34$
Ahornholz	senkrecht zur Faserung	$\lambda - 0,14$
	längs der Faserung . .	$\lambda - 0,37$

Die Höhe der Wärmeleitzahlen ist ferner von der Temperatur
abhängig, indem sie mit dieser zunimmt. Umgekehrtes Verhalten zeigen
nur die Kristalle. Die Zunahme hat ihren Grund vor allem in dem mit
der Temperatur stark wachsenden Anteil durch die Strahlung und, in
geringem Maße, der dabei steigenden Wärmeleitzahl, der Porenluft.

Die Wärmeleitzahl ist beispielsweise für:
gebrannte Kieselgursteine in trockenem Zustand bei:

Zahlentafel 30.

einem Raum-gewicht kg/m³	einer Temperatur in °C von			
	20	100	200	300
200	0,06	0,07	0,09	0,10
400	0,07	0,08	0,10	0,11
600	0,10	0,11	0,12	0,14

Asbest, lose gestopft, bei:

Zahlentafel 31.

einem Raum-gewicht kg/m³	einer Temperatur in °C von						
	− 200	− 100	0	+ 100	+ 200	+ 400	+ 600
470	0,071	0,117	0,133	0,139			
576			0,130	0,167	0,180	0,192	0,204

Weiter geben Knoblauch, Schumacher und Hencky in iher bereits genannten Schrift folgende Werte an:

Zahlentafel 32.

Material	Raumgewicht kg/m³	Temperatur °C	Wärmeleitzahl λ
Zementholzplatte	697	5	0,15
		30	0,16
Platte aus Gips und kleinen Faserteilchen	660	0	0,117
		30	0,122
		50	0,124
Sperrholzplatte	588	0	0,094
		30	0,099
Torfhartplatte	728	0	0,095
		45	0,098
Torfleichtplatte	192	0	0,048
		30	0,049
		55	0,05
Mischung Kieselgur und Kork	323	10	0,065
		40	0,07
		70	0,074
Strohfasern gepreßt	132	30	0,05
		70	0,063
Haarwolle	90	0	0,032
		30	0,038
		60	0,042

Im folgenden sind zur Übersicht, in Ergänzung der bereits genannten, noch einige weitere Wärmeleitzahlen wiedergegeben. Sie sind verschiedenen Orten, zum Teil der vorzüglichen, von Dr.-Ing. E. Schmidt veröffentlichten, reichhaltigen Zusammenstellung aus Heft 5 der Mitteilungen des Forschungsheims für Wärmeschutz, München, entnommen, woselbst auch die Namen der Beobachter angegeben sind und beziehen sich, wo nichts besonderes angegeben ist, auf Raumtemperatur.

Zahlentafel 83.

Metalle.	Wärmeleitzahl λ
Aluminium	175
Aluminiumlegierungen	120
Blei	30
Bronze	55
Schmiedeeisen und Stahl	40 bis 60
Gold	250
Gußeisen	45 bis 50
Konstantan	200
Kupfer	320
Verunreinigtes Kupfer	120
Messing	50 bis 100
Nickel	50
Platin	60
Quecksilber	6,5
Silber	360
Zink	95 bis 110
Zinn	55
Feste Stoffe außer Metallen.	
Backstein, trocken	0,35 bis 0,45
» , feucht	bis 0,8
Backsteinmehl, sehr fein ($\gamma = 1{,}23$)	0,25
Asphalt	0,60
Beton je nach Ausführung	0,25 bis 1,0
Bimskies	0,12 bis 0,2
Bimsbeton	0,2 bis 0,3
Bruchsteinmauerwerk	1,3 bis 2,1
Dachpappe	0,12
Eis	2,0
Eisenbeton	1,3
Erde, lose	0,45
Erdreich, gewachsen	2,0
Eternit	1,6
Gebrannte Erde, dicht	0,8
» » zerstoßen	0,15
Gips, angemacht und lufttrocken	0,37 bis 0,5
Gipsdiele	0,2 bis 0,4
Glas	0,3 bis 1,0 (gewöhnl. ca. 0,6)
Quarzglas	1,2 bis 1,6
Gneis	2,9 bis 3,3
Granit	2,7 bis 3,5
Hochofenschlacke	0,15
Hohlziegelmauerwerk je nach Ausführung	0,2 bis 0,3
Holz: Eichenholz quer zur Faser	0,13 bis 0,21
Kiefernholz quer zur Faser	0,13
Tannenholz quer zur Faser	0,093
Sägespäne	0,045 bis 0,7
Holzasche	0,06
Holzkohlenpulver	0,08
Holzzement	0,60

Feste Stoffe außer Metallen (Forts.)	Wärmeleitzahl λ
Kalksandstein, feinkörnig	0,6
» grobkörnig.	0,85
Kalkstein	0,5 bis 2,0
Karton	s. Pappe
Kautschuk	0,17 bis 0,3
Kesselstein	1,1 bis 2,8
Kies, lose	0,3
Kiesbeton	0,70
Koks, dicht	5,0
» zerstoßen (Pulver)	0,16
Kreide	0,8
Kreidenpulver	0,09
Leder, Rindsleder	0,15
Lehmstampfmauer	0,82
Linoleum	0,16
Magnesiafabrikat, loses, zur Herstellung feuerfester Steine nach Rinsum (Z. d. V. d. I., 6. und 20. Juni 1908) bei 50° = 0,044, 100° = 0,049, 300° = 0,072	
Marmor	1,1 bis 3,0
Maschinenziegel	s. Backstein
Nagelfluh	2,0
Papier, je nach Qualität	0,034 bis 0,11
Pappe.	0,12 bis 0,16
Porzellan	0,9
Putz	0,3 bis 0,7
Rabitz	0,50
Sand, trocken	0,28
» feucht	0,98
Quarzsand, sehr fein gesiebt und getrocknet	0,09
Sandstein	1,1 bis 1,6
Schamotte (γ = 1,7 bis 2,0)	0,3—1,0, bei hohen Temper. bis 1,9
Schamottemehl (γ = 1,24)	0,38
Schiefer je nach Qualität senkrecht zur Schichtung	0,29 bis 1,7
Schilfbretter	0,35 bis 0,4
Schlackenauffüllung	0,13 bis 0,3
Schlackenstein (Schlackenbeton)	0,19 bis 0,4
Schlackenwolle	0,04 bis 0,08
Speckstein (γ = 2,77 bis 2,91)	2,3 bis 2,9
Specksteinmehl (γ = 1,08)	0,25
Schwemmstein aus Bimskies und Zement.	0,11 bis 0,2
Steinkohle	0,12
Ton, feuerfest	0,8 bis 1,3
Verputz (Mörtel)	0,3 bis 0,7
Welton-Bauplatten	0,12 bis 0,15
Zementstein	0,55
Zementbeton	0,55 bis 1,2
Zementschwemmstein	0,1 bis 0,2
Zementholz	0,15
Ziegelmauerwerk, trocken	0,35 bis 0,45
Ziegelmauerwerk bei Gebäuden (nach Rietschel)	0,69
Ziegelmauerwerk feucht	bis 0,8

Isolierstoffe.

	spez. Gew. kg/m³	nach	λ bei				
			−200°	−150°	−100°	−50°	± 0° C
Asbest	702	Gröber	0,134	0,183	0,190	0,196	0,201
»	470	»	0,071	0,100	0,117	0,127	0,133
Baumwolle	8	»	0,0276	0,0328	0,0380	0,0432	0,0484
Seide	100	»	0,0215	0,0269	0,0323	0,0377	0,0432

	spez. Gew. kg/m³	nach	0°	+100°	+200°	+300°	+400°
Asbest	576	Nusselt	0,130	0,167	0,180		0,192
Baumwolle	81	»	0,047	0,059			
Seide	101	»	0,038	0,051			
Seidenstoff	147	»	0,039	0,052			
Schafwolle	136	»	0,033	0,050			
Korkmehl	161	»	0,031	0,048			
Korkschrot	85	»	0,040	0,057			
Isolierkomposition lose	405	»	0,060	0,076	0,081		
dieselbe mit Wasser angerührt u. getrocknet	690	»			0,120 bei 220°		
Kieselgur lose	350	»	0,052	0,066	0,074	0,078	
dieselbe mit Wasser angerührt u. getrocknet	580	»		0,083 bei 150°		0,123 bei 350°	
gebrannte Kieselgurformsteine für Heißdampfleitungen	200	»	0,064	0,078	0,092	0,106	0,120

	spez. Gew. kg/m³	nach	Temperaturbereich °C	λ
Rheinischer Bimskies	292	Nusselt	20—65	0,20
Hochofenschaumschlacke	360	»	25—128	0,095
Hochofenschaumschlackenbeton	550	»	50	0,19
Torfmull	195	»	23—36	0,070
»	160	»	20—40	0,055
Korkstein (asphaltiert)	200¹)	»	10—57	0,061
Sägemehl	215	»	20—136	0,055
Blätterholzkohle	190	»	20—80	0,056

	λ
Filz	0,032
Flaum	0,040
Flaschenkork	0,260
Haarwolle, Schafwolle, gereinigt	0,03
Haarwolle, Schafwolle, etwas fettig	0,066
Holzfilz, dunkelgrau	0,055
Holzfilz-Isolierplatten	0,045—0,07

¹) Das spezifische Gewicht des Originalkorksteins ist 0,28 bis 0,3, von imprägniertem Korkstein 0,25 bis 0,4, je nach dem Zweck der Verwendung.

Isolierstoffe.

Korkplatten, je nach Art und Bindemittel		0,03—0,05 (u.U.bis 0,09)
Schlackenwolle		0,04—0,08
Torf, lose		0,042
Fasertorfplatten		0,034—0,07 (u.U.bis 0,15)
Sägespäne, Sägemehl und Hobelspäne		0,045—0,075

Flüssigkeiten (ruhend).

Alkohol	0,18
Glyzerin	0,25
Kochsalzlösung ($\gamma = 1,178$)	0,14
Maschinenöle	0,1—0,15
Olivenöl	0,15 bis 0,49
Petroleum	0,13
Teer	0,12
Wasser	0,5

Gase und Dämpfe (ruhend).

Wasserstoff	0,14

ruhende Luft 0,01894 $(1 + 0,00228\ t)$
Wasserdampf 0,01405 $(1 + 0,00369\ t)$

$t =$	0	100	200	300	400
Luft =	0,01894	0,0233	0,0276	0,0319	0,0362
Wasserdampf	0,01405	0,0192	0,0244	0,0296	0,0348

Näher auf diese Berechnungen einzutreten ist hier nicht der Ort, dagegen muß noch darauf hingewiesen werden, daß die Wärmedurchgangszahl k einer bestimmten Mauerkonstruktion außer durch die bisher genannten Faktoren in hohem Maße auch durch die Sorgfalt der Bauausführung bestimmt ist. Bei gefugten Mauern z. B. kann sie infolge nachlässigem Ausfugen und dadurch ermöglichter starker Luftzirkulation zwischen den geheizten Räumen und der Außenluft, wesentlich höher ausfallen. Aber auch der Mörtel an und für sich kann die Wärmeleitfähigkeit steigern, sofern seine Wärmeleitzahl diejenigen der verwendeten Baustoffe übersteigt. Dieser Umstand fällt um so mehr ins Gewicht, je größer der Mörtelanteil am gesamten Mauervolumen ist. Mörtel und Verputz haben je nach Beschaffenheit eine Wärmedurchgangszahl von 0,3 bis 0,68, reiner Portlandzementmörtel von 0,29 bis 0,46, Gipsmörtel von 0,3. So ist z. B. die Wärmeleitzahl von Zementschwemmsteinen 0,1 bis 0,2, dagegen für eine Mauer aus demselben Material mit Kalkmörtel vermauert und beiderseits verputzt, 27 cm stark, 2,4 Monate alt, 3,8 Vol.-% Wasserverlust seit der Herstellung $\lambda = 0,44$;

4,3 Monate alt, 4,5 Vol.-% Wasserverlust seit der Herstellung $\lambda = 0,4$ (nach Schmidt und Großmann).

Daraus geht hervor, daß den Wärmedurchgangsberechnungen nur bedingte Genauigkeit zukommt und auch an einer Wand direkt fest-gestellte Veruchsresultate keinen Anspruch auf allgemeine Gültigkeit machen können, weil eben bei den Bauausführungen stets eine Menge unkontrollierbarer Einflüsse der verschiedensten Art mitspielen[1]). Ander-seits ergeben sich aber doch, wenn die Berechnungen auf der gleichen Basis und unter Verwendung der nämlichen Wärmeleitzahlen durchgeführt werden, wertvolle relative Vergleichszahlen und damit Anhaltspunkte für die in der Praxis vorzunehmenden Wärmebedarfsberechnungen. Unter Abschnitt IX 2 sind die Wärmedurchgangszahlen k für eine größere Zahl von Baukonstruktionen angegeben.

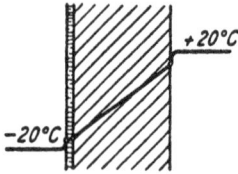

Abb. 141. Temperaturverlauf durch eine 51 cm Backsteinmauer mit 1 cm Putz.

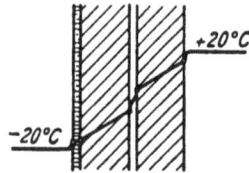

Abb. 142. Temperaturverlauf durch eine Backsteinmauer mit Luftschicht und 1 cm Putz.

5. Temperaturverlauf durch eine Wand.

In gewissen Fällen ist es erwünscht, die sich einstellenden Wand-temperaturen zu kennen. Auf Grund der vorstehend angegebenen Glei-chungen ist dies für den Beharrungszustand leicht möglich, weil die Temperaturunterschiede zwischen Luft und Wand den Werten $\dfrac{1}{a}$ und diejenigen zwischen den Wandoberflächen den Werten $\dfrac{e}{\lambda}$ direkt propor-tional sind.

Handelt es sich z. B. um den Wärmedurchgang aus einem 20°C warmen Raum durch eine 51 cm Backsteinmauer mit 1 cm Putz an —20grädige Außenluft, so wird

$$\frac{1}{k} = \frac{1}{a_1} + \frac{e_1}{\lambda_2} + \frac{e_2}{\lambda_2} + \frac{1}{a_2}$$

$$\frac{1}{k} = \frac{1}{7,9} + \frac{0,51}{0,69} + \frac{0,01}{0,69} + \frac{1}{9,93}$$

---

[1]) Das beweist u. a. auch die Promotionsarbeit: Heiztechnische und hy-gienische Untersuchungen an Einzelöfen und Kleinwohnungen von O. F. Vetter (s. Literaturverzeichnis).

und proportional zu diesen Werten ergeben sich die Temperaturunterschiede zu:

$$= 5,1^0 + 30,2^0 + 0,6^0 + 4,1^0 = 40^0C \text{ (s. Abb. 141)}.$$

Besteht die Mauer aus 1 cm Putz, 25 cm Backstein, 1 cm Luftschicht
und nochmals 25 cm Backstein, so wird:

$$\frac{1}{k} = \frac{1}{7,9} + \frac{0,25}{0,69} + \frac{1}{7,9} + \frac{1}{7,9} + \frac{0,25}{0,69} + \frac{0,01}{0,69} + \frac{1}{9,93}$$

Die entsprechenden Temperaturen sind:

$$= 4,0^0 + 11,9^0 + 4,2^0 + 4,2^0 + 11,9^0 + 0,5^0 + 3,3^0 = 40^0 \text{ C (siehe Abb. 142)}.$$

6. Wärmebedarf der Räume während der Anheizzeit.

Das Aufheizen von Räumen erfordert bedeutend mehr Wärme pro
Stunde als das Warmhalten, weil die Wärme in höherem Maße von
der Raumluft an die Umfassungswände abgegeben wird. Außerdem
kommt hinzu, daß etwaige Pfeiler, Mobiliar usw. ebenfalls anzuwärmen
sind. Um ein ausgekühltes Gebäude, z. B. ein Winterhotel, das bis
gegen Ende Dezember, oder ein freistehendes Einfamilienhaus, das im
Winter einige Wochen lang nicht bewohnt worden ist, zu durchwärmen,
braucht es daher außerordentlich viel Brennmaterial. Für die Wirtschaftlichkeit einer Heizung ist der Betrieb im Beharrungszustand
maßgebend, für die Berechnung der Heizkörper und Kessel die Anheizzeit.

Über die Wärmeaufnahmefähigkeit einiger Baustoffe orientiert
Zahlentafel 34.

Zahlentafel 34.

Material	spez. Gewicht	spez. Wärme	somit erforderliche Wärme-menge in kcal pro m³ für 1° C Temperaturerhöhung
Ziegelmauerwerk trocken	1,42 — 1,46	0,22	313 — 322
Beton	1,80 — 2,45	0,27	486 — 661
Sandstein	2,2 — 2,5	0,22	484 — 550
Kalkstein	2,46 — 2,84	0,21	518 — 595
Eichenholz	0,69 — 1,03	0,57	393 — 587
Buchenholz	0,62 — 0,83	0,57	354 — 473
Tannenholz	0,35 — 0,75	0,65	227 — 487

Machen die Umfassungswände eines Raumes von 90 m³ Inhalt
ohne Fenster beispielsweise 120 m² aus und ist diese Fläche auf 3 cm
Tiefe um 5° C zu erwärmen, so sind hiezu mindestens

$$120 \cdot 0,03 \cdot 320 \cdot 5 = 5750 \text{ kcal}$$

erforderlich, während im Beharrungszustand, zur Konstanthaltung der
Raumtemperatur, bei —20° C Außentemperatur vielleicht nur etwa

2700 kcal/h nötig sind. Wollte man die Aufwärmung bei —20°C in 2 h vornehmen, so müßte die Heizfläche also etwa doppelt so groß sein, wie wenn sie nur zur Warmhaltung des Raumes dienen soll. Das ergäbe eine allzu teure Anlage. Gewöhnlich geht man mit der Vergrößerung der Heizfläche in Hinsicht auf das Anheizen im Maximum nicht über ⅓ hinaus und rechnet dementsprechend mit einer längeren Anheizzeit oder schreibt ununterbrochenen Betrieb vor.

Rietschel gibt an, daß die Zuschläge Z zu den im Beharrungszustand auftretenden Wärmeverlusten zu betragen haben:

a) **für Räume, die täglich, aber mit Betriebsunterbrechung während der Nacht zu heizen sind:**

$$Z = \frac{0{,}0625\,(n-1)\,W_1}{z}$$

b) **für Räume, die nicht täglich zu beheizen sind:**

$$Z = \frac{0{,}1\,W\,(8+z)}{z}$$

wobei bedeuten:

W_1 die stündlich im Beharrungszustand durch Außenwände und Fenster des Raumes verlorengehende Wärmemenge (als Außenwand ist z. B. auch eine Decke anzusehen, die unter dem ungewärmten Dachboden liegt),

W den gesamten stündlichen Wärmeverlust des Raumes im Beharrungszustand,

n die Zeit von Beendigung der täglichen Benutzung des Raumes bis zum Beginn des Anheizens,

z die Anheizdauer in Stunden,

und in den »Regeln« des Verbandes der deutschen Zentralheizungs-Industrie wird angegeben, daß für Anheizen und Betriebsunterbrechung auf die, einschließlich aller andern Zuschläge, ermittelten Wärmeverluste zuzuschlagen seien:

Zahlentafel 35.

1. Für ununterbrochenen Betrieb mit Bedienung auch bei Nacht (mit Rücksicht auf die übliche Betriebseinschränkung bei Nacht) 5%.

2. Für ununterbrochenen Betrieb ohne Bedienung bei Nacht 10%.

3. Für täglich unterbrochenen 13 bis 15 stündigen Heizbetrieb, einschließlich des Anheizens, welches nicht unter 3 Stunden anzunehmen ist 15%.

4. Für täglich unterbrochenen 9- bis 12 stündigen Heizbetrieb, einschließlich des Anheizens wie oben (z. B. für Schulen), 20%.

5. Für den Betrieb nach längeren Unterbrechungen, z. B. in Kirchen mit nur sonntäglicher Beheizung, Festsälen, nicht täglich benützten Hörsälen, Schöffen- und Schwurgerichten, 30%.

Handelt es sich um große Räume (Säle, Kirchen, Hallen usw.), die nur vorübergehend und nur kurze Zeit benützt werden, so verzichtet man überhaupt auf die Erreichung von Beharrungszustand und führt die Wärmebedarfsberechnung nach Rietschel folgendermaßen aus:

7. Wärmebedarf großer Räume (Säle, Kirchen, Hallen usw.), die nur selten und für kurze Zeit benützt werden.

a) wenn die Heizfläche, den Wärmeverlusten entsprechend, gut im Raum verteilt ist:

$$W_\mathrm{I} = \frac{F \cdot k \cdot (t - t_0)}{2} + F_1 \cdot (23 + \frac{5 \cdot (t - t_1)}{z}) \text{ kcal/h}$$

b) bei schlechter Verteilung der Heizfläche und Luftheizung:

$$W_\mathrm{II} = \frac{F \cdot k \cdot (t - t_0)}{2} + F_1 \cdot (40 + \frac{10 \cdot (t - t_1)}{z}) \text{ kcal/h}$$

worin bedeuten:

F Fensterfläche in m²,

F_1 Fläche sämtlicher Umfassungswände, der Decke, des Fußbodens, eventueller Säulen usw., mit Ausnahme der Fenster in m²,

k 5,3 für einfache Fenster, 2,2 für Doppelfenster, 3,5 für Doppelverglasung,

t verlangte Innentemperatur,

t_0 niedrigste für den betr. Ort in Frage kommende Außentemperatur (s. Abschnitt VII 1),

t_1 Anfangstemperatur im Raum beim Anheizen (schätzungsweise zu bestimmen, bei Kirchen z. B. etwa 0° C anzunehmen),

z Anheizdauer in Stunden.

Ob die eine oder andere dieser Formeln oder ein Mittelwert in Frage kommt, hängt auch davon ab, ob es sich um gut, z. B. mit Korkplatten isolierte, oder viel Wärme aufsaugende Wände handelt[1]).

Beispiel:

Es handle sich um eine Kirche mit 2200 m³ lichtem Rauminhalt, ferner $F = 70$ m²; $F_1 = 1000$ m²; $t = 12°$ C; $t_0 = -20°$ C; $t_1 = 0°$ C; $z = 5$,

so wird der Wärmebedarf:

$$W_\mathrm{I} = \frac{70 \cdot 5,3 \cdot 32}{2} + 1000 \cdot (23 + \frac{5 \cdot 12}{5})$$

$$= \quad 6000 \quad + \quad 35\,000 \quad = 41\,000 \text{ kcal/h}$$

---

[1]) Siehe E. Schmidt, Neue Untersuchungen über den Wärmebedarf von Gebäuden im Bericht über den XI. Kongreß für Heizung und Lüftung 1924. R. Oldenbourg, München.

oder pro m³ = rd. 19 kcal/h.

$$W_{II} = \frac{70 \cdot 5{,}3 \cdot 32}{2} + 1000 \cdot (40 + \frac{10 \cdot 12}{5})$$

$$= \quad 6000 \quad + \quad\quad 64\,000 \quad\quad = 70\,000\,\text{kcal/h}$$

oder pro m³ = rd. 32 kcal/h.

Im zweiten Fall wird man eventuell, um nicht gar zu viel Heizfläche aufstellen zu müssen, die Anheizzeit verlängern. Setzt man sie beispielsweise auf 12 h fest, so vermindert sich der stündliche Wärmebedarf auf:

$$6000 \quad + \quad\quad 50\,000 \quad\quad = 56\,000\,\text{kcal/h}$$

oder pro m³ = rd. 25 kcal/h.

Anderseits ist zu beachten, daß kurze Anheizzeiten einen wirtschaftlicheren Betrieb ergeben, weil sich dabei die Mauern weniger tief erwärmen und auch durch die Fenster weniger Wärme abgeleitet wird[1]).

Bei Luftheizung (auch Kanalheizung) und über 12 m hohen Räumen verlangt Rietschel außerdem für jeden weiteren Meter einen Zuschlag von 5% zu den so berechneten Wärmemengen und weist darauf hin, daß die Gleichungen eine gute Bauausführung bzw. gute Erhaltung des Bauwerkes (ganze Fensterscheiben, keine Deckendurchbrüche resp. offene Deckenfugen usw.) zur Voraussetzung haben.

In neuerer Zeit ist der Vorschlag gemacht worden, die beiden Formeln zu verschmelzen und zu schreiben:

$$W = \frac{F \cdot k \cdot (t - t_0)}{2} + F_1 \cdot (30 + \frac{5 \cdot (t - t_1)}{z} \quad \text{kcal/h}$$

---

[1]) Vgl. Hottinger, Das wirtschaftliche Anheizen großer Räume, die selten und nur kurze Zeit benützt werden (Kirchen, Hallen u. dgl.), Gesundh.-Ingen. vom 21. Oktober 1925, S. 593.

Die Schlußfolgerungen des Aufsatzes lauten:

1. Zum Berechnen der Heizanlagen zum Aufheizen großer Räume, die nur selten und kurze Zeit benützt werden, ergibt Formel I von Rietschel an geschützten Orten normalerweise richtige, bei guter Bauausführung reichliche Werte (auch bei Pulsionsluftheizung), während Formel II nur in wenigen Ausnahmefällen in Frage kommt.

2. Um das Anheizen möglichst wirtschaftlich zu gestalten, ist es angezeigt, die Raumwände innen mit einer Isolierschicht zu versehen, welche das Eindringen der Wärme in die Mauern während der Anheiz- und Benützungszeit des Raumes möglichst verhindert.

3. Die Wärmeverluste an die Mauern lassen sich auch wesentlich vermindern durch möglichste Abkürzung der Anheizzeit. Das Verkürzen der Anheizzeit ist bei den verschiedenen in Frage kommenden Heizsystemen durch verschiedene Mittel (hohe Heiztemperaturen, größere Heizflächen, Anwendung leistungsfähiger Ventilatoren zur Luftumwälzung usw.) erreichbar.

oder zu setzen:

$$W = 156\,F + \frac{160\,F_1 + 4\,J}{z}\ \text{kcal/h}$$

J Luftraum der Kirche in m³.

Für die vorstehend betrachtete Kirche würde hiernach der stündliche Wärmebedarf:

$$W = \frac{70 \cdot 5,3 \cdot 32}{2} + 1000 \cdot (30 + \frac{5 \cdot 12}{5})$$

$$=\quad 6000 \quad + \quad 42000^{\cdot} \quad = 48000\,\text{kcal/h}$$

oder pro m³ rd. 22 kcal/h resp.

$$W = 156 \cdot 70 + \frac{160 \cdot 1000 + 4 \cdot 2200}{5}$$

$$=\quad 10900 \quad + \quad 33800 \quad = 44700\,\text{kcal/h}$$

oder pro m³ rd. 20 kcal/h.

Ich bin jedoch der Ansicht, daß diese Formeln nur für direkte und Pulsionsluftheizung Verwendung finden können, während bei Schwerkraft-Luftheizung mit höheren Werten zu rechnen ist. Immerhin ist bekannt, daß die zweite Formel von Rietschel reichliche Werte ergibt, die nur in seltenen Ausnahmefällen in Frage kommen.

Wie bei Kirchen mit elektrischer Fußbankheizung bezüglich Wärmebedarf zu rechnen ist, wurde bereits unter Abschnitt I 4 angegeben. Danach ist für Kirchen von 2200 m³ Inhalt pro m³ Inhalt ein Anschlußwert von im Mittel ca. 0,026 kW erforderlich, was einer stündlichen Wärmezufuhr von 22 kcal/m³ entspricht.

VIII. Beispiel für die Berechnung des maximalen stündlichen Wärmebedarfes W eines Raumes im Beharrungszustand.

Man bestimme den stündlichen Wärmebedarf des in Abb. 143 wiedergegebenen Erdgeschoßwohnraumes unter Zugrundelegung folgender technischer Daten:

Niedrigste Außentemperatur . . . . −20° C
Verlangte Raumtemperatur . . . . +18° C
Die Temperaturen der seitlich liegenden Räume sind im Plan
    eingeschrieben.
Temperatur des unter dem Raum gelegenen Kellerraumes .   0° C
Temperatur des über dem Raum gelegenen Zimmers . . . . +12° C
Die lichten Maße des Raumes sind im Plan eingeschrieben.
Geschoßhöhe inkl. Bodendicke . . . . 3,3 m

Lichte Fenstermaße: Höhe . . . . 1,8 m
          Breite . . . . 1,2 »
Lichte Türmaße: Höhe . . . . 2,3 »
          Breite . . . . 1,0 »
Rolladen zwischen den Fenstern.
Höhe vom Fußboden bis Unterkant Fensterbrett . . . . . 75 cm

Die in Frage kommenden Wärmedurchgangszahlen k sind:

    Äußere Backsteinmauer 51 cm mit Putz und Tapete . $k = 1,1$
    Innere   »   51 » . . . . $k = 1,0$
    »   »   25 » . . . . $k = 1,5$
Decke, Balkenlage mit Koksfüllung, oben Blindboden
   und Parkett, unten geschalt und verputzt . . . . . $k = 0,43$
Boden, Steingewölbe mit Sandfüllung und Holzfuß-
boden . . . . $k = 0,4$
Winterfenster . . . . $k = 2,2$
Innentüre (Fichtenholz 3 cm) . . . . $k = 1,7$

Das Gebäude ist freistehend,
der Ostwind vorherrschend.
Die Himmelsrichtungen sind
auf dem Plan angegeben.

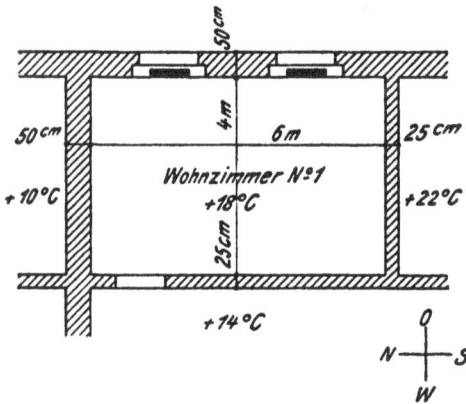

Abb. 143. Plan eines Wohnraumes.

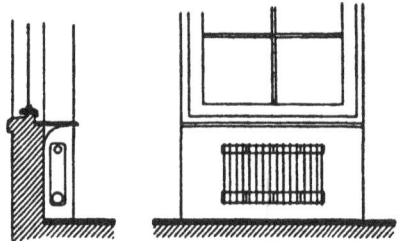

Abb. 144. Detail zu Abb. 143.

Die Heizkörper sollen in den Fensternischen untergebracht werden.

Die Berechnung des stündlichen Wärmebedarfes ist in Zahlentafel 36 wiedergegeben. Er ergibt sich zu 1869 kcal/h bei —20° C Außentemperatur. Somit sind, wenn es sich um Fensternischenheizkörper handelt, bei Warmwasserheizung mit max. 90° C Vorlauf- und 70° C Rücklauftemperatur nach Abschnitt V 2 rd. 4 m² Radiatorheizfläche erforderlich, was bei unverkleideter Aufstellung 8 einschenkelige Elemente à 4 Zeilen, 500 mm hoch, bedingt. Bei Verkleidung ist die Heizfläche nach Abschnitt V 4 um 20% zu vergrößern, d. h. es sind in dem Falle 8 Elemente, 600 mm hoch, erforderlich. Die unverkleidete Anordnung geht aus Abb. 144 hervor.

Zahlentafel 86.

Berechnung des stündlichen Wärmeverlustes.

Bezeichnung und Nummer des Raumes	Länge m	Breite m	Höhe m	Inhalt m³	Bezeichnung	Himmelsrichtung	Länge m	Höhe bezw. Breite m	Fläche m²	Anzahl	abzuziehen m²	in Rechnung gestellt m²	Stärke der Wand m	innen °C	außen °C	Unterschied °C	Wärmedurchgangszahl k	Abgabe kcal/h	Gewinn kcal/h	Zuschläge für	%	kcal/h
Wohnzimmer Nr. 1.	6	4	3	72	DF	O	1,2	1,8	2,2	2		4,4	—	+18	−20	38	2,2	368		Himmelsrichtg Windanfall Rolladen	15 15 10	55 55 37
					AW	O	6,0	3,3	19,8		4,4	15,4	0,51	+18	−20	38	1,1	640		Himmelsrichtg Windanfall	15 15	96 96
					IT		1,0	2,3	2,3			2,3	0,03	+18	+14	4	1,7	16				
					IW		4,0	3,3	13,2			13,2	0,25	+18	+22	−4	1,5		79			
					IW		6,0	3,3	19,8		2,3	17,5	0,25	+18	+14	4	1,5	105				
					IW		4,0	3,3	13,2			13,2	0,51	+18	+10	8	1,0	106				
					D		6,0	4,0	24,0			24,0	0,33	+18	+12	6	0,43	62				
					FB		6,0	4,0	24,0			24,0	0,33	+18	0	18	0,4	173		Erdgeschoß-raum	10	139
																		1470	79			478

Der Wärmeverlust des Raumes beträgt somit: 1470

$$
\begin{aligned}
&\underline{-\;79} \\
&1391 \\
&\underline{+478} \\
&1869 \text{ kcal/h} = \frac{1869}{72} = 26 \text{ kcal/h/m}^3.
\end{aligned}
$$

Wird der Raum täglich, aber mit Betriebsunterbrechung während 12 Nachtstunden geheizt, so ist auf die berechneten 1869 kcal/h laut Abschnitt VII 6 ein Anheizzuschlag zu machen von

$$Z = \frac{0,0625 \cdot (12 - 1) \cdot 1347}{2} = 464 \text{ kcal,}$$

wenn die Anheizzeit $z = 2$ Stunden gesetzt wird. Der Wert 1347 ist die der Zahlentafel 36 entnommene Wärmeabgabe W_1 durch die Fenster und die Außenwand. Der maximale Wärmebedarf ist in dem Falle also 2333 kcal/h.

Bei nicht täglicher Beheizung wird Z nach Abschnitt VII 6 wenn eine vierstündige Anheizzeit angenommen wird,

$$Z = \frac{0,1 \cdot 1869 \cdot (8 + 4)}{4} = 560 \text{ kcal,}$$

der gesamte maximale Wärmebedarf somit 2429 kcal/h.

IX. Wärmesparende Bauweisen.

Um die Betriebsauslagen für Heizung niedrig zu halten, sollen gute Heizanlagen erstellt und muß sparsam geheizt werden. Damit allein ist es aber nicht getan. Der Architekt kann bei der Ausarbeitung des Lageplanes, der Grundrißeinteilung und Wahl der Baukonstruktionen ebenfalls dazu beitragen.

Wer wirtschaftlich bauen will, hat auf diese Punkte zu achten, denn die Auslagen für Brennmaterial bilden einen nicht unwesentlichen Betrag des Haushaltungsbudgets. Auch ist zu beachten, daß ein der Sonne ausgesetztes und leicht warm zu haltendes Haus weniger Reparaturen erfordert, als wenn es infolge ungenügender Durchwärmung feucht ist.

1. Lageplan und Grundrißeinteilung.

Bei der Wahl des Bauplatzes kann oft, ohne Hintansetzung der in erster Linie zu berücksichtigenden Erwägungen, einer geschützten Lage des Gebäudes der Vorzug gegeben werden.

Nach Süden oder Südwesten geneigtes Terrain eignet sich zur Bebauung besonders gut, weil es der Sonne ausgesetzt und gegen die kalten Nord- und Ostwinde geschützt ist.

Bei ebenem Boden ist Straßenführung in Nordsüd- oder Nordsüdwestrichtung (s. Abb. 145) zweckmäßig, weil dann die eine Gebäudeseite Mittag- und Abend- oder Morgensonne, die andere Morgen- oder Abendsonne erhält. Nach Norden und Nordosten gelegene Zimmer, die nie oder nur am Morgen kurze Zeit von der Sonne getroffen werden, erfordern erfahrungsgemäß mehr Brennmaterial und sind trotzdem »frostig«. Der Ausdruck ist für die Übergangszeiten besonders zutreffend, wenn es in den durchsonnten Zimmern, selbst ohne Heizung, angenehm warm und freundlich ist, während sich auf der Nordseite, trotz Heizung, keine Behaglichkeit einstellen will.

In seinem Aufsatz »Berücksichtigung der Wärmewirtschaft beim Plan und der Ausführung des Hausbaues« im Zentralblatt für die gesamte Hygiene, Bd. IX, Heft III, S. 129 bis 138, empfiehlt Prof. Dr. A. Korff-Petersen bei Kleinsiedelungen die Straßenzüge in der Diagonale zwischen den Haupthimmelsrichtungen, Großhäuser in Blockform dagegen mit Nord-Südachsen zu erstellen, weil hierbei das Blockinnere die beste Besonnung erhält.

Einzelhäuser erfordern mehr Heizmaterial als Doppelhäuser, diese mehr als Reihenhäuser.

Bei Reihenhäusern soll womöglich die Schmalseite quer zur vorherrschenden Windrichtung gestellt werden. Dem Wind stark ausgesetzte Räume sind besonders schwer zu erwärmen. Wind macht unter Umständen mehr aus als große Kälte. Besonders schwierig gestalten sich die Verhältnisse bei Kälte und Wind.

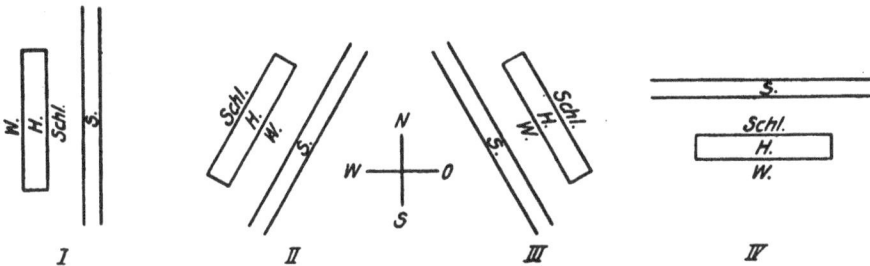

Abb. 145. Verschiedene Lagepläne.

I. Gute Lösung, die Wohnzimmer haben Mittag- und Abendsonne, die Schlafzimmer Morgensonne. II. Gute Lösung (wenn Westwind vorherrschend besser als I), die Wohnzimmre haben Morgen- und Mittagsonne, die Schlafzimmer Abendsonne. III. Weniger günstige Lösung, die Wohnzimmer haben Mittag- und Abendsonne, die Schlafzimmer nur wenig Morgensonne. IV. Ungünstige Lösung, die Wohnzimmer haben nur über Mittag, die Schlafzimmer überhaupt keine Sonne.

Legende:
H Reihenhaus. W Wohnzimmerseite. Schl Schlafzimmerseite. S Straße.

Bezüglich Grundrißeinteilung ist zu beachten, daß die hauptsächlich benützten Zimmer, wie vorstehend erwähnt, nach Süden oder Südwesten und außerdem möglichst in die Mitte des Gebäudes und neben sowie übereinander zu legen sind.

2. Baukonstruktionen.

Bezüglich Wahl des Bauplatzes, sowie Lage- und Grundrißplan des Gebäudes spricht der Bauherr mit; die Bestimmung der anzuwendenden Baukonstruktionen ist Sache des Architekten.

Selbstverständlich müssen die Gebäude in erster Linie dauerhaft erstellt werden, bei genügend Erfahrung ist es aber möglich, mit gleichen oder wenig höheren Kosten gleichzeitig warm zu bauen. Dazu sind vor allem die Mauern des eigentlichen Gebäudekörpers wärmesparend zu erstellen. Die Fußböden und Decken sowie die Bedachung des Hauses verdienen aber ebensoviel Aufmerksamkeit. In jedem beheizten Gebäude steigt ein warmer Luftstrom (durch die Zwischendecken hindurch) hoch, der Wärme abführt. Auch ist zu beachten, daß sich in beheizten Zimmern die höchsten Temperaturen unter den Decken einstellen, somit die Wärmeverluste daselbst am größten sind. Die Geschoßhöhe ist schon aus diesem Grunde, aber auch um die Abkühlungsflächen nicht unnötig zu vergrößern, nicht höher als erforderlich zu machen. Niedere Räume sind leichter heizbar als hohe. Sehr stark kühlen sich bekanntlich Dachkammern mit leichten Decken und Estriche mit leichten Dächern, z. B. aus Latten und darüber gelegten dünnen Ziegeln, aus. Auch die Wärmeableitung durch die Fußböden von Parterreräumen nach unbeheizten Kellern, oder dem direkt darunterliegenden Erdreich, kann besonders groß ausfallen.

Ferner sind Türen, Fenster und Oberlichter gut schließend, zu machen und nicht reichlicher zu bemessen, als aus hygienischen und praktischen Gründen erforderlich, weil die Wärmeabgabe durch sie ebenfalls groß ist. (Die baupolizeilichen Vorschriften fordern oft mehr als nötig.) Während für eine innen und außen verputzte Backsteinmauer von 38 cm Stärke die Wärmedurchgangszahl $k = 1,2$ beträgt, ist sie für einfache Fenster gewöhnlicher Größe $= 5,0$ und für Doppelfenster $= 2,2$. Bei Doppelverglasung liegt der Wert dazwischen, weil die doppelten Glasscheiben weniger Wärme hindurch lassen als einfache, anderseits aber nur einmaliger Rahmenabschluß vorhanden ist. Fenster mit Doppelverglasung verhalten sich daher ungünstiger als Winterfenster und sind auch der schwierigeren Reinigung wegen nicht empfehlenswert. Bei sehr umfangreichen Bauten wie städtischen Schulen, Verwaltungs- und Bankgebäuden kommen jedoch Vorfenster oft nicht in Frage, weil zu ihrer Aufbewahrung im Sommer große Räume erforderlich sind. Auch kommen die Auslagen für Verzinsung, Unterhalt und das jährliche Ein- und Aushängen gewöhnlich bedeutend höher zu stehen als der Brennmaterialmehraufwand bei Doppelverglasung. In solchen Fällen ist daher Doppelverglasung vorzuziehen. Dagegen sind für Wohn- und Bureauräume, Schlafzimmer usw., und in kälteren Gegenden auch für die Nebenräume, Vorfenster dringend zu empfehlen. Einfache Fenster haben außer den großen Wärmeverlusten auch den Nachteil, daß die Scheiben sehr niedere Temperaturen annehmen. Daher, und des nur einmaligen Rahmenabschlusses wegen, treten leicht Zugerscheinungen auf, so daß der dauernde Aufenthalt in ihrer Nähe nicht angenehm ist.

Bei Gebäuden, die starkem Windanfall ausgesetzt sind, ist es vom wärmetechnischen Standpunkt aus vorteilhaft, wenn die Winterfenster nach außen aufgehen, weil sie dann vom Wind in die Fälze gedrückt werden und deshalb besser dichten.

Ferner ist bei Neubauten darauf zu achten, daß die Rolladen womöglich zwischen, nicht außerhalb die Fenster zu liegen kommen, weil hierbei ein besserer Abschluß entsteht.

Für die Hauseingänge empfiehlt sich die Anwendung von Doppeltüren (Windfängen).

a) Umfassungswände.

Besondere Wichtigkeit kommt der Ausführung der Umfassungswände zu. Bis zur zweiten Hälfte des letzten Jahrhunderts erstellte man sie meist aus Bruchsteinen, selten aus Backsteinen. Dann trat eine Änderung ein, indem billige Einfamilienhäuser mit dünnen Backsteinmauern gebaut wurden, die jedoch ungenügend gegen Feuchtigkeit und Wärmeverlust schützten. Die durchgehenden Steine erzeugten inwendig nasse Stellen. In den 70er Jahren ging man dann zu Hohlmauern über, die sich sowohl für Wohnhäuser als Stallgebäude, die der Durchfeuchtung bekanntlich in besonderem Maße ausgesetzt sind, gut bewährten. Weitere Fortschritte wurden gemacht, indem man die äußere Wand der Hohlmauern aus Zement- statt Backsteinen erstellte, um die Durchfeuchtung von außen her noch besser abzuhalten. Ferner begann man den Hohlraum in horizontaler Richtung zu unterteilen. Hierzu können z. B. Eternitplatten in Abständen von je ca. 60 cm angeordnet, Hourdis nach Abb. 151 verwendet oder der Luftspalt mit Schlacke, Asche, Torf oder sonst einem lockeren, gut isolierenden Material ausgefüllt werden. Wie unter Abschnitt VII dargelegt, ist das Unterteilen resp. Auffüllen in wärmetechnischer Beziehung von Wert, weil dadurch die Luftzirkulation vermindert resp. ganz aufgehoben wird.

In neuester Zeit hat das Bauen in Beton einen großen Aufschwung genommen, namentlich seitdem geeignete mechanische Hilfsmittel zur Erstellung von Gußbeton an Stelle des früher gebräuchlichen Stampfbetons auf den Markt gekommen sind, die infolge Einsparung an Arbeitslöhnen und Steigerung der Produktion ermöglichen, billiger und rascher zu bauen.

Eine Verbilligung erreicht man aber auch bei den anderen Bauweisen, z. B. Back- und Bruchsteinmauerwerk, indem man dieses nicht mehr so dick wie früher, sondern nur so stark ausführt, daß es als Tragkonstruktion genügt, und dann, wie bei den Betonmauern, Isolierbeläge anbringt, denen die Aufgabe zufällt, für genügende Wärmeisolation zu sorgen, d. h. die Räume im Winter warm, im Sommer kühl zu halten. Zwischenwände werden zum Teil ausschließlich aus Isolierplatten oder -Steinen erstellt. Auf diese Weise ergeben sich verschiedene Vorteile: niedrigere Baukosten, infolge Einsparung an Material-, Lohn- und Transportauslagen, rascheres Austrocknen der Mauern, Platzersparnis, indem entweder die Außenmaße vermindert oder die Innenräume größer gehalten werden können, geringeres Gewicht, unter Um-

Abb. 146. Anwendungsbeispiele von Korksteinplatten im Hochbau.

Erläuterungen zu Abb. 146.

1. Isolierung des Kellerfußbodens eines Arbeitsraumes gegen aufsteigende Bodenkälte und Bodenfeuchtigkeit. Die Isolierung wird gewöhnlich aus 2 bis 5 cm starken imprägnierten Korksteinplatten, auf Beton mit wasserdichtem Korksteinkitt verlegt, hergestellt. Darüber kommt entweder Dielenboden auf Ripphölzern, Riemenboden in Asphalt oder Zement-, Gips- oder Asphaltbestrich oder Linoleum, letzteres direkt auf gehobelter, mit Sorel-Zement überzogener Korkoberfläche.

2. Korksteingewölbe im Keller zur Isolierung von Fleisch- und Getränkekellern gegen das Eindringen von Wärme aus den Wohnräumen in den Keller; hergestellt gewöhnlich aus einer bis zwei Lagen 6 bis 10 cm starken, luftdicht verlegten, imprägnierten Korksteinen.

Das große Tonnengewölbe soll zugleich eine leichte, wärme- und schallisolierende Gewölbekonstruktion für Kellerwirtschaften usw. illustrieren.

4. Isolierung der Kellerwände. Die Isolierung bezweckt die Abhaltung der Sockelfeuchtigkeit sowie leichtere Heizbarkeit im Winter und erzielt trockene Wohn- und Arbeits-, Lager- und Kühlräume.

3. Korkstein-Linoleumfußboden, Unterlage für Linoleum, bestehend aus 15 bis 60 mm starken, gehobelten Original-Korksteinplatten, in heißflüssigem Fußbodenkitt wasserdicht auf ebenem Beton verlegt. Die zur Aufnahme des Linoleums bestimmte Oberfläche mittels korkhaltigem Sorel-Zement vollkommen fugenlos und eben abgeglättet.

Dieser Fußboden ist in besonderem Grade fußwarm, weich, elastisch und schalldämpfend.

4. Innere Verkleidung der Umfassungsmauern wird besonders an der Wetterseite und bei dünnen Mauern als Schutz gegen Wandfeuchtigkeit und erhöhte Wärmetransmission aus 3 bis 5 cm starkem Originalkorkstein, bei sehr feuchten Mauern aus imprägniertem Korkstein hergestellt.

Die Korksteinisolierung erhält einen 1½ bis 2 cm starken Putz, der auf diesem Material rasch trocknet.

5. Ebener Plafond aus Korkstein an Stelle der Lattung und Rohrung bezweckt eine billige, wärme- und schallisolierende, feuersichere, ebene Decke unter Holzgebälken und Massivdecken aller Art.

6 und 6a. Beidseitige Isolierung einer Riegelwand, mit oder event. ohne Backsteinausriegelung, als Schutz gegen Feuer und Temperatureinflüsse aller Art, mit äußerer 3 bis 4 cm starker Verkleidung von imprägniertem Korkstein und innerer 3 bis 4 cm starker Verkleidung von Originalkorkstein.

Soll die Fachwerkskonstruktion außen sichtbar sein und ist demnach eine äußere Isolierung der Riegelwand nicht angezeigt, so empfiehlt es sich, die innere Isolierung 4 bis 5 cm stark zu machen.

7. Leichte, freitragende und feuersichere Scheidewände, 4 bis 6 cm stark, mit beidseitigem 2 cm starkem Putz. Die Türumrahmung wird vor der Aufmauerung eingestellt und ohne Hilfskonstruktion ummauert.

Wird auf große Schalldämpfung Wert gelegt, so empfiehlt sich eine doppelte Korksteinwand mit, Korkschrot-Zwischenfüllung.

8, 9 und 11. Verkleidung von Dachschrägen. Diese kann je nach Bedeutung der Räume in mannigfaltigster Art ausgeführt werden, durch Verbindung der Dachschrägen mit dem Gebälk zu gebrochenen oder gewölbten Decken, durch Einbau der Decken in den oberen Dachboden usw., so daß gesunde, angenehm bewohnbare und feuersichere Dachwohnungen mit abwechslungsreicher Ausgestaltung eingerichtet werden können, unter voller Ausnützung der unteren Dachschrägen, die sich auch als Erkerausbauten, Wandnischen oder Wandschränke ausbilden lassen.

ständen auch Brennmaterialersparnis beim Heizen, wenn die neue Mauerkonstruktion eine geringere Wärmedurchgangszahl aufweist, als die bisher gebräuchlichen.

Dasselbe gilt auch bei Verwendung von Isolierschichten, z. B. wärmesparenden Linoleumunterlagen, für Zwischenböden, wodurch z. B. die viel Platz erfordernden Koks- oder Schlackenfüllungen gespart werden können.

Eine weitere Möglichkeit ist das Bauen mit neuen Bauelementen, welche die Aufgabe des Tragens und Isolierens gleichzeitig lösen.

Diese Bestrebungen verdienen weitgehendste Aufmerksamkeit[1]), denn es ist selbstvertändlich richtiger, warm zu bauen, statt einen leichten Bau zu erstellen, der eine teure Heizanlage und außerdem viel Heizmaterial erfordert. Im folgenden soll daher auf dieses Gebiet noch etwas näher eingetreten werden.

α) Bauweisen mit Isolierplatten.

Korkplatten.

Über deren Anwendungsmöglichkeiten orientiert Abb. 146. Dieselbe ist, wie auch die dazu gehörenden Erklärungen, einer Schrift der Firma Grünzweig und Hartmann, Ludwigshafen a. Rh.: »Über die Verwendung des Korksteins im Hochbau«, entnommen. Weitere Beispiele sind in den Abb. 147 u. 148 wiedergegeben.

Isoliermittel unter Verwendung von Kork sind schon lange als vorzüglich, sowohl zur Umhüllung von Leitungen, als zum Schutz von Mauern, z. B. von Kühlräumen, bekannt. Die Korkplatten bestehen aus Korkkörnern, die mittels eines Bindemittels zusammengehalten werden. Als solches kann geruchloses Pech dienen, bisweilen werden auch die im Kork enthaltenen harzigen Stoffe benützt. Die Wärmeleitzahl ist um so niedriger, je geringer die zwischen den Korkteilchen verbleibenden Zwischenräume (Gassen) sind und je kleinere Mengen künstlicher Bindemittel zur Anwendung kommen. Ein besonderer Effekt wird erzielt, wenn die mikroskopischen Zellen

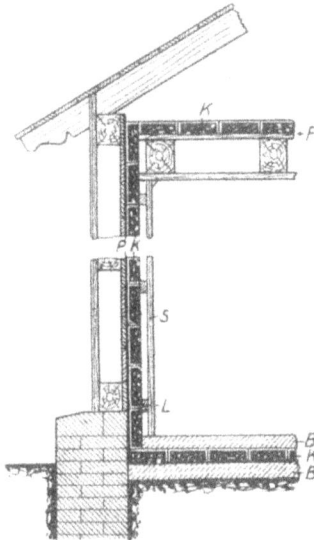

Abb. 147. Riegelbau mit Korkstein-isolierung.
K Korkstein. P Geruchlose Pappe.
L Lattenhölzer. S Schalung. B Beton.

---

[1]) Daß dies u. a. auch in Amerika der Fall ist, zeigt ein Aufsatz von J. Govan in »The Heating and Ventilating Magazine« vom September 1924, S. 47. Der Verfasser bespricht darin 18 verschiedene Bauweisen. S. auch den Aufsatz: »Wärmeschutz im Hochbau« von Wieprecht im Ges.-Jng. vom 15. u. 22. August 1925.

des Korkes durch besondere Behandlung erweitert werden, wodurch der sog. Expansit entsteht. Beim Vollexpansit, der ein noch höheres Stadium der Vervollkommnung darstellt, legen sich die Korkteilchen schwammartig aneinander.

Das spezifische Gewicht der Korkplatten ist sehr gering (ca. 0,18) und die Wärmeleitzahlen liegen normalerweise innerhalb der Grenzen 0,034 bis 0,05 (s. Zahlentafel 25), sie können aber unter Umständen bis auf 0,09 steigen. Nimmt man 0,05 an, so wird die Wärmedurchgangszahl beispielsweise für eine Backsteinmauer (ohne Putz)

Abb. 148. Kellerräume mit Korksteinisolierung.

A Vormauerung als Kältespeicher und zum Schutz gegen mechanische Beschädigung der Isolierung. *B* Verputz. *D* Beton. *K* Korkstein.

Zahlentafel 37.

bei einer Stärke von	m	0,12	0,25	0.38	0,51
mit einem Korkplattenbelag von 3 cm	$k =$	0,99	0,84	0,73	0,64
mit einem Korkplattenbelag von 4 cm	$k =$	0,83	0,72	0,64	0,57
ohne Korkplattenbelag dagegen	$k =$	2,4	1,7	1,3	1,1

Welton-Bauplatten.

Die Herstellung der Welton-Bauplatten erfolgt aus Sägemehl unter Verwendung hydraulischer Bindemittel. Das Normalformat ist 33 auf 50 cm, bei Dicken von 4, 5, 6, 7 und 9 cm. Ihr spezifisches Gewicht beträgt $\gamma = 0,7$ bis 0,75. Einerseits handelt es sich um ein mineralisches Bauelement, welches mit Zement- oder Gipsmörtel organisch abbindet, anderseits weist es holzartige, poröse Struktur auf. Die Welton-Bauplatten sind frei von Chemikalien, wie Säuren und Salzen, tragfest und zufolge der durchgehenden Mineralisierung volumen-, frost-, hitze- und wasserbeständig, trotzdem aber säge- und nagelbar wie Holz. Ihre Farbe ist grau.

Als wärmesparendes Bauelement kommt den Weltonplatten be-besondere Bedeutung bei Scheidewandkonstruktionen, Hintermauerungen und Verschalungen zu. Vielfach werden sie auch an Stelle von Rabitz verwendet.

Scheidewandkonstruktionen werden normalerweise mit 7 bis 9 cm dicken Weltonplatten (an Stelle von 12 bis 16 cm dicken Hohlmauern) ausgeführt. 6 cm Scheidewände müssen zur Erreichung genügender Stabilität gut in geeigneten Widerlagern verspannt werden, damit die Festigkeit der Weltonplatten nicht allzusehr beansprucht wird. Während bei 7 und 9 cm Weltonplatten ein Grundputz erübrigt werden kann und nur ein Kalkabrieb aufzutragen ist, muß bei 6 cm dicken Scheidewänden, zur Erreichung der Stabilität, auch ein Grundputz angebracht werden.

Hintermauerungen. Zur Hintermauerung von Außenwänden aus 25 cm Backsteinen, Kalksandsteinen, Zementhohlblöcken usw., teilweise mit durchgehenden Fugen, werden 4 und 5 cm Weltonplatten verwendet. Dieselben können mit Mörtel direkt auf die Wand aufgezogen werden; in seltenen Fällen findet auch ein Vernageln auf einem Lattenrost statt, wodurch noch eine Luftschicht mit eingebaut werden kann. Diese Verwendungsart kommt bei Kellermauern, Außenwänden von Wohnhäusern und Siedelungsbauten, Mansardenwohnungen, Stallungen usw. zur Anwendung. Z. B. werden für Kellerungen statt 50 nur 30 cm Beton $+$ 5 cm Welton, für Umfassungsmauern statt 38 nur 25 cm Backstein $+$ 5 cm Welton, für Gesimse statt 25 nur 16 cm Backstein $+$ 5 cm Welton angewendet.

Verschalungen. Für Verschalungen werden die Weltonplatten auf Holz vernagelt und erhalten hernach einen Verputz. So ergeben Unterkant-Dachsparren aufgesetzte Lattenröste mit Weltonplattenverschalung gut isolierende Dachräume. Dachschrägen, Stiegenhausverschalungen, Decken usw. werden auf ähnliche Weise erstellt. Auch Riegelbauten können nach diesem Prinzip ausgeführt werden, indem entweder ein normaler Riegelbau mit 15 cm Wandstärke innerhalb eine 5 oder 7 cm starke Weltonplattenverschalung erhält, oder indem die Zellen des Riegelgerüstes nicht ausgemauert werden, sondern außen eine Holz- und innen eine Weltonverschalung erhalten. Dadurch entsteht eine chaletartige Konstruktion. Bisweilen werden die Riegelgerüste sowohl innen als außen mit Weltonplatten verschalt. Bei Ökonomiegebäuden wird auf ähnliche Art nur eine äußere Verschalung angebracht und dadurch ein massives Aussehen der Objekte erzielt. Solche Ausführungen haben sich bei Feuerausbrüchen schon wiederholt bewährt, indem die Welton-Außenverkleidungen der Einwirkung des Feuers standhielten und die Holzriegel schützten.

Des großen Gehaltes an Sägemehl wegen ist die Wärmeleitzahl λ der Weltonplatten gering, nach einem Attest der Eidgen. Techn. Hochschule $= 0,12$ bis $0,15$. Damit berechnet ergeben sich z. B. für die nachstehend aufgeführten Mauer- und Dachkonstruktionen folgende Wärmedurchgangszahlen:

Zahlentafel 88.

Mauerkonstruktion, bestehend aus 2 cm Außenputz, 25 cm Backsteinwand, 1 cm Mörtelfuge, 5 cm Weltonplatte, 1 cm Putz (Gesamtstärke 34 cm)	$k = 1,0$
Dachkonstruktion, bestehend aus Doppelziegeldach, Lattung und Contrelattung je 2,4 cm, Dachpappebelag 2 mm, Dachschalung 1,8 cm, Sparrenlage 12/16 cm, Weltonplatte 5 cm und Deckenputz 1 cm (Gesamtstärke 32,4 cm)	
beim Wärmedurchgang von unten nach oben	$k = 0,7$
» » » oben nach unten	$k = 0,15$
Dachkonstruktion, bestehend aus Doppelziegeldach, Lattung und Contrelattung je 2,4 cm, Eisenbetonplatte 12 cm, Mörtelschicht 1 cm, Weltonplatte 6 cm und Deckenputz 1 cm (Gesamtstärke 28,4 cm)	
beim Wärmedurchgang von unten nach oben	$k = 0,85$
» » » oben nach unten	$k = 0,42$

Holzfilz-Isolierplatten.

Die Holzfilz-Isolierplatten bestehen aus gepreßter Papiermasse und kommt ihnen daher, weil Papier ein schlechter Wärmeleiter ist, hohe Isolierfähigkeit zu. Gut gegen Wärmedurchgang isolierende Stoffe haben auch die Eigenschaft gegen Schallübertragungen und Erschütterungen zu schützen und eignen sich Holzfilz-Isolierplatten daher zur Verkleidung, resp. bei leichten Ausführungen auch direkt zur Erstellung, von Zwischenwänden, Telephonkabinen, Doppeltüren usw. Sie können fourniert, oder überhaupt an Stelle von Sperrholz verwendet werden. Die Hauptverwendungsgebiete betreffen jedoch die Erstellung fußwarmer, schalldämpfender Unterlagböden für Linoleum und Inlaid, das Belegen von Mauern, den Ausbau von Dachzimmern usw.

Die Verkleidung von Dachschrägen geschieht unter Verwendung eines Lattenrostes von 25/25 cm Distanz, eventuell werden zwei Lagen dünner Platten übereinander genagelt in der Weise, daß die zusammenstoßenden Ecken der oberen Platten in den Mitten der unteren zusammentreffen. Ebenso werden Scheidewände unter Zuhilfenahme eines Lattenrostes errichtet, auf den beidseitig dünne Platten aufgenagelt werden. Scheidewände aus Holzfilzplatten ohne Rost besitzen ebenfalls genügend Festigkeit, wenn sie mit Leim verbunden werden, was möglich ist, da sie allseitig rechtwinklig und scharfkantig geschliffen sind. Auf diese Weise entstehen Flächen, die verputzt, benagelt oder direkt tapeziert werden können. Bei Feuchtigkeitsverdacht werden die Platten einseitig, bei Verwendung in Kellern usw. beidseitig imprägniert. Auf Mauerwerk, Verputz, Zement, Beton, Holz usw. lassen sie sich durch Leimen und Nageln anbringen, auch sind sie sägbar wie Holz. Weitere Vorzüge sind das geringe spezifische Gewicht von nur 0,35 und der Umstand, daß mit Holzfilz verkleidete Wände hohe Feuerbeständigkeit aufweisen, indem nur ein langsames Verkohlen, kein Verbrennen des Holzfilzes stattfindet. Auch die Druckfestigkeit ist, nach Untersuchungen der Materialprüfungsanstalt der Eidgen. Techn. Hochschule in Zürich, hoch. In der Praxis hat sich gezeigt, daß schwere Möbel auf mit Holzfilz belegte Fußböden gestellt werden können, ohne daß Eindrücke entstehen. Bei gar zu großem Gewicht sind selbstverständlich, wie bei anderen Unterlagen auch, Leisten unter die Möbelfüße zu legen.

Die Abmessungen der Holzfilz-Isolierplatten sind 50 auf 50 cm, ihre Stärken 10 bis 30 mm.

Die Wärmeleitzahl λ ist 0,045 bis 0,07. Rechnet man mit 0,067, so ergeben sich für die nachstehend aufgeführten Mauer-, Zwischendecken- und Dachkonstruktionen folgende Wärmedurchgangszahlen:

Zahlentafel 39.

Mauerkonstruktion, bestehend aus 2 cm Außenputz, 25 cm Backsteinwand, 1,5 cm Innenputz, 1,2 cm Holzfilz (Gesamtstärke 29,7 cm)	$k = 1,2$
Zwischendecke, bestehend aus 15 cm armiertem Beton, unten 2 cm Verputz, oben 1 cm Holzfilz und 2 mm Linoleum-Inlaid (Gesamtstärke 18,2 cm)	$k = 1,6$
Zwischendecke, bestehend aus 15/21 cm Holzgebälk, oben 2,4 cm Blindboden, 1 cm Holzfilz, 2 mm Linoleum-Inlaid, unter den Balken 2,4 cm Dachlatten, Schilfgewebe mit 2 cm Grund- und Weißputz (Gesamtstärke 29 cm)	
beim Wärmedurchgang von unten nach oben	$k = 0,75$
» » » oben nach unten	$k = 0,16$
Dachverschalung, bestehend aus 2 · 18 mm Dachziegeln, Dachlatten (Gesamtdicke des Luftspaltes 16,2 cm), unter den Balken 2 cm Holzfilz und Tapete (Gesamtstärke 21,8 cm)	
beim Wärmedurchgang von unten nach oben	$k = 1,1$
» » » oben nach unten	$k = 0,25$

Torfoleum.

Als Torfoleum bezeichnet man Platten aus gepreßtem Torf. Sie sind besonders leicht und isolieren vorzüglich, doch ist auf vollkommene Trockenheit zu achten. Beim Naßwerden büßen sie ihre Isolierfähigkeit ein und gehen zugrunde. Der großen Weichheit wegen ist Torfoleum auch wenig widerstandsfähig gegen mechanische Einflüsse und daher (wie auch gegen das Eindringen von Ungeziefer) gut zu schützen.

Die Wärmeleitzahlen von lufttrockenen Torfoleumplatten werden bei 0^0 C zu $\lambda = 0,033$, bei 50^0 C $= 0,041$, von Torfleichtplatten zu 0,05 und von harten Torfplatten und Torfsteinen zu 0,1 bis 0,15 angegeben.

Nimmt man für den Torfbelag $\lambda = 0,08$ an, so wird die Wärmedurchgangszahl beispielsweise für eine Backsteinmauer mit Außenputz und innen 3 cm Torfschicht sowie Innenputz:

Zahlentafel 40.

Bei einer Stärke der Backsteinmauer ohne Putz in m	0,12	0,25	0,38	0,51
$k =$	1,2	1,0	0,85	0,7
ohne Torfbelag dagegen . . . . $k =$	2,2	1,55	1,2	1,0

Gipsdielen.

Man unterscheidet Vollgipsdielen, solche mit Längslöchern (Hohl-gipsdielen) und solche mit Schilfeinlagen (Schilfbretter). Da Gips an und für sich ein verhältnismäßig guter Wärmeleiter ist ($\lambda = 0{,}3$ bis $0{,}5$), so werden ihm bei der Verarbeitung oft schlecht leitende Faserteilchen oder kleine Koksstücke beigemischt. Es wird z. B. angegeben:

Zahlentafel 41.

	Spez. Gew. kg/m³	λ
Für Gipsplatten	1250	0,37
» Voll-Gipsdielen	840	0,22
» Gipsdielen mit zylindrischen Luftkanälen . . .	625	0,22
» Gipsplatten mit eingeschlossenen Korkstücken .	685	0,23
» Gipsplatten mit kleinen Faserteilchen	660	0,12

Über Stärke, Breite, Länge und Gewicht pro m² orientiert Zahlentafel 42.

Zahlentafel 42.

	Stärke cm	Breite cm	Länge cm	Gewicht kg/m²
Voll				
»	2	25	200	ca. 18
»	2½	25	250	» 20
»	3	25	250	» 25
»	4	25	250	» 34
»	5	25	250	» 40
»	6	25	250	» 45
»	7	25	250	» 50
hohl	10	25	250	» 65

Die Gipsdielen mit 2½ bis 7 cm Dicke werden mit gewöhnlicher Nut versehen, außerdem sind die Dielen mit 2, 2½ und 3 cm Stärke auch mit sog. Patentnut erhältlich. Die letztern werden trocken versetzt, worauf man die an den Längs-seiten sich bildenden konischen Nuten mit Gipsmörtel füllt. Dadurch wird ein guter Verband erzielt und treten keine Rißbildungen auf. Der Verputz wird auf diesen Dielen nur in dünner Lage aufgetragen, was rasches Austrocknen zur Folge hat.

Die Gipsdielen finden namentlich Verwendung bei Zwischenböden, Decken in Holz, Beton- und Eisenkonstruktion, bei Dächern, als innere Verkleidung von Außenmauern, zu Ausschalungen, z. B. von Garagen, in Dicken von 5 bis 10 cm auch zur Erstellung leichter Scheidewände. Außerdem eignen sie sich gut für feuersichere Ummantelungen.

Die Wärmedurchgangszahl k wird z. B. für eine Dachkonstruktion, bestehend aus Doppelziegeldach, Lattung und Contrelattung je 24 mm,

Dachpappebelag 2 mm, Dachschalung 1,8 cm, Sparrenlage 12/16 cm, Vollgipsdecke 3 cm, Deckenputz 1 cm (Gesamtstärke 30,4 cm)

beim Wärmedurchgang von unten nach oben . . . $k = 0,95$

» » » oben nach unten . . . $k = 0,16$

Außerdem werden Gipsbausteine hergestellt, hierüber s. S. 199.

β) Bauweisen mit Isolierbelägen.

An Stelle von Platten können auch andere wärmesparende Beläge, wie Rabitz, Schilfgewebe mit Putz usw. verwendet werden.

Rabitz.

In jüngster Zeit sind verschiedene Sonderausführungen auf den Markt gelangt, so z. B. die in der Schweiz unter dem Namen Lotzwiler-Rabitz bekannte Art, wobei das Drahtgeflecht von kleinen Tonziegeln umgeben ist, ferner der Reform-Rabitz. Auf diesen soll nachstehend etwas näher eingetreten werden. Er besteht aus einem Flachdrahtgewebe, dessen Längsdrähte mit Pflanzenfasern umsponnen werden, worauf es in ein Bad von reinstem Naturbitumen (Naturasphalt) getaucht und gesandet wird. Dadurch entsteht gute Adhäsion des Putzmörtels, sei es Kalk-, Gips- oder Zementputz.

Das Bitumen trotzt den Witterungseinflüssen, ist gegen Feuchtigkeit unempfindlich, weist überhaupt hohe Widerstandskraft gegen chemische und physikalische Einwirkungen auf, so daß keine Durchrostungen des Drahtes zu befürchten sind. Auch ein Absplittern der Schicht beim Biegen, wodurch der blanke Draht zum Vorschein käme, findet nicht statt. Weiter ist von Vorteil, daß der Draht seine ursprüngliche Festigkeit behält, da er nicht gebrannt wird, weshalb er stark gespannt werden kann, ohne zu reißen. Diese Eigenschaft ist namentlich bei Zwischendecken wertvoll, indem sich der Reform-Rabitz hier ohne besondere Lattung direkt von Balken zu Balken spannen läßt. Nur auf den Balken selber ist eine Latte erforderlich, um den Verputz durch das Gewebe durchtreten zu lassen. Statt dessen können aber auch Gelenkhaken verwendet werden.

Die Herstellung des Reform-Rabitz erfolgt in Rollen von 10 m Länge und 1 m Breite (Normalrollen). Auf Verlangen werden außerdem Streifen von 10 m Länge und je nach Wunsch 15, 20, 25, 33, 50, 60 oder 80 cm Breite hergestellt. Das Eigengewicht pro Normalrolle von 10 m² beträgt 18 kg, die Zugfestigkeit der meterbreiten Bahn kann mit 2500 kg angenommen werden.

Der Verbrauch an Putzmörtel ist, der ebenen Spannungsmöglichkeit wegen, gering und es lassen sich, selbst bei schwachem Auftrag, absolut rißfreie Flächen erzielen.

Reform-Rabitz eignet sich für Außen- und Innenverputz, Verkleidung von Holz- und Eisenbalken, Ummantelung von Säulen, Decken, Gewölben und Dachuntersichten. Fachwerk, beidseitig mit Reform-Rabitz überzogen und mit einer isolierenden Füllung versehen, gibt gute Umfassungswände für leichte Bauten.

Die Wärmeleitzahl des Rabitz ist ungefähr gleich anzusetzen wie diejenige von Verputz und Mörtel, d. h. je nachdem zu 0,3 bis 0,68.

Rechnet man mit 0,6, so ergeben sich für die nachstehend aufgeführten Konstruktionen folgende Wärmedurchgangszahlen:

Zahlentafel 43.

Einfache Reform-Rabitz-Innenwand mit Gipsmörtel, 3 cm dick . .	$k = 3,3$
» » » » » 6 » » . .	$k = 2,8$
Doppelwand, je 3 cm Reform-Rabitz mit Gipsmörtel und dazwischen 3 cm Luftspalt (Gesamtstärke 9 cm)	$k = 1,7$
Zwischendecke, bestehend aus 15/21 cm Holzgebälk, oben 2,4 cm Blindboden und 2,4 cm eichenes Parkett, zwischen den Balken 10,5 cm Schlackenfüllung, 2,4 cm Schrägboden, Luftschicht, unter den Balken Lattung und 1,5 cm Reform-Rabitz mit Gipsputz (Gesamtstärke 29,7 cm)	
beim Wärmedurchgang von unten nach oben	$k = 0,51$
» » » oben nach unten	$k = 0,24$

Schilfrohrgewebe mit Putz.

Zur Herstellung von Schilfrohrgeweben wird Schilfrohr mit galvanisiertem Eisendraht von 1 mm Dicke gebunden. Die Lieferung erfolgt normalerweise in Rollen von je 10 m² und in Schilflängen von 150, 180, 200, 220 und 250 cm. Der m² wiegt ca. 1,2 kg.

Die Schilfrohrgewebe finden hauptsächlich Verwendung für Gipsdecken unter Holzbalken, freihängende Decken unter Beton, Verkleidungen von Wänden, Treppenuntersichten und Dachvorsprüngen, Ummantelungen eiserner Träger, als Einlagen für Linoleum-Unterlagsböden, Gips- und andere Gußböden, sowie zum Schutz gegen Sonnenhitze und Hagelschlag bei Treibhäusern usw.

Zur Herstellung von Gipsdecken werden die Matten mit Drahtspannung an die Holzbalken oder Lattenroste derart befestigt, daß das Schilfrohrgewebe elastisch bleibt, was ein nennenswerter Vorzug ist.

Auch als Ersatz von Rabitz kommt Schilfrohrgewebe in gewissen Fällen in Frage, wobei in Abständen von 40 bis 50 cm Gipslatten auf die einzukleidende Holzkonstruktion genagelt werden. Dadurch erhält das Gewebe etwas Abstand vom Holz, so daß der Mörtel die Schilfrohre von allen Seiten fest umgeben kann. Diese Ausführung weist höchstens 3 cm Dicke auf.

Die Schilfrohr-Gipsdecken sind solid und dank der Hohlräume gut gegen Wärme, Kälte und Schall isolierend. Auch Feuchtigkeit und Feuer halten sie bis zu einem gewissen Grade ab. An Orten, wo mechanische Beschädigungen zu fürchten sind, kann an Stelle von Gips auch Kalk oder Zement verwendet werden.

Für die nachstehend bezeichneten Wand- und Zwischendeckenkonstruktionen sind die Wärmedurchgangszahlen:

Zahlentafel 44.

Mauerkonstruktion, bestehend aus 2 cm Außenputz, 25 cm Backsteinwand, 2,4 cm Luftspalt, 2 cm Schilfgewebe mit Gipsbewurf (Gesamtstärke 31,4 cm)	$k = 0,8$
Zwischendecke, bestehend aus 15/21 cm Holzgebälk, oben 2,4 cm Blindboden und 2,4 cm eichenes Parkett, zwischen den Balken 10,5 cm Schlackenfüllung, 2,4 cm Schrägboden, Luftschicht, unter den Balken Lattung und 2 cm Schilfgewebe mit Gipsbewurf (Gesamtstärke 30,2 cm)	
beim Wärmedurchgang von unten nach oben	$k = 0,44$
» » » oben nach unten	$k = 0,22$
Zwischendecke, bestehend aus 10 cm armiertem Beton, darüber 2 cm Gips-Glattstrich, 2 mm Filzunterlage und 2 mm Linoleum-Inlaid, darunter 15 cm Luftschicht, Lattung und 2 cm Schilfgewebe mit Gipsbewurf (Gesamtstärke 29,4 cm)	
beim Wärmedurchgang von unten nach oben	$k = 1,0$
» » » oben nach unten	$k = 0,26$

S. auch Zahlentafel 39.

Ob die genannten und ähnlichen Isolierschichten innen oder außen an den Mauern anzubringen sind, hängt vom Zweck der Isolierung ab.

Will man durch den Belag den Wärmeaufwand zum Anheizen, beispielsweise von selten und nur vorübergehend benützten Räumen, klein halten, so ist Anbringung auf der Innenseite am Platz. Dabei ist nicht zu vergessen, daß die Beschaffenheit der inneren Wandoberflächen von wesentlichem Einfluß auch auf das Wärmegefühl ist. In Räumen, deren Wände die Wärme gut ableiten, friert man leichter, als wenn die Wandoberflächen schlechtleitend und daher wärmer sind. Marmor hat eine Wärmeleitzahl von 1,1—3,0, Glas von 0,6, Beton von 0,25 bis 1,0, während die entsprechenden Werte für Papier (Tapeten) 0,034 bis 0,11, Baumwollstoffe (Stofftapeten, Teppiche usw.) 0,05, Korkplatten 0,03 bis 0,06 und Holz (Täfer) 0,1 bis 0,2, Linoleum 0,16 sind. Wichtig ist auch, daß die Wände trocken sind (s. Abschnitt VII 4.

Beläge wie Tapeten, Täfer usw. vermindern auch die Luftdurchlässigkeit und damit den Wärmeverlust zufolge der natürlichen Lüftung. In hygienischer Beziehung ist dies allerdings nicht von Vorteil. Bei Verwendung von stark porösen Belägen und dünnerer Herstellung der Backsteinmauern fällt die Luftdurchlässigkeit (Permeabilität) jedoch oft nicht geringer, sondern größer aus.

Soll das Wärme- oder Kältespeichervermögen der Mauern zur Geltung gebracht werden, so gehören die Isolierschichten außen hin. Dabei muß jedoch ein Material verwendet werden, das den Witterungseinflüssen standhält. Selbst ein wetterbeständiger Putz bietet nicht immer genügend Gewähr gegen das Eindringen von Wasser und dem dadurch bedingten Auseinandertreiben darunterliegender poröser Schichten beim Gefrieren (s. Abschnitt VII 4).

γ) Bauweisen mit wärmesparenden Bausteinen und Bauelementen.

Eine weitere Möglichkeit, die Mauern wärmesparend zu erstellen, besteht in der Verwendung isolierender Bausteine und Bauelemente, beispielsweise von gelochten Schlackensteinen, Gipsbausteinen, Ton-, Beton- und Schlackenbeton-Hohlsteinen, Gasbeton, Hourdis, Marssteinen usw., die zum Teil ausschließlich, zum Teil in Verbindung mit Back-, Zement-, Kalksandsteinen, Betonmauern usw. zur Erstellung von Voll- und Hohlmauern verwendet werden. Auch Holzhäuser lassen sich sehr warm erstellen, weil die Holzwände trocken sind, kleine Wärmedurchgangszahlen und wenig Fugen besitzen, die zudem leicht abgedichtet werden können. Wichtig ist, daß bei dünnen Schalungen die Hohlräume mit einem zweckmäßigen Isoliermaterial, wie Torf, Sand doer magerem Lehm usw., locker ausgefüllt werden.

Gewisse Bauelemente werden auch als Formstücke zur bequemen Herstellung von Eckverbänden, Leibungen usw. geliefert. Das Bestreben der Erfinder ist darauf gerichtet, dadurch billigeres Mauerwerk, bei gleicher oder besserer Isolierfähigkeit, als mit den bisherigen Hilfsmitteln zu erstellen. Als Vorzüge werden genannt: Material-, Mörtel- und Transportersparnisse, sowie geringere Auslagen für Arbeitslöhne infolge einfacherer Handhabung. Selbstverständlich ist der Preis auch davon abhängig, ob und wie diese Systemsteine fabrikmäßig hergestellt werden. Die gemachten Vorschläge sind nicht alle als Fortschritte zu bezeichnen, einzelne der Konstruktionen sind auch zu kompliziert.

Schlackensteine.

Die Schlackensteine werden maschinell aus vollständig ausgebrannten, gemahlenen und mit Portlandzement gebundenen Schlacken hergestellt. Sie weisen eine Druckfestigkeit von etwa 80 kg/cm² auf. Normalerweise sind sie 66 cm lang, 33 cm hoch und 6, 8, 10, 12 oder 15 cm stark. Sie eignen sich für alle Hochbauten, insbesondere für Doppelmauerwerk und als Hintermauerungssteine, ferner für Zwischenwände und zur Dachflächenisolation. Als Beispiele sei auf die Abb. 149 a und d verwiesen. Sie sind nagelbar und feuersicher. Die starke Porosität der Schlackensteine erleichtert das Austrocknen der Mauern, begünstigt die natürliche Ventilation und bedingt die niedere Leitzahl von 0,19 bis 0,4 sowie die geringe Schallleitung. Sandzusatz zum Herstellungsmaterial beeinträchtigt die genannten guten Eigenschaften. Selbstverständlich ist auch dafür zu sorgen, daß sich die Poren nicht mit Wasser füllen.

Gipsbausteine.

Die aus einer innigen Mischung von Baugips und Sägemehl bestehenden, zum Teil vollen, zum Teil gelochten Gipsbausteine, werden vor allem zur Herstellung von Zwischenwänden benützt. Sie

sind leicht, zäh, nagelbar, in hohem Maße feuersicher und schalldämpfend.

Über Abmessungen und Gewichte gibt Zahlentafel 45 Aufschluß.

Zahlentafel 45.

Abmessungen in cm	Beschaffenheit	Erforderliche Stückzahl pro m³	Gewicht pro m² kg
10 · 12 · 25	hohl	33	ca. 69
10 · 12 · 25	voll	33	» 82,5
5 · 20 · 33	»	15	» 45
7 · 20 · 33	»	15	» 55
10 · 20 · 33	hohl	15	» 65
10 · 20 · 33	voll	15	» 83
12 · 20 · 33	hohl	15	» 75
14 · 20 · 33	»	15	» 83

Die Gipssteine werden im Verband in Gipsmörtel aufgesetzt und hierauf mit
Gips verputzt. Da sie schon an und für sich eine glatte Wandoberfläche ergeben,
kann der Verputz sehr geringe Dicke aufweisen. Solche Wände sind standfest
und leicht, deshalb beliebig auf das Gebälk bzw. den Blindboden aufstellbar, ohne
daß eine andere Unterstützung nötig wäre. Sie können auch jeglicher Holzeinfassung
entbehren und sind daher dem Reißen nicht unterworfen, eignen sich aber auch
zum Ausmauern von Holz- und Eisenfachwerk.

Baustoffe mit künstlich hergestellten Poren.

Bekanntlich haben porige Natursteine, wie z. B. Bimskies, kleine
Wärmeleitzahlen, weshalb man schon seit längerer Zeit versuchte, solch
porige Steine auch auf künstlichem Wege herzustellen. So entstanden
beispielsweise die Schlackensteine, der Schlackenbeton, die Kunst-
tuffsteine usw.

In jüngster Zeit wird in Schweden poröser Beton, sogenannter
»Gasbeton« hergestellt. Er besteht aus einem Gemisch von Zement
(gewöhnlich 40 Gewichtsteilen), Schieferkalk (60 Gewichtsteilen) und
einem geringen Zusatz von Aluminiumpulver, das beim Verrühren mit
dem Kalk ein Gas entwickelt, wodurch die Masse aufschäumt und
porig wird. Der Grad der Porosität ist bei obigem Mischungsverhältnis
75%, das Raumgewicht 700 kg/m³. Gasbeton ist nagel-, säge- und
hobelbar. Er wird sowohl in Platten- (50 × 25 cm bei verschiedenen
Dicken) als in Steinform hergestellt.

Zufolge der gleichmäßigen Stärke der Platten ist bei der Erstellung von Wänden
ein Verputz nicht erforderlich, sorgfältiges Aufeinandersetzen und Auskitten der
Fugen genügt für das Aufkleben der Tapeten. Solche Wände erfordern keine lange
Austrocknungszeit, sind billig, weisen dagegen nicht dieselbe Festigkeit wie gewöhnliche Beton-Wände auf. Der Stockholmer Bauausschuß hat folgende Bestimmungen
aufgestellt: 1. Der Beton soll eine an einer 28 tägigen Würfelprobe festgestellte

Festigkeit von 25 kg/cm² bei einem Raumgewicht von ungefähr 700 kg/m³ besitzen. 2. Mauerwerk aus Gasbeton darf nur als Bekleidung für Traggerippe oder zu selbsttragenden oder nur mäßig belasteten Wänden verwendet werden, wobei die Beanspruchung von 3 kg/cm² nicht überschritten werden darf. 3. Außenwände aus Gasbeton sollen bei einem Baustoff von 700 kg/m³ Raumgewicht mindestens 15 cm Stärke haben und bei schwererem Baustoff eine weitere Verstärkung, die dessen geringerem Wärmeisolierungsvermögen entspricht. 4. An der Maueraußenseite angewendeter Gasbeton soll mit einem entsprechenden Verputz versehen werden. 5. Gasbeton darf zum Mauern von Rauchkanälen, die von Heizstellen ausgehen, nicht verwendet werden.

Auch anderorts versucht man poröse Baustoffe herzustellen und in die Praxis einzuführen. So hat der Kopenhagener Erik Christian Bayer in den Niederlanden Patente angemeldet, die auf einem Verfahren beruhen, Stoffen, z. B. Zement und Gips, die mit Wasser oder anderen Flüssigkeiten zu einem Gemenge verrührt werden, vor der Formgebung schaumbildende Stoffe beizufügen. Nach seinen Vorschlägen kann die Zubereitung stattfinden, indem man den schaumbildenden Stoff der Mischflüssigkeit oder dem Gemengsel dieser Flüssigkeiten und des eigentlichen Baustoffs beifügt, worauf die Schaumbildung durch kräftiges Umrühren oder durch Zufuhr von Preßluft oder Kohlensäure erfolgt. Bei der Bereitung großer Mengen kann der Schaum auch in besondern Maschinen gebildet und von dort aus der Mischmaschine zugeleitet werden.

Zahlentafel 46. Außenmauern.

aus Backsteinen:					
Mauerstärke ohne Putz in m = ...	0,12	0,25	0,38	0,51	1,03
k ohne Putz = ...	2,4	1,7	1,3	1,1	0,6 [1]
k bei beidseitig 20 mm Putz = ...	2,2	1,55	1,2	1,0	0,55
aus Sandstein:					
Mauerstärke ohne Putz in m = ...	0,3	0,4	0,5	0,6	1,0
k = ...	2,1	1,8	1,6	1,4	1,0 [1]
aus Kalkstein:					
Mauerstärke ohne Putz in m = ...	0,3	0,4	0,5	0,6	1,0
k = ...	2,5	2,2	2,0	1,8	1,3 [1]
aus Stampfbeton:					
Mauerstärke ohne Putz in m = ...	0,05	0,1	0,15	0,2	0,3
k = ...	3,4	2,7	2,3	2,0	1,5 [1]

Als schaumbildende Stoffe können verschiedene Arten Pflanzenschleim, wie z. B. das aus Seegras gewonnene sog. »Tangine«, verwendet werden. Durch Zuführung von Gelatine oder Formaldehyd kann die

---

[1] Entnommen aus Rietschel, Leitfaden zum Berechnen und Entwerfen von Lüftungs- und Heizungsanlagen.

Haltbarkeit des Schaumes erhöht werden. Die benötigten Mengen dieser Stoffe sind sehr klein, so daß das Verfahren wenig Kosten verursacht. Einen besonders starken, haltbaren und mit betonbildenden Stoffen leicht vermischbaren Schaum sollen lösliche Seifen, wie Harznatron- und Harzkali-Seife ergeben.

Des weitern stellt man auch poröse Backsteine her. Ein Beispiel hierfür sind die weiter unten erwähnten Marssteine.

In den Zahlentafeln 46 bis 48 sind verschiedene k-Werte wieder-gegeben, die einen Vergleich zwischen den bisher gebräuchlichen und einigen neueren Bau-Konstruktionen ermöglichen. Die Werte sind an verschiedenen Orten berechnet werden. Sie beziehen sich auf sorgfältige Bauausführung und trockenen Zustand der Mauern. Weiter hinten sind sodann noch einige weitere wärmesparende Bausteine und Bauweisen besprochen.

Zahlentafel 47.

Riegelmauer:
Putz außen . . . . 2 cm
Backstein (Spezialformat) . . . . 15 » total 19 cm, $k = 1,81$[1]
Putz innen . . . . 2 »

Riegelmauer mit Hochtäfer:
Putz außen . . . . 2 cm
Backstein (Spezialformat) . . . . 15 » total 22 cm, $k = 1,15$[1]
Putz . . . . 1 » (angewendet an der
Hohlraum . . . . 1 » Nordstraße in Zürich)
Hochtäfer . . . . 3 »

Schlackensteinmauer:
Putz außen . . . . 2 cm
Schlackenstein . . . . 25 » total 29 cm, $k = 0,7$[1]
Putz innen . . . . 2 »

Schwemmsteinmauer:
Putz außen . . . . 2 cm
Schwemmstein . . . . 25 » total 29 cm, $k = 0,6$[1]
Putz innen . . . . 2 »

Backsteinmauer mit Schlackensteinisolierung (Abb. 149a):
Putz außen . . . . 2 cm
Backstein . . . . 25 » total 36 cm, $k = 0,83$[1]
Hohlraum . . . . 1 » (angewendet auf dem
Schlackenstein gelocht . . . . 6 » Rebhügel und an der
Putz innen . . . . 2 » Wibichstraße i. Zürich)

Dito mit Korksteinisolierung: $k = 0,57$[1]

Zementsteinmauer mit Schlackensteinisolierung:
Putz außen . . . . 2 cm
Zementstein . . . . 25 »
Hohlraum . . . . 2 » total 37 cm, $k = 0,95$[1]
Schlackenstein gelocht . . . . 6 »
Putz innen . . . . 2 »

---

[1] Entnommen aus Hoch- und Tiefbau vom 30. Oktober 1920. (Die daselbst angegebenen k-Werte sind berechnet vom städt. Heizamt der Stadt Zürich.)

Backsteinmauer aus 25 cm Normal- und 10 cm Hohlsteinen (Abb. 149b):

Putz außen	2 cm	total 39cm, $k = 0,95$[1]
Mauerwerk	35 »	(angewendet an der
Putz innen	2 »	Wibichstraße i. Zürich)

Backsteinhohlmauer:

Putz außen	2 cm	
Backstein	12 »	
Hohlraum	8 »	total 36cm, $k = 1,25$[1]
Backstein	12 »	
Putz innen	2 »	

Backsteinhohlmauer:

Putz außen	2 cm	
Backstein	25 »	
Hohlraum	7 »	total 48cm, $k = 1,05$[1]
Backstein	12 »	
Putz innen	2 »	

Hohlmauer mit Schlackensandisolierung (Abb. 149c):

Putz außen	2 cm	total 36 cm, $k = 1,1$[1]
Kalksandstein	12 »	(angewendet an der
Schlackensand	5 »	Wibichstraße i. Zürich)
Backstein (Spezialformat)	15 »	
Putz innen	2 »	

Schlackengußbausteinwand (Abb. 149d):

Putz außen	2 cm	total 34cm, $k = 0,45$[1]
Schlackenstein	12 »	(angewendet an der
Schlackensandfüllung	5 »	Wibichstraße in
Schlackenstein	15 »	Zürich)

Holzblockbau mit Täfer:

Holzwand	10 cm	
Dachpappe	0,3 »	total 14,2 cm,
Hohlraum	1,5 »	$k = 0,62$[1]
Hochtäfer	2,4 »	

[1] Entnommen aus: Hoch- und Tiefbau vom 30. Oktober 1920. (Die daselbst angegebenen k-Werte sind berechnet vom städt. Heizamt der Stadt Zürich.)

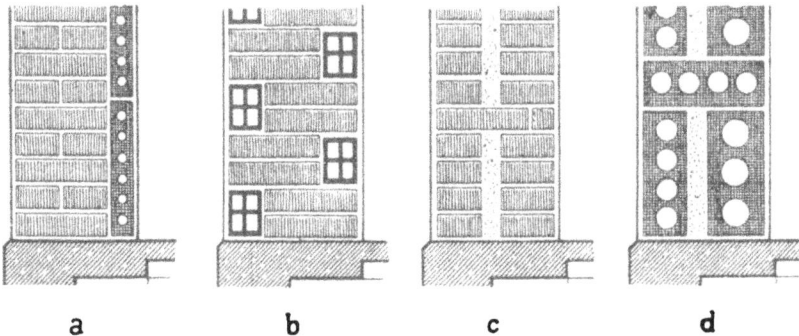

Abb. 149a bis d. Bei den Musterhäusern der Stadt Zürich an der Wibichstraße erprobte Außenmauern.
(Entnommen aus O. F. Vetter: Heiztechnische und hygienische Untersuchungen an Einzelöfen und Kleinwohnungen.)

Einige weitere, sich auf Holzhäuser beziehende k-Werte sind in Abb. 150 und in Zahlentafel 48 zu finden.

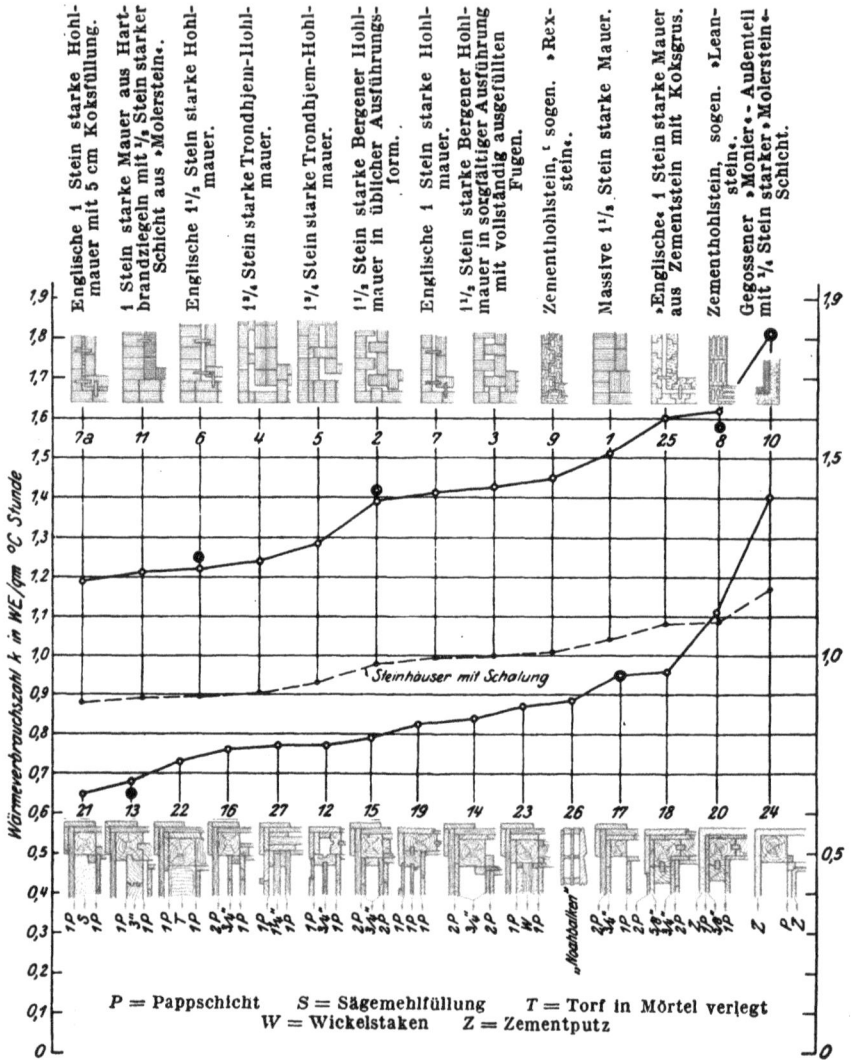

Abb. 150. Ergebnisse von Versuchen für den Bau warmer und billiger Wohnungen, ausgeführt an Versuchshäusern der Norwegischen Technischen Hochschule von Prof. A. Bugge.

Sämtliche Steinhäuser (Ziegelsteine) sind aus »Hartbrandsteinen« (horizontal schraffiert) in der Außenwange und aus »Mittelbrandsteinen« (vertikal schraffiert) in der Innenwange gemauert. Isoliersteine (sog. Molersteine) sind kreuzweise schraffiert.

Sämtliche Holzhäuser außer Nr. 12, 18, 19 und 26 haben außen einzöllige Schalung und innen ¾ zöllige Schalung. Haus Nr. 26 besteht aus zusammengeleimten Hohlraumbalken, sog. »Noahbalken«.

Zahlentafel 48.

	k
Schindelschirm 2 cm, Dachpappe 0,2 cm, Holzschalung 2,4 cm, Luftschicht 3 cm, Strickwand 10 cm, Täfer 2,5 cm, total 20,1 cm . .	0,45
Schindelschirm 1 cm, Dachpappe 0,2 cm, Holzschalung gekämmt 2,4 cm, Luftschicht 3 cm, Holzwand gespundet 6 cm, Luftschicht 3 cm, Täfer 2 cm, total 17,6 cm	0,5
Schindelschirm 1 cm, Dachpappe 0,2 cm, Holzschalung 1,5 cm, Holzwand 6 cm, Holzschalung 1,5 cm, Täfer 1,5 cm, total 11,7 cm .	0,7
Holzverschalung 2 cm, Dachpappe 0,2 cm, Luftschicht 3 cm, längsgelochte Schlackenplatten 6 cm, Luftschicht 3 cm, Täfer 2 cm, total 16,2 cm	0,7

Interessant sind die an Versuchshäusern der Norwegischen Technischen Hochschule von Prof. A. Bugge durchgeführten Versuche für den Bau warmer und billiger Wohnungen, deren Ergebnisse nebst Beiträgen zur Wärmebedarfsberechnung von A. Kolflath, in deutscher Übersetzung von Frhr. Grote 1924 bei Julius Springer erschienen sind (s. Literaturverzeichnis). Abb. 150 ist dem Buch entnommen.

Bei den Isoliermauern System Knobel, Zürich, 25 cm dick, nach Abb. 151, außen und innen Hourdis, dazwischen 100 mm Luftschicht und beidseitig 20 mm Verputz, ist die Wärmedurchgangszahl k inkl. Pfeilern in Abständen von 90 cm, wenn diese bestehen aus:

Betonkörpern mit Luftschicht . . . . $k = 0,76$.

Betonkörpern mit Torfschicht 30 mm und Luftspalten 5 mm . . . . : . . . . $k = 0,60$.

Ziegelhohlkörpern mit Betoneinlage und Schlackenfüllung der Hohlräume . . . . $k = 0,66$.

Diese Mauerkonstruktion findet besonders Verwendung für Industriebauten, speziell für Räume mit feuchtwarmer Luft, Färbereien, Appreturen usw., die zwecks Verhinderung von Wasserniederschlag gut isolierende Umfassungswände erfordern.

Abb. 152 veranschaulicht den Zahnverband System A. Gautschi-Honegger, St. Margrethen. Für eine solche Mauer von 30 cm Stärke, mit Außensteinen aus Kiesbeton, Innensteinen aus Schlackenbeton (nagelbar), außen und innen je 20 mm Putz, ergibt sich unter Voraussetzung, daß die aufeinandergelegten Steine keine durchgehenden Luftkanäle bilden, $k = 0,7$.

Der Normalstein ist ohne Fuge 29 cm lang und 24 cm hoch. Auf 1 m² Mauerfläche entfallen 26⅔, pro m³ somit 88 Normalsteine. Die Kiesbetonsteine wiegen 15, die Schlackensteine 12½ kg pro Stück.

Nach praktischen Erfahrungen versetzt ein Maurer 3 bis 4 m³ Steine pro Tag. Die Druckfestigkeit beträgt bei den Betonsteinen 102 kg/cm², bei den Schlackensteinen 77 kg/cm².

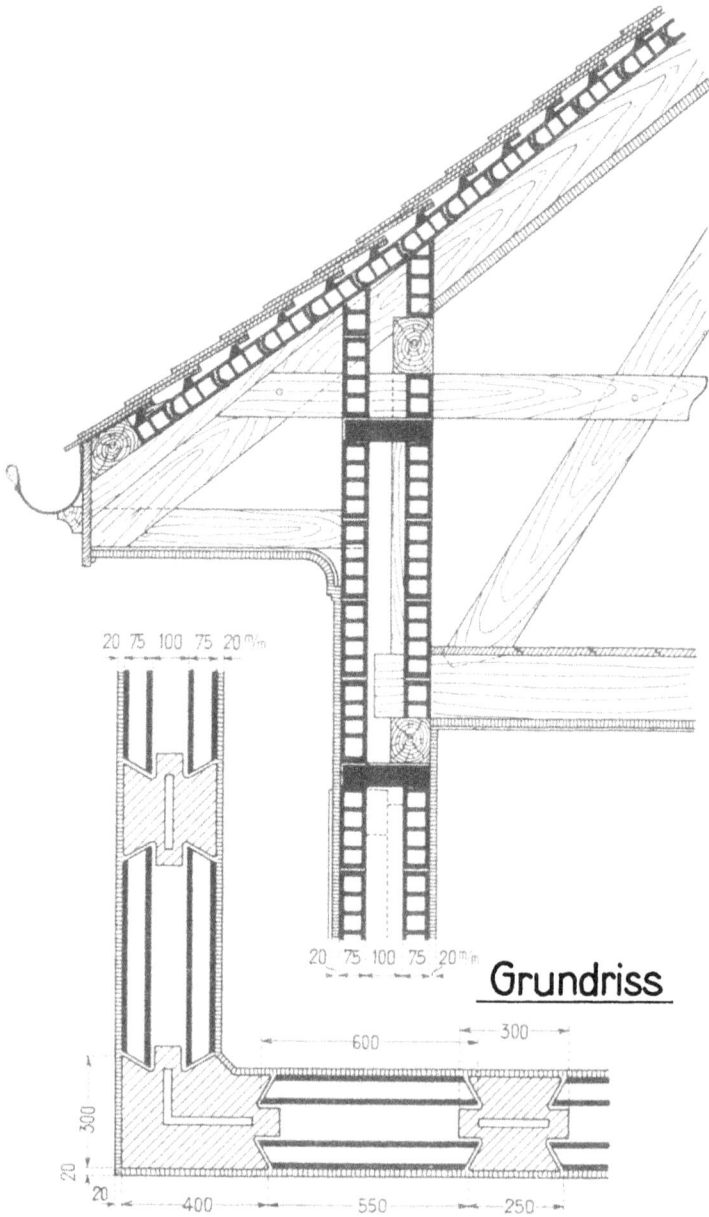

Abb. 151. Isoliermauer und Isolierdach·System E. H. Knobel, Ing., Zürich 6.

In Abb. 153 sind verschiedene Ausführungsarten des sog. »Iso-
therm-Mauerwerkes« einer Brüsseler Gesellschaft dargestellt. k ergibt sich für:

Zahlentafel 49.

Ausführungsart	bei Verwendung von:	
I. Einfache Mauer, 9 cm stark, ohne Verputz	Beton $k = 1,8$	Schlackenbeton $k = 1,2$
II. Doppelmauer, 28 cm stark, ohne Verputz	» $k = 0,9$	außen Beton, innen Schlak- kenbeton $k = 0,6$
III. Dreifache Mauer, 47 cm stark, ohne Verputz	» $k = 0,6$	außen und Mitte Beton, innen Schlackenbeton $k=0,5$

Abb. 152. Zahnverbandmauerwerk der Firma A. Gautschy-Horegger, St. Margrethen.

Am gebräuchlichsten ist die 28 cm-Doppelmauer mit dreifacher
Luftisolation. Die in Zahlentafel 49 angegebenen Wärmeleitzahlen
haben sich in der Praxis durch die leichte Heizbarkeit der betreffenden
Häuser und ihre Trockenheit bestätigt. Anfängliche Übelstände zufolge
Schwitzwasserbildung wurden dadurch beseitigt, daß mindestens die
innere der beiden Wandungen, und bei verputzten Häusern auch die
äußere, aus Schlackenbetonsteinen erstellt werden. Das Isotherm-
Mauerwerk eignet sich nicht nur gut für kleine Wohnhäuser, speziell
Serienbauten, sondern, des kleinen Gewichtes wegen, auch für Miet-
häuser mit beliebiger Stockwerkzahl, Fabrikbauten usw. Die Stadt

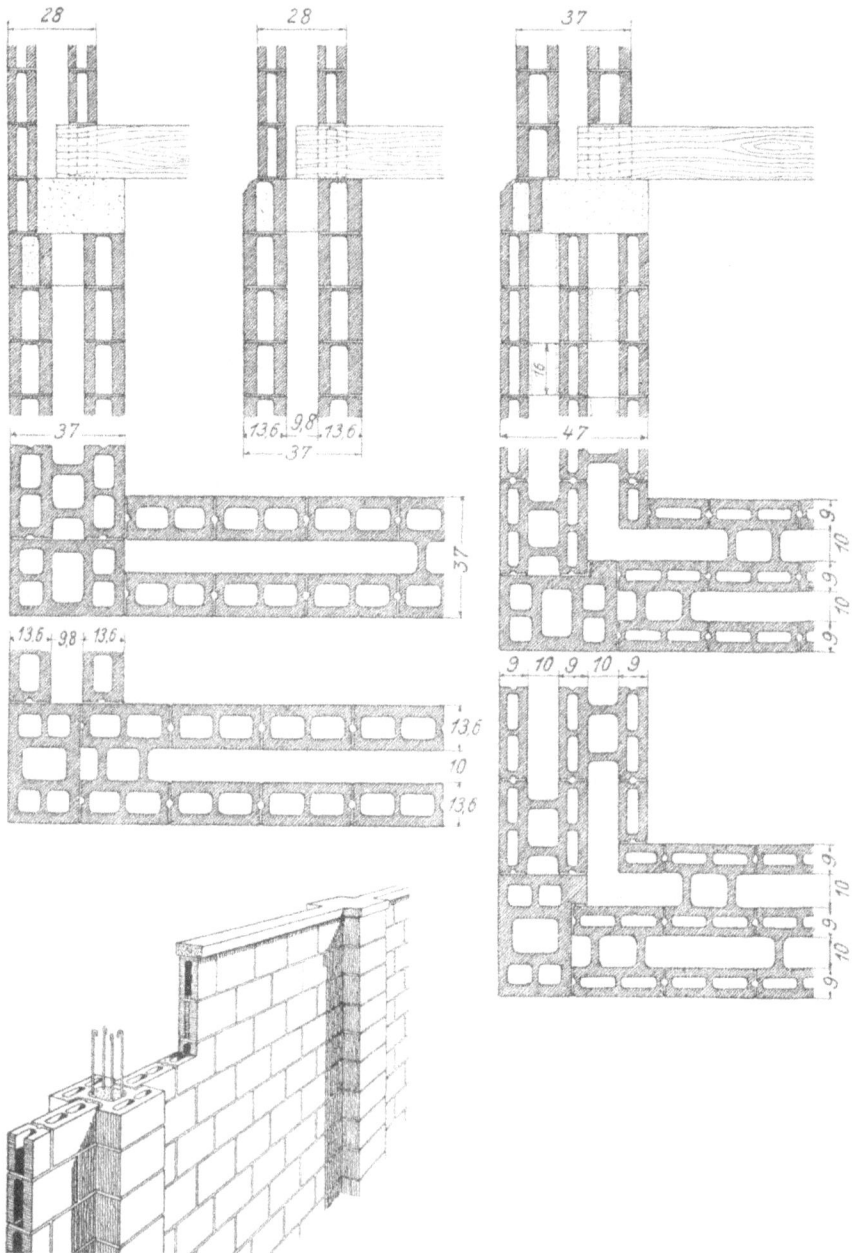

Abb. 153. Hohlmauerwerk »Isotherm« der Isotherme S. A., 7 Rue de la Science, Brüssel.
Ausführungsbeispiele: 28 und 37 cm Obergeschoß-Außenmauern, 47 cm Untergeschoß-Außenmauer und links unten eine 9 cm-Mauer, wie sie als Innenmauern viel ausgeführt
werden.

Amsterdam hat einige Blöcke mit etwa 100 Wohnungen in »Isotherm« erstellt. Bei einem sechsstöckigen Miethaus in Brüssel wurden durch Verwendung dieses System (gegenüber Backsteinausführung) an der Heizungsinstallation rd. 25%, am Rohbau selbst 32% gespart. Das Isothermmauerwerk hat in Belgien für Wohnhäuser, Kasernen, Fabriken usw. große Verbreitung erlangt. In Frankfurt a. M. wurde ein Hochhaus derart erstellt.

Abb. 154 zeigt den Marsstein-Mauerverband in 18 cm-Steinen von Arch. Bucher, Luzern. Es sind pro m² 22 Steine und 27 l Mörtel erforderlich. Das Mauergewicht beträgt 183 kg/m². In gleicher Weise werden auch Mauern mit 25 cm Marssteinen erstellt. Hierbei sind pro m² 34 Steine und 40 l Mörtel erforderlich und wiegt 1 m² 275 kg.

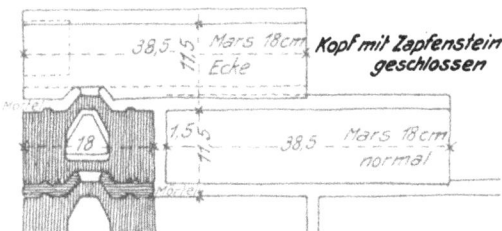

Abb. 154. Mauerverband mit Marssteinen, System
Architekt Bucher, Luzern.

Der Marsstein ist ein großporiger Backstein besonderer Form. Zur Herstellung werden auf 1 m³ Mergelton 2 m³ Sägemehl beigemischt. Beim Brennen der Steine verbrennt das Sägemehl, wodurch die Poren entstehen. Ein angestellter Versuch ergab, daß bei Durchnässung von einer Seite her die Marssteine sich schneller mit Wasser sättigen und, sowohl dem Gewicht als Volumen nach, mehr Wasser aufnehmen als gewöhnliche Backsteine, dasselbe aber auch in kürzerer Zeit wieder abgeben. Während des Austrocknens waren sie, wie die Backsteine, auf fünf Seiten mit Dachpappe umwickelt, so daß, wie bei der praktischen Anwendung, nur eine Seite der Lufteinwirkung voll zugänglich war. Die Verhinderung des Eindringens von Regenwasser ist daher bei den Marssteinen von besonderer Wichtigkeit. Arch. Bucher gibt an, daß der Putz 20 bis 25 mm stark sein und daß 100 l Portlandzementmörtel bei scharfem Sand 20 l Weißkalkzusatz enthalten sollen. Hydraulischer Kalk allein genügt auf der Wetterseite nicht. Die Fugen zwischen den Steinen betragen 15 mm und sind mit demselben Material zu füllen. Betreffend Wärmeleitzahl dieser Mauern liegen meines Wissens keine Angaben vor. Es ist aber sicher, daß Mauern aus Marssteinen bei gleicher Dicke die Wärme weniger gut leiten als gewöhnliche Backsteinmauern (s. Zahlentafel 28). Sie werden auch etwa als Wärmeschutz hinter Fensternischenheizkörpern verwendet.

b. Zwischenböden und Dächer.

Unter Abschnitt IX 2 wurde bereits darauf hingewiesen, daß zur Warmhaltung eines Hauses auch den Zwischenböden und Dächern volle Aufmerksamkeit zu schenken ist. Verschiedene Ausführungsarten, unter Angabe der betreffenden k-Werte, sind bereits unter Abschnitten IX 2 a besprochen. Nachfolgend wird noch weiter hierauf eingetreten. Zahlentafel 50 bezieht sich auf schon längere Zeit gebräuchliche Anordnungen von Zwischendecken.

Zahlentafel 50.

	Wärmedurchgang von:	
	unten nach oben k^1)	oben nach unten k^1)
Balkenlage mit einfachem Fichtenholzboden	1,6	1,6
Holzbalkendecke mit Schrägboden und Schlackenauffüllung, unten Gipsdecke, oben Blind- und Parkettboden .	0,5	0,24
12 cm Backsteingewölbe, Sandauffüllung, darüber Luftschicht und einfacher Holzfußboden	0,75	0,4
Armierte Betondecke mit Rippen, oben Gipsestrich mit Linoleumbelag	1,8	1,8
Dasselbe, aber unten mit Drahtgewebe und Putz, so daß ein Hohlraum entsteht	1,2	0,2
Siegwartbalkendecke, von unten nach oben: Siegwartbalken, Sand, Gipsestrich, Linoleum	1,3	0,6
Hohlsteindecke (System Westpfahl), von unten nach oben: Putz, poröse Lochsteine (Hourdis), Beton, Sand, Gipsestrich, Linoleum	1,25	0,9
Hohlsteindecke (System Sekura), von unten nach oben: Putz, Lochsteine, Koksasche, Schlackenbeton, Sand, Gipsestrich, Linoleum	0,65	0,45

Um Betondecken gegen Wärme- und Schallübertragung besser isolierend zu machen, werden sie bisweilen mit Einlagen zwischen den Rippen versehen. Abb. 155 zeigt einen Vorschlag von Arch. Bucher, Luzern. Bei liegender Anordnung der Steine wird k etwa = 1,5, bei stehender = 1,3. Die »Progreß«-Steine werden aus demselben porösen

---

[1]) Entnommen aus Rietschel Leitfaden zum Berechnen und Entwerfen von Lüftungs- und Heizungsanlagen.

Backsteinmaterial hergestellt wie die »Mars«-Steine. Für alle normalen Spannweiten und Belastungen ist nur eine Steinform und eine Steingröße erforderlich. Daher ergibt sich für den Baumeister auch nur ein Rest. Die Befestigung von Leitungen, Leuchtern usw. ist an diesen Deckensteinen leicht möglich, so daß man nicht ausschließlich auf die Betonrippen angewiesen ist. Mit scharfen Werkzeugen sind die Steine leicht schrot-, säg- und bohrbar.

Ferner zeigt Abb. 156 zwei Ausführungen von warmen und leichten Zwischendecken in armiertem Beton der vorstehend genannten Isotherm A.-G., Rue de la Science, Brüssel. Die Konstruktion links zeichnet sich durch besonders geringe Höhe aus.

Hohlsteine, wie sie in den Abb. 156 rechts und in Abbildung 157 h dargestellt sind, werden in neuerer Zeit, zum Teil in Ton (Pfeifersteine), zum Teil in Schlackenbeton (Phönixsteine), zum Teil in Zement (Isothermsteine) zur Isolation von Betondecken viel verwendet.

Abb. 155. Betondecken mit Progreßstein-Füllung, System Architekt Bucher, Luzern.

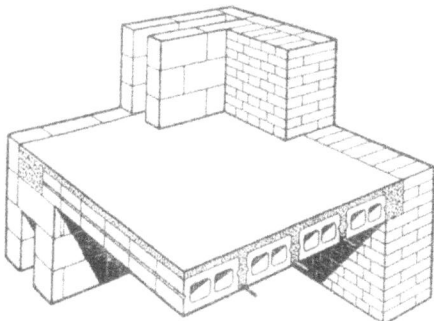

Bei den Dächern spielt die möglichste Verhinderung der Wärmeeinströmung im Sommer oft noch die größere Rolle als die Verminderung

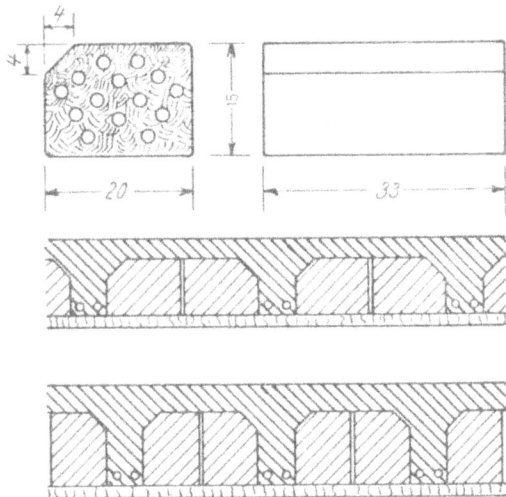

Abb. 156. Isolierende Zwischendecken in armiertem Beton der Isotherme S. A., 7 Rue de la Science, Brüssel.

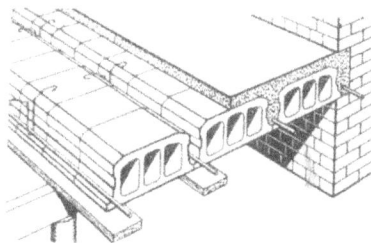

des Wärmeaustrittes im Winter. Wie sich verschiedene Dächer mit Unterkonstruktionen in Holz und solche mit Dachhourdis, System Knobel, bezüglich Wärmedurchgang verhalten, zeigen die Abb. 157 a

14*

bis *i* und im Vergleich dazu sind in Zahlentafel 51 einige weitere, von Rietschel berechnete, *k*-Werte angegeben.

Abb. 157. *a* bis *d* Dächer mit bisher gebräuchlichen Unterdachkonstruktionen in Holz und *e* bis *i* mit Dachhourdis nach System Knobel (Generalvertretung E. H. Knobel, Ing., Zürich 6).

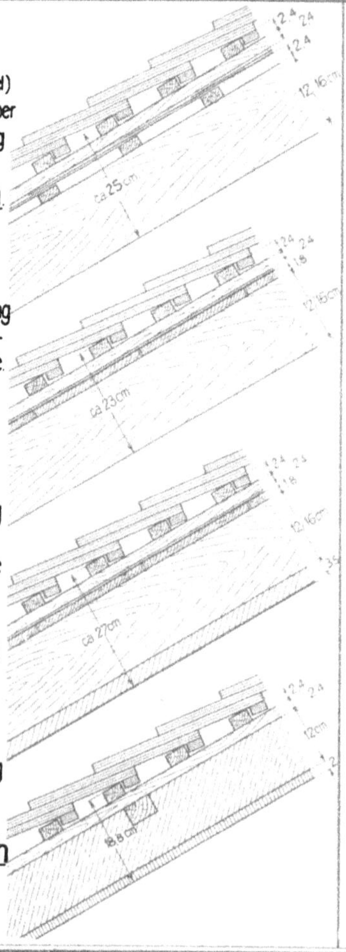

Dachkonstruktionen mit bisher gebräuchlicher Unterdachkonstruktion in Holz	Wärmedurchgang von	
	unten nach oben **k**	oben nach unten **k**
a. Doppeldach (Biberschwanzziegel) auf Lattung und Contrelattung über Schindelunterzug auf Lattung über Sparrenlage 12/16 cm.	1,6	0,55
Einfach-od. Falzziegeldach über Konstruktion wie oben.	1,8	0,55
b. Doppeldach auf Lattung und Contrelattung über Dachpapplage und Dachschalung 1,8 cm. über Sparrenlage.	1,3	0,5
Einfach-od. Falzziegeldach über Konstruktion wie oben	1,4	0,5
c. Doppeldach auf Lattung und Contrelattung über Dachpapplage und. Dachschalung 1,8 cm über Sparrenlage 12/16 cm und 3,5 cm Gipsdielendecke. (resp mit Sparrenlage 14/21 cm)	0,95	0,16 resp 0,13
	1,0	0,16 resp 0,13
Einfach-od. Falzziegeldach über Konstruktion wie oben.		
d. Doppeldach auf Lattung und Contrelattung über 12 cm Eisenbetonplatte mit 2 cm Deckenputz	1,5	0,55
Einfach-od. Falzziegeldach über Konstruktion wie oben aber ohne Deckenputz.	1,7	0,55

Dachkonstruktionen mit Dachhourdis nach System Knobel	Wärmedurchgang von	
	unten nach oben k	oben nach unten k
e. Doppeldach auf Dachhourdis über Sparrenlage 12/16 cm.	1,3	0,4
Einfach-od. Falzziegeldach über Konstruktion wie oben	1,4	0,4
f. Doppeldach auf Dachhourdis über Sparrenlage 12/16 cm. mit 3,5 cm. Gipsdielendecke. (resp. mit Sparrenlage 14/21 cm.)	0,95	0,15 resp. 0,12
	1,0	0,15 resp. 0,12
Einfach-od. Falzziegeldach über Konstruktion wie oben.		
g. Doppeldach auf Dachhourdis über 12 cm. Eisenbetonplatte mit 1,5 cm. Cement- mörtelüberzug u. 2 cm. Deckenputz.	1,1	0,35
Einfach-od. Falzziegeldach über Konstruktion wie oben aber ohne Deckenputz.	1,2	0,35
h. Doppeldach auf Dachhourdis über 15 cm. Pfeiferdecke mit 1,5 cm. Cement- mörtelüberzug und 2 cm. Deckenputz.	0,9	0,25
Einfach-od. Falzziegeldach über Konstruktion wie oben aber ohne Deckenputz.	0,95	0,25
i. Schieferdach über 2,4 cm. Dachschalung mit Dachpapplage über Contre- lattung und Lattung auf Dach- hourdis über 12 cm. Eisenbeton- platte mit 2 cm. Cementmörtel- überzug und 2 cm. Deckenputz.	0,75	0,3

Zahlentafel 51.

	$k^{1})$
Teerpappdach auf Schalung 0,025 m stark	2,2
Zink- oder Kupferdach auf Schalung 0,025 m stark	2,2
Schieferdach auf Schalung 0,025 m stark	2,1
Ziegeldach ohne Schalung, aber sonst dicht.	4,9
Ziegeldach auf Lattung, 0,025 m Schalung und Putz	1,6
Desgl., aber noch mit 0,03 m Korkisolierung	1,3
Holzzementdach	1,3
Wellblechdach, ohne Schalung.	10,4
Betondach, 0,08 m stark mit Dachpappe, ohne Putz	2,6
Desgl., 0,08 m stark mit Dachpappe und Putz	2,5
Desgl. 0,08 m stark mit Dachpappe und 0,03 m starker Korkisolierung, Luftschicht und innen Putz	1,3

Die Dachhourdis sind eine bereits vielfach bewährte Neuerung für die Unterdecken von Ziegel-, Schiefer- oder Eternitdächern. Sie werden in einfachster Art, ohne Armierung, verlegt, längsseits an Anschlag gestoßen und seitlich in 1 cm Abstand versetzt, wobei es gleichgültig ist, ob die Sparrenlage aus Holz, Eisen oder Eisenbeton besteht. Die Ziegel können direkt an die auf der Obersicht vorspringenden Nasen gehängt werden, so daß keinerlei Lattung, Verschalung resp. Unterschindelung erforderlich ist. Das ist ein wesentlicher Vorteil, indem auf diese Weise kein Ersticken der Unterdachkonstruktion (Lattung und Contrelattung), wie das z. B. bei der Konstruktion nach Abb. 157d der Fall ist, vorkommen kann. Im besondern empfiehlt sich die Verwendung von Dachhourdis aus diesem Grunde, sowie der guten Isolation wegen, über Eisenbetonplatten.

Die Wärmeisolation von Dächern mit Hourdis-Unterkonstruktion ist sehr gut, einmal weil sie der mehrfachen Luftschichten wegen die Wärme schlecht leiten und außerdem, weil durch den dichten Abschluß unnötige Luftzirkulation, infolge des Luftauftriebes im Gebäude und des Windanfalles von außen her, unterbunden wird. Die Verwendung der Dachhourdis verbürgt absolutes Dichthalten der Dachhaut, weil sie längsseits ineinandergreifen und die Stoß- und Längsfugen mit Mörtel verschlossen sind, wodurch eine zusammenhängende Platte entsteht.

Sie werden mit Vorteil für Dachräume benützt, die für Wohnzwecke, als Arbeits-, Lager- oder Vorratsräume, Archive usw. ausgebaut werden sollen, ebenso trifft man sie häufig bei Industriebaute zum Eindecken von Säge-Sheds, Hallenbauten, wie Montagehallen, Gießereien, Werkstätten, elektrischen Zentralen, Lagerhäusern, Silos, Remisen, Garagen usw., wobei ihre Eigenschaft, aus unverbrennlichem

---

¹) Entnommen aus Rietschel, Leitfaden zum Berechnen und Entwerfen von Lüftungs- und Heizungsanlagen.

Material zu bestehen, von besonderem Werte ist, weiter bei Bank- und Verwaltungsgebäuden, Schulen, Turnhallen, Spital- und etwa auch Wohngebäuden.

c. Türen, Fenster und Oberlichter.

Bei Fenstern, Türen und Oberlichtern ist vor allem auf gutes Abdichten zu sehen. Bezüglich der Wärmedurchgangszahlen kann nach Rietschel gesetzt werden für Türen:

Zahlentafel 52.

Stärke des Holzes . . . . cm	2	3	4	5	6
Fichtenholz . . . . $k^1) =$	2,2	1,8	1,5	1,3	1,1
Eichenholz. . . . . $k^1) =$	3,0	2,5	2,2	2,0	1,8

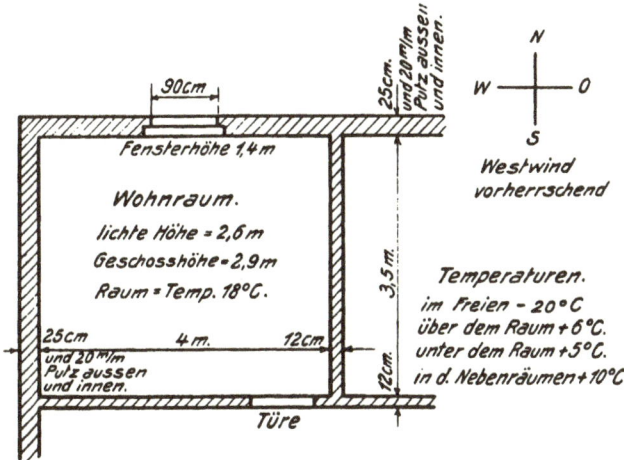

Abb. 158.

Plan eines Wohnraumes.

für Fenster und Oberlichter:

Zahlentafel 53.

	$k^1)$
Einfache Fenster, gewöhnlicher Größe	5,0
Kirchenfenster aus einfachem Glas	5,3
Doppelfenster	2,2
Doppelverglasung (einfacher Rahmenabschluß)	ca. 3,5
Einfaches Oberlicht, darüber Außenluft	5,1
» » » Bodenraum	3,6
Doppeltes » » Außenluft	2,4
» » » Bodenraum	2,1

---

[1] Entnommen aus Rietschel Leitfaden zum Berechnen und Entwerfen von Lüftungs- und Heizungsanlagen.

Um festzustellen, was durch wärmesparende Mauern erreicht wer-
den kann, wurde für das in Abb. 158 dargestellte Eckzimmer berechnet,
wie sich der Brennmaterialverbrauch stellt bei 25 cm starken Außenmauern aus Backstein mit beidseitigem Verputz und anderseits unter
Verwendung von Isoliermauern mit einer Wärmedurchgangszahl $k = 0,76$.
Im ersten Fall ergab sich ein maximaler stündlicher Wärmebedarf bei
$—20°$C Außentemperatur von 2100 kcal/h, im zweiten Fall von 1350 kcal/h.
Der pro Jahr erforderliche Brennmaterialbedarf ist somit im ersten
Fall rd. 500 kg, im zweiten rd. 325 kg, die Ersparnis infolge der Isoliermauern 35 %. Nun ist allerdings zu beachten, daß der Unterschied für
die eingebauten Zimmer der Wohnung weniger groß ist als für das be-
trachtete Eckzimmer, die prozentuale Ersparnis für die ganze Wohnung
somit kleiner ausfällt.

X. Bestimmung des angenäherten stündlichen Wärme-
bedarfes W für ganze Gebäude, die dauernd benützt
werden.

Bei Dauerheizung kann man pro m³ beheizten Raum, bei ca. 38°C
größter Temperaturdifferenz zwischen innen und außen, setzen:

Zahlentafel 54.

30 bis 50 kcal/h für Bauten bis 2000 m³ lichten Rauminhalt;
15 » 30 » » » von 2000 bis 20000 m³ lichten
Rauminhalt;
15 » 20 » » Saalbauten;
Für auf $+12°$C temperierte Räume 20 %
weniger, bei einfachen Fenstern 30 % mehr;
20 » 35 » » Sägedach-Fabrikbauten;
15 » 25 » » Geschoß-Fabrikbauten.

Die niedrigeren Werte betreffen gute Bauausführung und geschützte
Gebäudelage.

Für künstliche Lüftung, Luftbefeuchtung, Warmwasserversorgung
usw. ist der Wärmebedarf besonders zu berücksichtigen.

Für Räume, die nur selten und für kurze Zeit benützt werden, ist
die angenäherte Wärmebedarfsberechnung nach Abschnitt VII 7 durchzuführen. Kirchen mit elektrischer Fußbankheizung erfordern beispielsweise 16 kcal/h bei 5000 m³ und bis zu 30 kcal/h bei nur 500 m³
Inhalt.

Beispiel: Umfaßt ein Einfamilienhaus 300 m³ auf 18°C zu beheizenden und 250 m³ auf 12°C zu temperierenden Rauminhalt, so wird
der stündliche Wärmebedarf bei $—20°$ C Außentemperatur voraussichtlich betragen:

bei guter Bauausführung und geschützter Gebäudelage:

für den zu beheizenden Rauminhalt ca. $300 \cdot 30 = 9\,000$ kcal,

» » » temperierenden » » $250 \cdot 24 = 6000$ »

Total $W = 15\,000$ kcal,

bei weniger guter Bauausführung und exponierter Gebäudelage:

für den zu beheizenden Rauminhalt ca. $300 \cdot 50 = 15\,000$ kcal,

» » » temperierenden » » $250 \cdot 40 = 10000$ »

Total $W = 25\,000$ kcal.

Für mittlere Verhältnisse ist also mit etwa $20\,000$ kcal/h zu rechnen.

XI. Bestimmung der Größe der Kessel- und Brenn-material-Räume, sowie der angenäherten Kaminquerschnitte.

Aus dem maximal erforderlichen stündlichen Wärmebedarf W einer Anlage ergibt sich die Größe der Kesselheizfläche in m² nach Abschnitt II 2, indem W bei Verwendung mittlerer und großer Gliederkessel durch 7000 bis 8000, bei Verwendung von Kleinkesseln durch 10000 bis 12000 dividiert wird.

Die Abmessungen der Kessel lassen sich aus den von den Kessellieferanten herausgegebenen Prospekten ermitteln und können die Grundrisse darnach in die Gebäudepläne eingezeichnet werden. Dabei ist das unter Abschnitt II 3 Gesagte zu beachten.

Vor den Kesseln soll zur Bedienung genügend Platz frei gelassen werden. Bei Kleinkesseln hat das Mindestmaß $1\frac{1}{2}$ m zu betragen. Bei Großkesseln können 2 bis 3 m erforderlich werden. Im allgemeinen genügt für kleinere Gebäude mit nur einem Kessel ein Raum mit 2 auf 3 m Grundfläche, für größere Bauten mit 2 Kesseln ein solcher mit 4 auf 4,5 m.

Wie die Kaminquerschnitte zu bestimmen sind, wurde unter Abschnitt IV gezeigt. Es empfiehlt sich bei Ausarbeitung der Kellerpläne die Kessel und Kamine, wie auch den Brennmaterialraum, maßstäblich einzutragen.

Die Größe des Brennmaterialraumes läßt sich ebenfalls aus dem maximal erforderlichen stündlichen Wärmebedarf W ermitteln, indem nach Abschnitt I 6 c zuerst der Brennmaterialbedarf K pro Winter festgestellt und hieraus der nötige Raumbedarf zur Unterbringung des Brennstoffes berechnet wird. Als Gewicht pro m³ Koks sind nach Zahlentafel 7 350 bis 530 kg anzunehmen. Um sicher zu gehen, ist der untere Wert zu benützen. Ferner ist zu beachten, daß der Brennmaterialraum nicht vollständig, sondern nur beispielsweise zu $\frac{2}{3}$ mit Koks gefüllt werden kann.

Soll der gesamte Brennmaterialbedarf K pro Winter gelagert werden, so erfordert er somit einen Raum von:

$$I = \frac{K \cdot 3}{350 \cdot 2} \, m^3$$

Bei größeren Anlagen füllt man ihn jedoch zwei-, bei größten drei- und noch mehrmal pro Jahr. Der Abschluß mit dem Kohlenlieferanten kann für den gesamten Jahresbedarf trotzdem in einem Male erfolgen.

Beispiel. Es handle sich um das in den Abschnitten I 2, I 6 III 2 und X als Beispiel gewählte Einfamilienhaus mit einem max. stündlichen Wärmebedarf bei guter Bauausführung von $W = 15000$ kcal, bei mittelguter von 20000 kcal und einem entsprechenden jährlichen Brennmaterialbedarf K von 3000 bis 3600 kg. Dafür kommen laut den Prospekten der betreffenden Firmen z. B. folgende Kesseltypen in Frage:

Zahlentafel 55.

Firma	Kesseltyp	Heizfl. m²	Leistung kcal/h	Koksfassung l	Leitungsanschlüsse	Lichte Weite des Rauchrohrstutzens mm	Länge mm	Breite mm	Höhe mm
Clus	Serie A 7	1,82	18500	52	$2^{1}/_{2}$	150	600	400	1000
Sulzer	T Nr. 5	2,2	17600	40	$2^{1}/_{2}$	150	500	560	840
Strebelwerk	Rova 2504	1,6	19200	80	$2^{1}/_{2}$	178	570	695	1140

Der Brennmateriallagerraum hat zur Aufnahme des ganzen Winterbedarfes eine Größe $J = \dfrac{3000 \cdot 3}{350 \cdot 2} = $ rd. 13 m³, d. h. bei 2,5 m Tiefe (gleich wie der Kesselraum) und 2,5 m angenommener Höhe, eine Breite von 2,1 m zu erhalten.

XII. Verbindung von Warmwasserversorgungsanlagen mit den Zentralheizungen.

Warmwasserversorgung erhöht den Komfort des Wohnens, in gewissen Fällen ist sie eine Notwendigkeit.

In Einfamilienhäusern und Etagenwohnungen kann sie vom Kohlenherd aus durch einen Gasautomaten, oder auf elektrischem Wege, betrieben werden. In wasserkraftreichen Ländern haben elektrisch beheizte Warmwasserboiler Verbreitung gefunden, weil sie sehr bequem sind und ein gutes Mittel zur Ausnützung billigen, sonst verloren gehenden Nachtstromes bieten. Das Schema einer solchen Anlage zeigt Abb. 83. Gasautomaten haben sich ebenfalls als bequem, im Betriebe jedoch als teuer, erwiesen. Sie sind ähnlich wie die Gasbadöfen gebaut. Sobald ein Wasserhahn geöffnet wird und dadurch eine lebhafte Wasserströmung durch den Automaten eintritt, entzündet eine dauernd brennende Stichflamme automatisch den Vollbrenner.

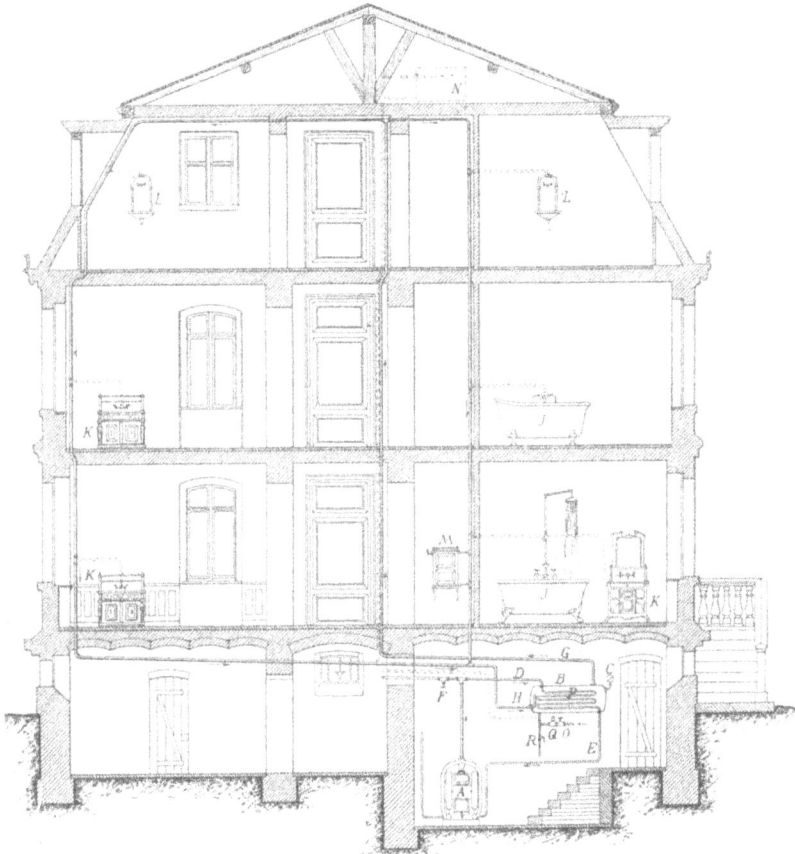

Abb. 159. Schematische Darstellung einer Warmwasserversorgungsanlage.
Zur Verfügung gestellt von der Firma Gebrüder Sulzer A.-G.

A Kessel für die Warmwasserheizung. B Warmwasser-Apparat. C Thermometer. D Heizwasser-Zuleitung. E Heizwasser-Rückleitung. F Absperrhahn für die Heizung. G Warmwasserleitung. H Zirkulationsleitung. J Bäder. K Waschtische. L Wasserhähne. M Wäschewärmer. N Kaltwasserreservoir. O Kaltwasserhahn. P Heizspiral. Q Sicherheitsventil. R Leerlaufhahn.

Für größere, ständig gebrauchte Anlagen ist es wirtschaftlicher, den Warmwasserboiler nach Abb. 159 mit der Zentralheizung in Verbindung zu bringen. Soll die Warmwasserversorgung nur im Winter, wenn die Heizung im Betrieb ist, zur Verfügung stehen, so genügt Anschluß des Boilers an den entsprechend größer gewählten Heizkessel.

Zur Benützung im Sommer ist dagegen die Aufstellung eines besonderen kleinen Kessels angezeigt, weil sich bei zu großen Kesseln'im Sommer, infolge ungenügenden Zuges, leicht Betriebsstörungen einstellen. Die Anordnung ist in dem Falle so zu treffen, daß jeder der beiden Kessel für die Heizung und die Warmwasserbereitung, gewünschtenfalles aber auch nur für die Heizung oder die Warmwasserbereitung allein, gebraucht werden kann.

Dadurch besteht z. B. in Schulhäusern, wo die Warmwasserbereitung zur Versorgung des Schulbades, einer eventuellen Schulküche, sowie zu Reinigungszwecken dient, die Möglichkeit, die Schulabwartwohnung in den Winterferien von dem kleinen, der Warmwasserversorgung dienenden Kessel aus zu heizen, so daß die anderen Kessel während dieser Zeit nicht im Betrieb gehalten werden müssen.

Ähnlich den Fernheizungen erstellt man, wie schon unter Abschnitt I 3 e erwähnt, für ganze Gebäudekomplexe auch Fernwarmwasserversorgungen, wobei das Wasser zentral erwärmt und den Gebäuden durch gut isolierte Fernleitungen zugeführt wird. Die Boiler werden dabei meist im Kesselhaus selber, z. B. über den Kesseln, wo die Lufttemperatur besonders hoch und ihr Wärmeverlust daher klein ist, oder im zentralen Regulierraum untergebracht, und die Fernleitungen legt man, parallel den Heizleitungen, in die Fernkanäle.

Bei Fernwarmwasserversorgung kann oft auch sonst verloren gehende Abwärme nutzbar gemacht werden, beispielsweise durch Ekonomiser[1]), oder durch Verwendung des Abdampfes von Dampfmaschinen, Dampfspeisepumpen, Dampfhämmern usw. Auch lassen sich die aus den Kondenswasserbehältern entweichenden Schwadendämpfe verwerten, indem sie in eine in den Warmwasserboiler eingebaute Heizschlange geleitet werden. Durch solche Einrichtungen kann wesentlich an Brennmaterial gespart werden. Weiteres hierüber siehe Hottinger, Abwärmeverwertung, Verlag Julius Springer, Berlin.

Steht Sommer und Winter Ferndampf zur Verfügung, so läßt sich die Warmwassererzeugung auch in den einzelnen Gebäuden vornehmen, indem daselbst Warmwasserboiler an die Ferndampfleitung angeschlossen werden. Und schließlich besteht noch die Möglichkeit, die Warmwasserbereitung durch ferngeleiteten Dampf nur im Winter, wenn die Fernheizung im Betrieb steht, zu benützen, im Sommer dagegen lokale Warmwassererzeugung, z. B. auf elektrischem Wege, anzuwenden.

---

[1]) Ekonomiser sind Heizapparate, die zur weiteren Ausnützung der Rauchgaswärme hinter Dampfkesseln und anderen Feuerungen aufgestellt werden. Besonders gebräuchlich sind die Greenschen, aus gußeisernen Rohren bestehenden Ekonomiser, welche durch auf- und abgehende scharfkantige Kratzer ständig von Ruß und Asche befreit werden, wodurch ihre gute Wärmeleitfähigkeit dauernd erhalten bleibt.

Die Vor- und Nachteile dieser verschiedenen Möglichkeiten hat der projektierende Heizungsingenieur in jedem Falle durch Aufstellung von Rentabilitätsberechnungen genau zu prüfen, und die zweckmäßigste Lösung in Vorschlag zu bringen. Dieselbe kann, je nach den Brennmaterial-, Gas- und Elektrizitätspreisen und in Rücksicht darauf, ob, wo und in welcher Form Abwärme verfügbar ist, sehr verschieden ausfallen.

Im einzelnen auf die Ausführung von Warmwasserversorgungen einzutreten, ist hier nicht der Ort, dagegen soll wenigstens auf einiges hingewiesen werden, was für die Besteller solcher Anlagen von Wichtigkeit ist.

Vor allem sei erwähnt, daß Warmwasserversorgungsanlagen, die nur Zuleitungen vom Boiler zu den Zapfstellen besitzen, als mangelhaft zu bezeichnen sind, weil bei zeitweiser Nichtbenützung das Wasser in den Leitungen erkaltet und daher beim Öffnen einer Zapfstelle zuerst längere Zeit kaltes Wasser ausfließt, bis das warme aus dem Boiler nachströmt. Dieser Übelstand tritt um so stärker in die Erscheinung, je ausgedehnter die Anlage ist. Er läßt sich entsprechend Abbildung 159 durch Zirkulationsleitungen, welche von den Enden der Verteilstränge nach dem Boiler zurückführen, beheben, weil sie Wasserumlauf bewirken, wodurch das Wasser bis in die Nähe der Zapfstellen warm bleibt. In dem Falle muß das System, in gleicher Weise wie bei den Warmwasserheizungen, entlüftet werden, damit die Zirkulation nicht durch Luftansammlungen unterbrochen wird. Handelt es sich um sehr ausgedehnte oder gar Fern-Warmwasserversorgungen, beispielsweise in Spitälern, Fabriken, Schlachthöfen usw., so genügt der Schwerkraftumlauf nicht mehr, sondern muß eine Pumpe in die Zirkulationsleitung eingesetzt werden. Ferner ist bei großen Warmwasserversorgungen darauf zu achten, daß sog. Strangventile mit Entleerungshahnen

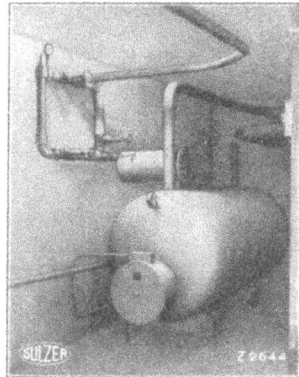

Abb. 160. Warmwasserapparat in der Schweiz. Volksbank in Zürich mit 2000 l Inhalt, einer Warmwasser-Heizschlange von 4,5 m² Heizfläche und einem elektrischen Heizeinsatz von 21 Wk Leistung. Über dem Boiler ist ein Holzwollfilter zur Zurückhaltung des ausgeschiedenen Kalkes angebracht. Ausführung der Firma Gebrüder Sulzer A.-G.

angebracht werden, damit jeder Vertikalstrang für sich abschließ- und entleerbar ist und bei Reparaturen, Neudichtungen usw. nicht die ganze Anlage entleert werden muß. Auch soll das ganze Netz leicht demontiert werden können. Zur Vermeidung von Rostbildungen empfiehlt sich die Verwendung von innen und außen verzinkten schmiedeeisernen Rohren, und zur möglichsten Verminderung von Verstopfungen durch abgesetzten Kalk, die Anbringung von Holzwollfiltern nach Abb. 160 zwischen Boiler und Verteilleitungen.

Das frische Wasser kann dem Boiler entweder entsprechend Abb. 159 von einem im Dachboden aufgestellten Schwimmerreservoir aus oder durch direkte Verbindung mit der Druckwasserleitung zugeführt werden. Im ersten Falle herrschen im ganzen System, und somit auch an den Zapfstellen, geringere Drücke. Die Leitungsdurchmesser sind den in jedem Falle verfügbaren Druckhöhen entsprechend reichlich groß zu bemessen.

Wird das Warmwasserreservoir nicht im Keller, sondern im Dachboden aufgestellt, so ist der Schwimmer zur automatischen Kaltwassernachspeisung trotzdem nicht in dasselbe, sondern nach Abb. 161 ebenfalls in ein besonderes Kaltwasserschwimmergefäß zu verlegen, weil er beim Eintauchen in warmes Wasser bald undicht wird. Im Dachboden aufgestellte Reservoire sind entweder gut zu isolieren oder müssen nach Abb. 161 Tropfschalen zur Aufnahme des außen herunterfließenden Schweißwassers erhalten.

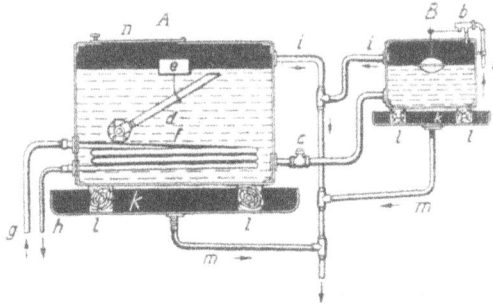

Abb. 161. Offener Warmwasserbehälter mit Schöpfrohr.
A Warmwasserbehälter. B Schwimmkugelgefäß. a Kaltwasseranschluß. b Schwimmkugelventil. c Rückschlußventil. d Schöpfrohr. e Schwimmer. f Heizschlange. g Dampfanschluß. h Niederschlagswasserleitung. i Überlaufrohr. k Tropfschalen. l Unterlagshölzer. m Entwässerungen der Tropfschalen. n Einsteigeklappe.

Soll das warme Wasser für Toilettenzwecke, zum Baden, Abwaschen in der Küche, Reinigen der Böden usw. dienen, so genügt eine Vorlauftemperatur von 45 bis 50° C, während für Waschzwecke, ferner zum Reinigen von Instrumenten und Füllen von Bettflaschen in Spitälern höhere Temperaturen verlangt werden. Normalerweise sollte jedoch auch hier nicht über 80° C hinausgegangen werden. In den Operationsräumen, wo die Instrumente nicht nur gereinigt, sondern desinfiziert werden müssen, empfiehlt es sich lokale, an die Dampfleitung angeschlossene, elektrisch oder mit Gas betriebene Desinfektionsapparate aufzustellen. Deswegen das Wasser der Warmwasserversorgung bis zum Kochen zu erwärmen und in diesem Zustande allen Zapfstellen zuzuleiten, führt zu großer Brennmaterialverschwendung. Erfahrungsgemäß wird mit dem Warmwasser wenig sparsam umgegangen. Oft kann man beobachten, daß unnötigerweise Hähne offen gelassen oder Gefäße mit zu heißem Wasser gefüllt, darauf teilweise wieder entleert und mit kaltem nachgefüllt werden, bis die gewünschte Temperatur erreicht ist. Solche Unachtsamkeiten sind bezüglich des Brennmaterialverbrauches um so fühlbarer, je heißer das Wasser ist. In vielen Fällen, namentlich für Brausebäder, sind Mischventile empfehlenswert, mit denen das kalte und warme Wasser durch einfache Betätigung eines Handrades gemischt und dadurch die gewünschte Temperatur erreicht werden kann. Zwecks Erzielung größter Wirtschaftlichkeit ist auf beste Isolierung des Warmwasserboilers und der Leitungen zu achten.

Abb. 162. Schul-Brausebadanlage, Ausführung der Firma Gebr. Sulzer A.-G. Rechts die Lüftungsgitter, im Hintergrund der Heizkörper in halber Wandhöhe montiert, weil der Heizkessel auf gleicher Bodenhöhe steht.

Selbstverständlich läßt sich Erwärmung des Wassers bis auf 90°C nur mittels Dampf erzielen, während bei Warmwasserheizung die Temperatur des Warmwassers nicht höher als auf diejenige des Heizwassers gebracht werden kann. Wenn in den Übergangszeiten nur mit ca. 40°C geheizt wird, ist die Erwärmung daher ungenügend. Dieser Übelstand kann beseitigt werden, indem ein besonderer kleiner Kessel aufgestellt oder eine Umführungsleitung angeordnet wird, so daß der Boiler mit höheren Temperaturen als die Heizung betrieben werden kann. Die Umführungsleitung ist mit der Vor- und Rücklaufleitung der Heizung zu verbinden und mit einem Regulierventil zu versehen. Sie gestattet dem vom Kessel kommenden heißen Vorlaufwasser mehr oder weniger abgekühltes Rücklaufwasser beizumischen, während es nach dem Boiler mit der vollen Temperatur zirkuliert. Dient zum Beheizen des Boilers

Dampf, so ist durch eine Dampfabschließung in Verbindung mit einem vom Vorlaufwasser beeinflußten Regler dafür zu sorgen, daß die ge-

Abb. 163. Schwimmbassin mit 315 m² Wasseroberfläche und 450 m³ Inhalt in Stoops Schwimmbad in Bloemendaal b. Harleem in Holland.
Zur Verfügung gestellt von der Firma Gebrüder Sulzer A.-G.

wünschte Wassertemperatur nicht überschritten wird, und bei elektrisch beheizten Boilern haben ein Temperaturkontakt und ein automatischer Schalter mit Temperatureinstellvorrichtung (C und D in Abb. 83)

Abb. 164. Doppelwärmkasten mit Schiebetüren der Firma Gebrüder Sulzer A.-G.

dafür zu sorgen; daß die Stromzuführung beim Eintritt der gewünschten Maximaltemperatur unterbrochen wird. Außerdem wird bisweilen auch die Einschaltung des Stromes nach Ablauf der Sperrzeit selbsttätig bewirkt, wodurch sich die Bedienung solcher Anlagen nahezu auf Null reduziert. Soll ausschließlich Nachtstrom verwendet werden, so ist der Reservoirinhalt so groß zu bemessen, daß tagsüber mit dem Wasservorrat ausgekommen wird: Die Abmessungen fallen um so geringer aus, je höher das Wasser erwärmt wird. Die gewünschte Ausflußtemperatur läßt sich alsdann auch hier durch Mischen von Speicher- und kaltem Wasser erreichen. Im Hinblick auf einen wirtschaftlichen und störungsfreien Betrieb empfiehlt es sich, die Warmwasserreservoire nicht zu klein zu machen, insbesondere nicht, wenn es sich um Anlagen zur Bedienung von Bädern, Waschküchen, Spitalgebäuden usw. mit ihren plötzlichen großen Anforderungen an Warmwasser handelt.

In Abb. 162 ist eine Schulbrausebadanlage und in Abb. 163 das Schwimmbassin des Bloemendaaler Schwimmbades gezeigt. Die dortige Anlage umfaßt eine Dampfkesselanlage, bestehend aus 5 schmiedeeisernen Röhrenkesseln für 3 Atm. Betriebsdruck mit zusammen 200 m² Heizfläche, eine Pumpenanlage zur Beschaffung des nötigen Wassers, bestehend aus 2 Sulzer-Kaltwasser-Zentrifugalpumpen für zusammen 120 m³/h, 2 Sulzer-Warmwasser-Zentrifugalpumpen für ebenfalls 120 m³/h (auch für die Bassinfüllung bestimmt), eine Zirkulations- und Frischwasserpumpe für 30 m³/h. Die Warmwasserversorgung umfaßt das abgebildete Schwimmbassin, 50 Badewannen (Leistung ca. 100 Bäder pro Stunde = 25000 l/h Warmwasser), 16 Duschen

Abb. 165. Wärmtisch der Firma Gebr. Sulzer A.-G.

(Leistung ca. 4800 l/h Warmwasser). Die Heizung erstreckt sich auf die Schwimmhalle, die Baderäume usw. und die Ventilationsanlage versorgt die Schwimmhalle stündlich mit ca. 14000 m³ Frischluft. Schließlich ist noch eine vollständige Dampfwäscherei für 800 kg trockener Wäsche pro Tag vorhanden. Der gesamte maximale Wärmebedarf beträgt 2000000 kcal/h.

Ferner veranschaulichen die Abb. 164 und 165 einen Doppelwärmkasten und einen Wärmtisch. Solche Einrichtungen werden gern an die Winter und Sommer im Betrieb stehende Warmwasserversorgung angeschlossen, weil sie dann jederzeit, bei Verbindung mit der Zentralheizung dagegen nur im Winter, warm werden.

Über den Wasserverbrauch verschiedener Bedarfsstellen und die erwünschten Temperaturen sind eingehende Angaben in der Literatur zu finden (s. Abschnitt XVII). Ich beschränke mich daher hier auf einige wenige Angaben.

Es sind zugrunde zu legen:

Zahlentafel 56.

für	ein Wasserverbrauch von	bei einer Wassertemperatur von
Brausebäder, pro Bad: für Kinder für Brausebäder in Kasernen, Gefängnissen usw. für öffentliche Badeanstalten, Schul- und Arbeiterbäder.	15 bis 20 l 20 bis 30 l 30 bis 50 l (u. U. mehr)	im Winter 30 bis 40° C im Sommer 25 bis 30° C
Wannenbäder: kleine größere	150 bis 200 l 250 bis 300 l + 10 bis 30 l für Dusche, Spülen der Wanne und sonstige Reinigungszwecke	je nach Ansprüchen 30 bis 42° C
Schwimmbäder:	Der stündl. Wasserzufluß soll je nach Größe des Bassininhaltes ¹/₂₅ bis ¹/₄₀ desselben betragen	22° C
Dauerbäder für medizinische Zwecke	Der Wasserzufluß ist so zu bemessen, daß die da- durch zugeführte Wärme die Wärmeverluste deckt, so daß die Temperatur konstant bleibt	nach Angabe des Arztes.

Wie sich der Boilerinhalt und die Boilerheizfläche solcher Anlagen angenähert bestimmen lassen, zeigt folgende Rechnung:

Besitzt ein Schulbad beispielsweise 15 Brausen, die in der Stunde 4 mal benützt werden und sind in derselben Zeit außerdem 3 Wannenbäder zu verabfolgen und an die Schulküche 200 l Wasser zu liefern, so ergibt sich ein stündlicher Warmwasserbedarf:

$$\text{für die Brausen von } 60 \cdot 35 \ldots \ldots 2100 \text{ l/h,}$$
$$\text{» » Wannen von } 3 \cdot 250 \ldots \ldots 750 \text{ »}$$
$$\text{» » Küche von } \ldots \ldots \ldots 200 \text{ »}$$
$$\text{Total } \ldots 3050 \text{ l/h von } 35° \text{ C.}$$

Soll die Anlage in der angegebenen Weise während drei aufeinanderfolgenden Stunden betrieben werden, und erwärmt man das Wasser vor Benützung der Anlage auf 70° C, so genügt infolge der Reserve ein Boiler von 1500 l mit einer Heizfläche von 5 m², sofern es sich um Warmwasserheizung mit 80° C maximaler Vor- und 60° C Rücklauftemperatur handelt. Bei Dampfheizung genügt eine Heizfläche von 1,4 m². Zu diesen Anhaltspunkten gelangt man folgendermaßen:

In den drei Stunden sind insgesamt $3 \cdot 3050 \cdot (35 - 10) = 230000$ kcal erforderlich, wenn das zufließende Wasser eine Temperatur von 10^0 C hat und von den geringen Wärmeverlusten abgesehen wird. Die

Abb. 166. Wäschereieinrichtung, rechts Waschmaschine, links Zentrifuge in der Irrenanstalt Neu-Rheinau.
Ausführung der Firma Gebr. Sulzer A.-G.

Abb. 167. Heilstätte Clavadell, Davos. Rechts hinten Wäscherei, rechts vorn Dampfmange, links Handglätterei.
Ausführung der Firma Gebrüder Sulzer A.-G.

Reserve in dem auf 70^0 C hochgeheizten Boilerwasser beträgt $(70 - 35) \cdot 1500 = 52500$ kcal, so daß die Heizfläche in den 3 Stunden noch $230000 - 52500 = 177500$ kcal zu liefern hat. Bei 1^0 C Temperatur-

15*

unterschied zwischen Heiz- und Boilerwasser beträgt der Wärmedurchgang pro 1 m² Schmiedeeisenrohr ca. 350 kcal/h, so daß erforderlich sind $\dfrac{177500}{3 \cdot 350 \cdot 35} = 4,8 \text{ m}^2$ Heizfläche.

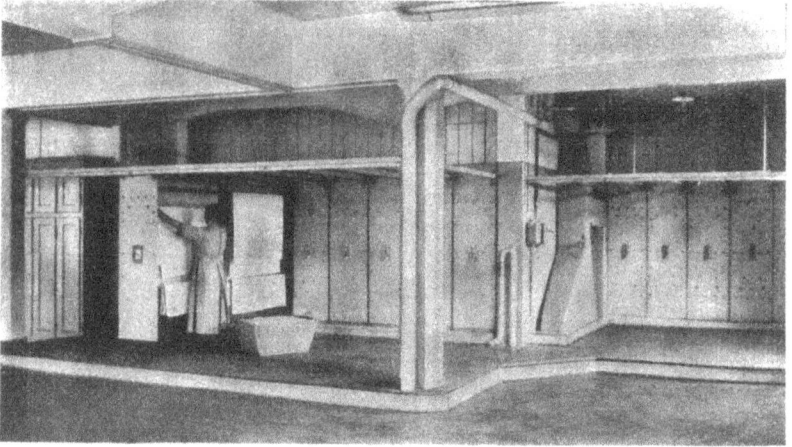

Abb. 168. Wäschetrocknerei im Kantonspital St. Gallen.
Ausführung der Firma Gebr. Sulzer, A.-G.

Abb. 169. Dampfkochküche in der Irrenanstalt Breitenau, Schaffhausen.
Ausführung der Firma Gebr. Sulzer, A.-G.

Dient Niederdruckdampf zur Heizung, so kann pro m² Heizfläche mit 650 kcal/h und mit einem Temperaturgefälle von etwa 65° C gerechnet werden, so daß in dem Falle $\dfrac{177500}{3 \cdot 650 \cdot 65} = 1,4 \text{ m}^2$ Heizfläche erforderlich sind.

Auch die Kesselheizfläche läßt sich aus obigen Zahlen ermitteln. Die maximale Wärmeleistung großer und mittelgroßer gußeiserner

Abb. 170. Dampfkochküche in der Schuhfabrik Bally, A.-G., Schönenwerd.
Ausführung der Firma Gebr. Sulzer, A.-G.

Abb. 171. Desinfektionsapparat mit ausziehbarem Wagen.
Ausführung der Firma Gebr. Sulzer, A.-G.

Gliederkessel ist im Maximum zu 7000 bis 8000 kcal/h anzunehmen (s. Abschnitt II 2). Im vorliegenden Fall ist also ein Kessel mit einer Heizfläche von mindestens $\dfrac{177500}{3 \cdot 8000} = 7{,}4 \text{ m}^2$ erforderlich resp. die für die Zentralheizung bestimmte Kesselanlage muß um diesen Betrag vergrößert werden, sofern der Vollbetrieb der Heizung und Warmwasserversorgung zeitlich zusammenfallen.

Abb. 172. Verschiedene Desinfektions- und Sterilisierapparate.
Ausführungen der Firma Gebrüder Sulzer A.-G.

Installationsfirmen für sanitäre Anlagen und Zentralheizungen erstellen in Verbindung mit den Heizungs- und Warmwasserversorgungsanlagen auch die maschinellen Einrichtungen und Apparate für Dampfwäschereien, Dampfkochküchen, Desinfektions- und Sterilisationseinrichtungen, wovon die Abb. 166 bis 172 einen Begriff geben.

XIII. Lüftungsanlagen.

1. Natürliche Lüftung.

Lüftungsanlagen sind schon als Luxuseinrichtungen bezeichnet worden. Selbstverständlich sollen Luxuslüftungen nicht erstellt werden. Die Lufterneuerung auf natürlichem Wege, durch die Poren der Umfassungswände, undicht schließende, sowie zeitweise offene Fenster ist so beträchtlich, daß sie in weitaus den meisten Fällen zur ausreichenden Ventilation der Räume genügt. Man bezeichnet das als natürliche Lüftung.

Der natürliche Luftwechsel kommt infolge der in einem gegen die Außenluft wärmeren oder kälteren Raume auftretenden Druckverhältnisse zustande.

Ist die Raumluft in einem mit homogenen Wänden versehenen
Raum wärmer als die Außenluft, so tritt nach Abb. 173 a oberhalb der
neutralen Zone Luft von innen nach außen, unterhalb von außen nach
innen über. In der Ebene der neutralen Zone herrscht Gleichgewicht.
Der Vorgang kehrt sich nach Abb. 173 b um, wenn die Raumluft kälter
als diejenige der Umgebung ist.

Bei einem gleichmäßig umwandeten Raum liegt die neutrale Zone
in der Mitte, ebenso wenn im gleichen Abstand von der Mitte, sowohl
oben als unten, gleich große Öffnungen angebracht werden. Bei nur
oben oder unten liegenden Öffnungen verschiebt sich die neutrale Zone
dagegen in die Ebene derselben, beispielsweise nach Abb. 173 c, wenn
die Luft im Raum wärmer ist als die Außenluft.

Der Druckunterschied, und damit auch der Luftwechsel, nehmen zu
mit der Höhe des Raumes, der Undichtigkeit der Umschließungswände
und dem Temperaturunterschied zwischen innen und außen. Im Winter

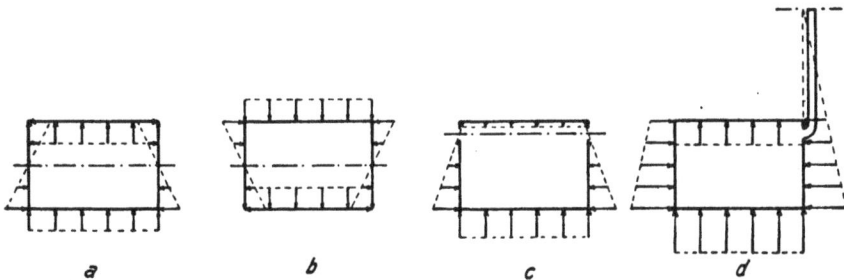

Abb. 173. a bis d Druckverhältnisse in gegenüber der Außenluft wärmeren oder kälteren Räumen:
a Raumluft wärmer, Wände homogen. b Raumluft kälter, Wände homogen. c Raumluft wärmer,
unter der Decke Öffnungen in den Wänden. d Raumluft wärmer, unter der Decke ein Abzugs-
schacht hochgeführt.

erneuert sich der Luftinhalt geheizter Räume unter gewöhnlichen Umständen etwa einmal in der Stunde. Durch in die Fenster eingesetzte
Jalousieklappen und Klappflügel oder durch Anwendung von Dachreitern,
Hüten, Dachfirstklappen, aufklappbaren Giebelwänden resp. Giebelflügeln
kann die Ventilation gesteigert werden.

Bei permanenten Doppelfenstern können die äußeren und inneren
Oberlichtflügel gekuppelt und zur Betätigung mit Schmalverschlüssen
versehen werden.

Die Ventilationswirkung läßt sich noch mehr steigern durch Anbringen eines Abzugschachtes nach Abb. 173 d, weil dadurch die neutrale Zone über den Raum verlegt und der Unterdruck in demselben
gesteigert wird. Der Kanal wirkt infolge des Auftriebes wie ein Kamin.
Die erreichbare Luftgeschwindigkeit berechnet sich theoretisch nach
der Formel:

$$v = \sqrt{\frac{2 \cdot g \cdot H (t_1 - t)}{T}} \text{ m/s}$$

worin bedeuten:

> H die Höhe von Mitte Abluftgitter bis Oberkant Kanal,
> t_1 die mittlere Lufttemperatur im Kanal in ^{0}C,
> t die Temperatur der Außenluft in ^{0}C,
> T die absolute Außentemperatur $= (273 + t)$,
> g die Beschleunigung der Schwere $= 9,81$.

Praktisch ist sie, des Reibungswiderstandes an den Kanalwandungen und der einmaligen Widerstände wegen, kleiner. Nach Recknagel kann unter Berücksichtigung dieser Umstände

$$v = 0,11 \sqrt{H \cdot (t_1 - t)} \text{ m/s}$$

gesetzt werden, wenn die totale Gittergröße, bei halbem freien Querschnitt, das 1,5 fache des Kanalquerschnittes beträgt.

Die Wirkung der Kanäle ist demnach um so geringer, je weniger hoch sie sind und je kleiner der Temperaturunterschied $(t_1 - t)$ ist. In Hinsicht auf eine Raumtemperatur von 18^0 C und eine gewisse Abkühlung der Luft im Kanal kann $t_1 = + 17^0$ C gesetzt werden. Ferner ist für den ungünstigsten Fall $t = + 10^0$ C anzunehmen, weil bei kälteren Außentemperaturen die Wirkung eine bessere ist, bei wärmeren dagegen die Fenster geöffnet werden können und der Lüftungskanal nicht mehr erforderlich ist. Unter Zugrundelegung dieser Verhältnisse berechnet sich die Geschwindigkeit v nach obiger Formel zu:

Zahlentafel 57.

H = m	v = m/s	H = m	v = m/s	H = m	v = m/s
4	0,46	10	0,90	16	1,13
6	0,66	12	0,98	18	1,17
8	0,79	14	1,06	20	1,21

und setzt mm $t_1 = + 15^0$C; $t = + 5^0$C, so wird bei:

Zahlentafel 58.

H = m	v = m/s	H = m	v = m/s	H = m	v = m/s
4	0,56	10	1,09	16	1,35
6	0,80	12	1,19	18	1,41
8	0,96	14	1,28	20	1,47

Ist die Gittergröße gleich zweimal dem Kanalquerschnitt, so erhöhen sich die Werte für v unter sonst gleichen Umständen auf das 1,15 fache.

Handelt es sich beispielsweise um einen Saal von 15 m Länge, 8 m Breite und 4 m Höhe, dessen Luftinhalt in der Stunde zweimal erneuert werden soll, so müssen durch den Abluftkanal $2 \cdot 15 \cdot 8 \cdot 4 = 960$ m³/h abziehen, und es ist bei einer Kanalhöhe von 14 m und Benützung von Zahlentafel 57 ein Querschnitt erforderlich von $f = \dfrac{960}{3600 \cdot 1,06} = 0,25$ m².

Ist dieser Querschnitt für einen einzigen Kanal zu groß, so sind deren zwei oder mehrere zu erstellen. Das hat zudem den Vorteil, daß die Luftströmung im Raum eine bessere Verteilung erfährt.

Die Wirkung dieser Abluftkanäle ist sehr ungleich, weil abhängig von der Witterung. Zur Erhöhung des Auftriebes wird bei kleinen Verhältnissen die Luft am unteren Ende des Kanales etwa gewärmt, bei Abzügen aus den Kapellen chemischer Laboratorien beispielsweise durch Gasflammen, auch sind zu dem Zweck nach Abb. 174a schon an die Zentralheizung angeschlossene Heiz-körper verwendet worden. Bei grös-seren Verhältnissen ergeben sich auf diese Weise jedoch im Betrieb teuere

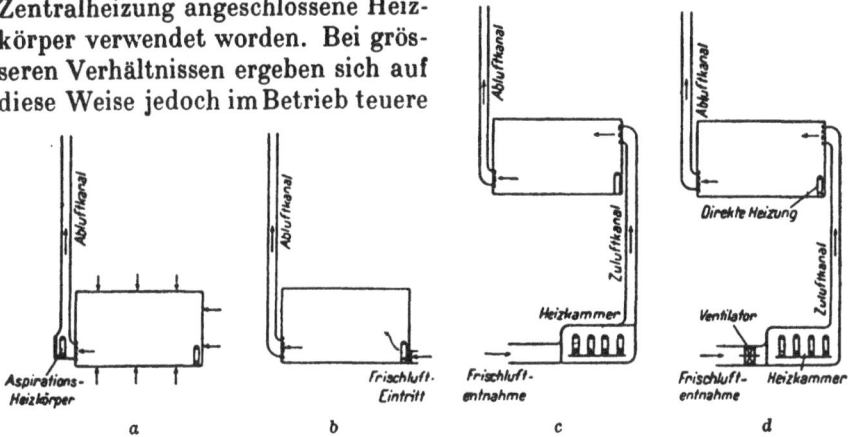

Abb. 174. a bis d verschiedene ältere Lüftungssysteme.

und trotzdem wenig wirksame Anlagen. Besser wird ein Venti-lator an den Abluftkanal angeschlossen, was heute ohne große Kosten leicht möglich ist, da geeignete Ventilatoren jeder Größe und an den meisten Orten auch elektrischer Strom billig zur Verfügung stehen. Diese Lösung ist jedoch nur für untergeordnete Räume, wie Aborte und Bäder, dagegen nicht für Versammlungsräume, Speisesäle, Bureaux usw. empfehlenswert.

Um Räume zugfrei zu lüften, darf nicht nur Luft abgesaugt, son-dern muß ihnen gleichzeitig vorgewärmte Luft zugeführt werden. Auch besteht beim bloßen Absaugen von Luft keine Gewähr dafür, daß die durch die Poren und Ritzen der Umfassungswände eintretende Luft nicht zum Teil von unerwünschten Orten, wie Korridoren, Aborten usw., her zuströmt.

Um der frischen Luft den Weg zu weisen, hat man schon hinter den in den Fensternischen aufgestellten Heizkörpern nach Abb. 174b

Maueröffnungen angebracht und sie zur Abhaltung grober Verunreinigungen außen mit Gittern und zur Abschlußmöglichkeit innen mit Klappen oder Schiebern versehen. Auf diese Weise gelingt es, die Luft von außen zuzuführen, auch erwärmt sie sich an den Heizkörpern bis zu einem gewissen Grade. Diese primitive Anordnung kommt aber ebenfalls nur für untergeordnete Räume, wie Küchen, Waschküchen usw., und zwar der Einfriergefahr wegen nur bei Dampfheizung in Betracht. Bei anderen Räumen wie Schulzimmern, Krankensälen usw. hat man keine guten Erfahrungen damit gemacht. Als Übelstände sind zu nennen: Eindringen von Staub, Insekten, Schall usw., durch die direkten Verbindungsöffnungen mit dem Freien und Auftreten von Zug, weil die Erwärmung der einströmenden Luft an den Heizkörpern gewöhnlich unzureichend ist.

Der vermeintlichen Verbilligung wegen wird immer wieder versucht, Lüftungsanlagen ohne oder mit nicht genügender Vorwärmung der Frischluft zu erstellen. Es ist aber zu bedenken, daß die einströmende Frischluft in jedem Falle auf Raumtemperatur erwärmt werden muß. Der Unterschied besteht nur darin, daß bei Zuführung in kaltem Zustande die Erwärmung erst im Raum selber, nachdem die Luft bereits Zugerscheinungen hervorgerufen hat, stattfindet. Kostenlos kann nicht gelüftet werden, in jedem Falle sind zur Erwärmung der Frischluft auf Raumtemperatur die gleichen Wärmemengen erforderlich. Auch ist vorauszusagen, daß jeder neue Versuch, mit ungewärmter Frischluft zugfrei zu lüften, fehlschlagen wird. Dies gilt sowohl, wenn die Luft nur an wenigen Stellen durch die Seitenwände, Fensteröffnungen[1]) oder wie Schreider dies vorgeschlagen hat, in guter Verteilung durch die Decke zugeführt wird. Die Vorwärmung muß mindestens auf Raumtemperatur erfolgen. Nur wenn die Anlage zur Kühlung des Raumes benützt werden soll, ist von dieser Forderung abzugehen, doch darf die Temperatur der zuströmenden Luft dann höchstens 3 bis 5° C unter derjenigen der Raumluft liegen und, sofern die anwesenden Personen von der Zuluft getroffen werden, ihre Ausströmgeschwindigkeit 0,3 m/s nicht überschreiten.

So lange es infolge fehlender Elektrizitätsversorgung umständlich war, Ventilatoren anzutreiben, erstellte man die Lüftungsanlagen gewöhnlich nach Abb. 174c, wobei von einer im Keller gelegenen Heizkammer Warmluftkanäle nach den Räumen und von dort Abluftkanäle über Dach geführt wurden. Dadurch war gleichzeitig die Möglichkeit geboten, die Frischluft von einer Stelle zu entnehmen, wo sie rein war, oder sie

---

[1]) se. beispielsweise: Ges.-Ing. vom 21. Febr. 1925 S. 90, ferner: The American Architect vom September 1925, Nr. 2480, S. 235 und des Werk: »Ventilation Report of the New York State Commission on Ventilation« 1923, Verlag von I. P. Dutton & Co. in New York. (Besprechung von H. Lorentz in Ges.-Ing. vom 21. März 1925).

im Keller durch Filter resp. Wasserschleier zu reinigen. Selbstverständlich arbeiteten solche Anlagen gegenüber den in Abb. 174b dargestellten auch mit erhöhtem Luftauftrieb, weil in dem Falle die Auftriebshöhe H von der im Keller gelegenen Heizkammer bis ans obere Ende des Abluftkanales reicht.

Heute, wo Strom, einwandfrei arbeitende Ventilatoren und Elektromotoren jeder Größe fast überall billig zur Verfügung stehen, sind auch diese Anlagen überholt. Der Ventilatorbetrieb kostet nicht viel, und der Luftwechsel ist dadurch bei beliebigen Temperaturverhältnissen garantiert. Weiter kommt hinzu, daß der größeren treibenden Kraft wegen die Lufterwärmung bei Ventilatorbetrieb in kleinen Gebläseheizkörpern vorgenommen werden kann, die der in ihnen herrschenden beträchtlichen Luftgeschwindigkeit wegen selbstreinigend sind. Im Gegensatz dazu mußten früher große, teure Heizkammern erstellt werden, die man mit Heizkörpern anfüllte. Da sie zumeist nicht gereinigt wurden, trugen sie nicht zur Verbesserung der Luftqualität bei.

Aber auch als bereits Ventilatoren, entweder sog. Schraubenventilatoren oder Luftturbinen (Zentrifugalventilatoren ohne Spiralgehäuse) angewendet wurden, behielt man diese Heizkammern zuerst noch bei. Eine solche Anordnung zeigt Abb. 174d. Die genannten Ventilatorarten erforderten jedoch verhältnismäßig viel Strom, weil sie mit schlechten Wirkungsgraden arbeiteten, die Heizkammern wiesen außer dem genannten hygienischen Nachteil große Wärmeverluste auf, erforderten viel Platz und waren teuer in der Herstellung. Weiter kam hinzu, daß die Luftkanäle, sogar in Spitälern, vielfach nicht gereinigt werden konnten, gewöhnlich zu schnell laufende und daher Geräusch verursachende Ventilatoren angewendet wurden, in den Räumen oft Zug auftrat u. a. m., so daß diese Anlagen zu vielen Klagen Veranlassung gaben.

Heute ist es möglich, alle diese Fehler zu vermeiden und in jeder Beziehung einwandfrei arbeitende Lüftungsanlagen bei mäßigen Anschaffungs- und geringen Betriebskosten zu erstellen.

2. Druck- und Sauglüftung mit Ventilatorbetrieb.

a) Allgemeines.

Moderne Lüftungsanlagen werden beispielsweise benötigt zur Lufterneuerung in Bureaux, Auditorien, Fabrikräumen und Laboratorien, die mit Menschen angefüllt sind oder in denen die Luft durch die Fabrikationsprozesse verdorben wird, ferner in Theatern, Konzertsälen und Kinos, wo die Zuschauer Kopf an Kopf nebeneinander sitzen und keine Fenster geöffnet werden können, in Restaurants, Versammlungssälen und anderen Lokalen, in denen geraucht wird, in Speisesälen, Badezimmern, Aborten, sowie Koch- und Waschküchen zur Beseitigung von Gerüchen, Dämpfen usw.

Man unterscheidet zwischen Druck- oder Pulsionslüftung und Saug- oder Aspirationslüftung. Im ersten Fall wird die Luft vom

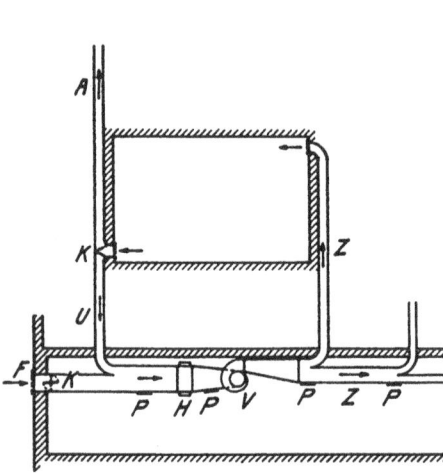

Abb. 175. Schema einer Pulsionslüftung mit Ab- und Umluftkanal für Räume, in denen nicht geraucht wird.

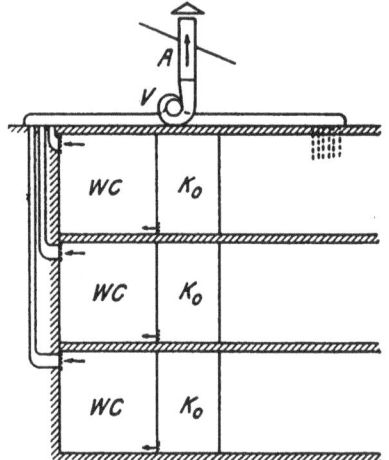

Abb. 176. Abluftanlage mit Sammelkanal und gemeinsamem Saug-Ventilator für Aborte und Bäder von Hotels, Verwaltungs-, Bankgebäuden usw.

F Frischluftentnahme. *H* Gebläseheizkörper. *V* Zentrifugalventilator. *Z* Zuluftkanal. *A* Abluftkanal. *U* Umluftkanal. *K* Klappen. *P* Putzdeckel. *K₀* Korridore. *WC* Aborte.

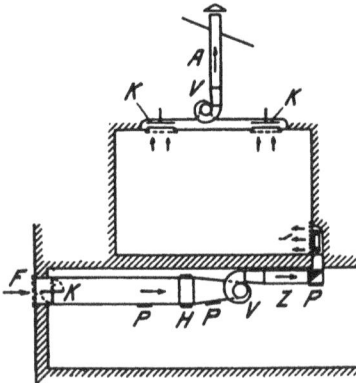

Abb. 177. Schema einer kombinierten Lüftung ohne Umluftkanal für große Versammlungssäle, Speisesäle, Räume, in denen geraucht wird usw.

F Frischluftentnahme. *H* Gebläseheizkörper. *V* Zentrifugalventilator. *Z* Zuluftkanal. *A* Abluftkanal. *K* Klappen. *P* Putzdeckel.

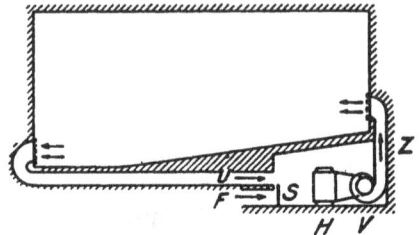

Abb. 178. Schema einer Luftheizung mit gleichzeitiger Lüftungsmöglichkeit in einem Kino. (Wenn die Frischluftzuführung benützt wird, ist die Abluft durch geöffnete Fensterflügel entweichen zu lassen.)

F Frischluft. *V* Zentrifugalventilator. *H* Gebläseheizkörper. *Z* Zuluftkanal. *U* Umluftkanal. (geht unter dem nicht unterkellerten Fußboden durch zwecks Warmhaltung desselben). *S* Schieber (bei Tiefstellung reiner Umluft-, bei Hochstellung reiner Frischluftbetrieb).

Ventilator in den Raum hineingeblasen, so daß Überdruck entsteht, dessen Größe sich einerseits nach dem vom Ventilator erzeugten Druck, anderseits nach dem Querschnitt der Zu- und Abluftkanäle richtet.

Sind keine Abluftkanäle vorhanden, so muß sich die Luft ihren Weg
durch die Poren und Ritzen der Umfassungswände, sowie gelegentlich
offene Fenster und Türen nach außen suchen. Dabei ist der Überdruck am größten, aber auch der Luftwechsel am kleinsten. Es wurde
schon versucht, dieses System in Schulen anzuwenden, jedoch ohne
Erfolg, da der Lüftungseffekt ungenügend war. Es erwies sich als nötig,
in den Pausen regelmäßig die Fenster zu öffnen, was bei künstlicher
Ventilation nicht, oder wenigstens nur ausnahmsweise, erforderlich sein
sollte.

Dagegen ist es in vielen Fällen zweckmäßig, die Abluftkanäle kleiner
zu machen als die Zuluftkanäle, damit einerseits der erforderliche Luftwechsel nicht beeinträchtigt wird, anderseits aber doch ein gewisser
Überdruck im Raum entsteht.

Drucklüftung wendet man bei Räumen an, in die aus der Umgebung durch die Undichtigkeiten in den Wänden oder sich öffnende
Türen keine Luft eindringen, Sauglüftung, wenn keine Luft austreten

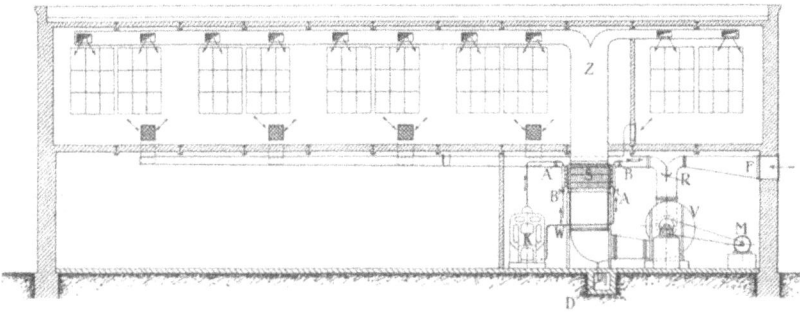

Abb. 179. Anlage zur Lüftung, Kühlung und Heizung von unter dem Dach einer Fabrik gelegenen
Bureauräumen.
F Frischluftentnahme. S Gebläseheizkörper. V Zentrifugalventilator. Z Zuluftkanal. U Umluftkanal. R Regulierklappe. M Elektromotor. K Heizkessel. A Ventile in der Heizleitung. B Ventile
in der Kaltwasserleitung. D Tropfwasserableitung.

soll, beispielsweise bei Hotel- und Restaurationsküchen, Garderoben,
Bädern, Aborten, Laboratorien usw. Zur Lüftung von Aborten, Garderoben und Bädern genügt es, die Zuluft von den Korridoren her anzusaugen. Dazu können im unteren Teil der Türen Schlitze oder Gitter
angebracht werden, sofern die natürlichen Undichtheiten und das
gelegentliche Öffnen der Türen nicht ausreicht. In den Korridoren
und den gelüfteten Räumen sind hierbei entsprechend größere Heizkörper
zur Anwärmung der durchströmenden Luft aufzustellen. Zur Lüftung
von Küchen, Laboratorien usw. sind besondere Zuluftkanäle mit eingebauten Heizkörpern vorzuziehen.

Ziemlich häufig werden auch sowohl Zu- als Abluftventilatoren aufgestellt. Bei diesem kombinierten System kann ebenfalls
Über- oder Unterdruck in den Räumen erzeugt werden, indem der eine

oder andere Ventilator kräftiger arbeiten gelassen wird. Mit diesen Anlagen kann eine besonders gute Durchlüftung der Räume erzielt werden und finden sie daher bei Speisesälen, Lokalen, in denen geraucht wird, Räumen mit großen Abmessungen (Konzertsälen, Theatern usw.) Anwendung.

Das Schema Abb. 175 zeigt die normale Anordnung von Pulsionslüftungen für Auditorien, Bureaux und Versammlungssäle, in denen nicht geraucht wird. Abb. 176 stellt eine Aspirationslüftung für Aborte und Bäder dar, Abb. 177 ist die Anordnung einer kombinierten Anlage

Abb. 180. Detail zu Anlage 179.

für große Versammlungs- und Speisesäle, sowie Räume, in denen geraucht wird, und Abb. 178 das Schema einer Luftheizung mit gleichzeitiger Lüftungsmöglichkeit für Kinos. Ferner veranschaulichen die Abb. 179 und 180 eine Anlage zur Lüftung und Kühlung von unter dem Dach einer Fabrik gelegenen Bureauräumen.

b) Größe des Luftwechsels.

Die Größe des Luftwechsels richtet sich nach der Art und Besetzung des Raumes und dem Zweck der Anlage. Man hat zu unterscheiden, ob es sich:

    1. um Aufenthaltsräume handelt, in denen die Luft erneuert werden soll, weil sie durch die anwesenden Personen und eventuelle Fabrikationsprozesse oder andere Verunreinigungsquellen verdorben wird;

2. ob die Anlage den Raum gleichzeitig heizen oder vor Überwärmung bewahren und

3. ob die Anlage in erster Linie zur Befeuchtung oder Trocknung der Raumluft dienen soll.

4. Ob es sich um Staub- oder Späneabsauganlagen handelt.

Für Fall 1 machte Rietschel auf Grund von Erfahrungen und
Berechnungen folgende Angaben:

Zahlentafel 59.

	geringster | größter	
	stündlicher Luftwechsel	
Krankenräume für Erwachsene	75 m³	75—120 m³ pro Kopf
» » Kinder	35 »	35 » » »
Schulräume:		
für Schüler im Alter bis zu 10 Jahren	10 »	17 » » »
» » von über 10 Jahren	15 »	25 » » »
Aufenthaltsräume für Erwachsene:		
bei bestimmter Anzahl der Anwesenden	20 »	35 » » »
bei unbestimmter Anzahl der Anwesenden	1 faches	2 faches des Raum-
Küchen und Aborte	3 »	5 » inhaltes

und bemerkte dazu, daß jederzeit der größte Luftwechsel, selbst über
das angegebene Maß hinaus, anzustreben und nur dann, wenn zugfreie
Lüftung mit demselben nicht möglich ist, der geringere Luftwechsel in
Ansatz zu bringen sei.

Normalerweise rechnet man für Versammlungslokale, Kinos, Theater
usw. heute mit etwa 20 bis 25 m³/h pro Kopf, jedoch nur bis —10°C
Außentemperatur. Bei größerer Kälte ist der Luftwechsel derart einzuschränken, daß die Luft nicht zu kalt in den Raum eintritt.

Da Bäder und Aborte nur einen kleinen Rauminhalt haben und gut
gelüftet werden sollen, nimmt man für diese Räume gewöhnlich einen
5- bis 10 fachen, bei Küchen und Waschküchen, je nach den Verhältnissen, einen 10- bis 25 fachen Luftwechsel an.

Räume, in denen stark geraucht wird (Vereinslokale, gut besuchte
Kaffeehäuser), müssen ebenfalls reichlich gelüftet werden. Der Tabak-
rauch enthält in besonderen Mengen Nikotin und Kohlenoxyd. Bei längerer Einwirkung auf den menschlichen Körper erzeugt er daher Kopf-
schmerzen und Magenverstimmungen. Als weiterer Nachteil ist der üble
Geruch zu bezeichnen, den er nach dem Erkalten im Zimmer und in
den Kleidern hinterläßt. Gibt man sich mit einer Milderung dieser
Übelstände zufrieden, so genügt ein 5 maliger Luftwechsel, werden
jedoch gründliche Beseitigung und durchsichtige Luft während der

Benützung des Raumes verlangt, so ist 8- bis 10 fache stündliche Lufterneuerung unerläßlich.

Im Auslande schenkt man der ausgiebigen Lüftung der Räume ebenfalls Aufmerksamkeit. So sind beispielsweise im Staate New York Gesetze erlassen worden, in denen es u. a. heißt:

»Es darf in diesem Staate in Zukunft in keiner Stadt dritter Klasse und in keinem inkorporierten Orte oder Schuldistrikte ein Schulhaus mit einem Kostenaufwand von mehr als 500 Dollars erbaut oder erweitert werden, bevor die Pläne und Beschreibungen dazu dem Regierungskommissar für das Unterrichtswesen vorgelegt und von ihm genehmigt worden sind. Der Regierungskommissar darf die Genehmigung nicht erteilen, wenn nicht in den Plänen für jeden Platz eines Schülers in jedem Studier- oder Lehrraume mindestens 15 Quadratfuß (1,4 m²) Grundfläche nebst mindestens 200 Kubikfuß (5,66 m³) Luftraum vorgesehen sind und dafür gesorgt ist, daß jedem Schüler in jeder Minute wenigstens 30 Kubikfuß (0,85 m³) reine Luft zugeführt werden und wenn nicht die Möglichkeit besteht, die unreine oder verdorbene Luft aus den Räumen, unabhängig von dem Wechsel der atmosphärischen Verhältnisse, abzuführen[1]).«

Und in einer amtlichen Verfügung des Niederösterreichischen Landesschulrates heißt es u. a.: »Zur Lufterneuerung dienen zunächst Fenster und Türen. .... Jeder Schulraum muß noch eine besondere Vorrichtung zur stetigen Lüftung während der Heizperiode haben, die bei jeder Witterung eine stündlich dreimalige Lufterneuerung verbürgt. Diese Lüftungseinrichtungen müssen in jedem einzelnen Falle durch einen Fachmann projektiert und aus den Bauplänen vollständig ersichtlich gemacht werden.«

In Amerika werden ferner für Kinos pro Besucher Mindestrauminhalte von 2,26 m³ und eine Mindestluftzufuhr von 27 m³/h, sowie eine Raumtemperatur von 16 bis 21° C verlangt (Ges.-Ing, Jahrg. 1924, Hefte 14 und 15).

Zur Erzielung eines guten Lüftungseffektes ist in jedem Falle auf zweckmäßige Anordnung der Luftein- und -austrittgitter zu achten (s. Abschnitt XIII 2g).

Hat die Anlage Überwärmung der Räume zu verhindern, so muß die Luft bei ihrem Abströmen soviel Wärme mitnehmen, als im Raum entsteht. Für Überschlagsrechnungen kann angenommen werden, daß 1 m³ abströmende Luft etwa 0,29 $(t_1 - t_2)$ kcal wegführt, wenn t_1 die Temperatur der aus dem Raum abströmenden, t_2 diejenige der in den Raum eintretenden Luft ist.

In den Räumen kann Wärme entstehen:

Zahlentafel 60.

1. durch Menschen:

pro erwachsene Person bei nicht vollbesetzten Räumen . . . . . 75 kcal/h

» » » » vollbesetzten Räumen . . . . 50 »

durch Kinder von 8 bis 12 Jahren die Hälfte;

---

[1]) Die amerikanischen Gesetze bezüglich Ventilation von Schulen und anderen öffentlichen Gebäuden sind für die Staaten Massachusetts, New Jersey, New York und Pennsylvania zusammengefaßt in einer kleinen Broschüre: »Ventilation Laws«, herausgegeben von der »Heating and Ventilating Magazine Company« in New York.

Zahlentafel 60. (Schluß).

	kcal/h
2. in Wärme umgesetzte Energie ergibt:	
pro Pferdestärke (PS) in der Stunde	632 »
» Kilowattstunde (kWh)	860 »
3. » m³ verbrennendes Leuchtgas entstehen . . . . ca.	4500 »
und außerdem ca. 1 l Wasser.	

Beispiel. Es handle sich um einen Konzertsaal für 800 Personen, so wird bei voller Besetzung die Wärmeproduktion durch die Menschen ca. $800 \cdot 50 = 40000$ kcal/h betragen. Bei elektrischer Beleuchtung kann die entstehende Wärme vernachlässigt werden. Nicht zulässig ist dies jedoch bei Gasbeleuchtung. Tritt die Luft mit $t_2 = 18^0$ C in den Raum und strömt mit $t_1 = 23^0$ C weg, so braucht es somit stündlich

$$\frac{40000}{0,29 \cdot 5} = 27600 \text{ m}^3 \text{ Luft},$$

oder pro Kopf $\dfrac{27600}{800} = 34,5$ m³, was der oberen, von Rietschel für Aufenthaltsräume bei bestimmter Anzahl der Anwesenden angegebenen Grenze entspricht.

Nun ist allerdings beizufügen, daß bei nur kurzer Benützungszeit des Saales von beispielsweise 2 Stunden nicht die ganze entstehende Wärmemenge durch die Lüftung abzuführen ist, weil beim allmählichen Steigen der Raumtemperatur die Umfassungswände in erheblichem Maße Wärme absorbieren (s. Abschnitt VII 6). Unter Berücksichtigung dieses Umstandes kann pro Person meist mit 20 bis 25 m³/h ausgekommen werden, es ist dann jedoch dafür zu sorgen, daß das Lokal zu Beginn der Benützung nicht auf über 15 bis 16⁰ C angewärmt wird (s. Abschnitt VII 2).

In ähnlicher Weise ist bei Bestimmung der nötigen Luftmengen vorzugehen, wenn es sich um Befeuchtung oder Trocknung der Raumluft handelt, indem in diesen Fällen die den Raum durchströmende Luft eine entsprechende Wasserdampfmenge in den Raum hineinzubringen resp. aus demselben abzuführen hat. Immerhin liegen die Verhältnisse hierbei komplizierter und ist die Berechnung daher dem Ingenieur zu überlassen.

Im folgenden sei nun noch der Weg der Luft, von ihrem Eintritt ins Gebäude bis zum Verlassen desselben, verfolgt.

c) Luftentnahme.

Die Entnahme der Luft hat an Orten zu geschehen, wo sie rein ist. Liegt das Gebäude an staubigen Straßen, so kann eventuell ein Bodenkanal von einer Gartenanlage her (Abb. 181) oder ein Vertikalkanal aus einem oberen Stockwerk oder vom Dach herunter erforderlich sein.

Die Entnahmestelle soll nicht auffallend und unschön ausgeführt werden. Geschickten Architekten ist es meist möglich, befriedigende Lösungen zu finden. Am einfachsten ist die Benutzung eines Fensters, Bisweilen sind aber auch besondere Öffnungen in den Umfassungsmauern erforderlich (Abb. 182). Unschöne Holzanbauten mit Jalousien sind, auch bei Fabriken, zu vermeiden. Muß zur Entnahme ein besonderer Aufbau erstellt werden, so ist er beispielsweise in Form eines hübschen,

Abb. 181. Luftentnahmestelle für die Lüftungsanlage der Universität Zürich. (Arch. Prof. Dr. K. Moser.)

grün bewachsenen Gartenhäuschens (Abb. 181) auszuführen. In Städten wurden auch schon in Höfen gelegene Springbrunnen benutzt, indem man die Luft durch die durchbrochenen Säulen ansaugte. Die Zahl der Möglichkeiten ist groß.

Um grobe Verunreinigungen, z. B. Blätter und Papierfetzen, vom Eindringen in die Gebäude abzuhalten, sind die Entnahmestellen mit Jalousien, weitmaschigen Drahtgeflechten oder Gittern zu versehen. Zur Verminderung der Ansaugwirkung und um den Widerstand klein zu halten, soll die Eintrittgeschwindigkeit der Luft 0,5 m/s nicht übersteigen.

Die Entnahmeöffnungen sind ferner durch Klappen, Rolladen oder
Schieber (event. Fenster) abschließbar zu machen, damit die Anlagen
bei Nichtbenützung während des Sommers der Verstaubung nicht ausgesetzt sind und im Winter das unnötige Eindringen kalter Luft verhindert werden kann.

d) Luftzubereitung.

Ist es unmöglich, reine (staub- und rußfreie) Luft von außen zu
bekommen, so muß sie beim Eintritt ins Gebäude gereinigt werden.
Unter Umständen genügt hiezu eine Staubkammer in Form eines großen

Abb. 182. Luftentnahmeöffnungen im Heiligenbergschulhaus Winterthur.
(Arch. Bridler und Völki.)

Kellerraumes, in dem die Strömungsgeschwindigkeit so gering ist, daß
sich die schwereren Partikel niedersetzen. Eine weitgehendere Reinigung
ist möglich durch Filter oder Luftwäscher. Es gibt Tuchfilter (Taschen-
und Schlauchfilter aus Baumwollstoff, Nesseltuch usw.) (Abb. 183) und
tuchfreie Filterkonstruktionen, wie z. B. den Viscin-Luftfilter, der aus
großen Metallflächen mit dünnem Viscinolüberzug besteht.[1] Viscinol ist
ein hochraffiniertes, wetterfestes Öl. Die Viscinfilter werden verschieden

---

[1] S. Ges.-Ing. vom 8. Aug. 1925, S. 397: M. Berlowitz, Versuche an Metall-
filtern zur Luftentstaubung.

ausgeführt. Entweder sind es regellos zwischen gelochten Wänden oder auf durchbrochenen Unterlagen angeordnete Filterkörper (Abb. 184) oder hintereinander gereihte scharfkantige, profilierte Platten mit je einer gelochten und einer nicht durchbrochenen Flankenreihe oder schließlich Drahtwicklungen, die mit dem genannten Öl benetzt werden. Abb. 184 zeigt die Rahmenteile einer Filterzelle. Sie messen 500 × 500 × 100 mm. Die Stundenleistung einer Zelle beträgt 1000 bis 1200 m³ bei ca. 5 mm Widerstand.

Außerdem gibt es mechanisch bewegte Filter mit kontinuierlicher Reinigung. Diese Filter finden jedoch mehr Verwendung für technische Zwecke, z. B. bei den Luftkühlanlagen für elektr. Maschinen, Luftkompressionsanlagen usw.

Bei der Luftwaschung werden entweder zwischen zwei vertikal stehende, den ganzen Luftweg durchquerende Drahtgitter Koks- oder Tonstücke geschichtet und vom Wasser überrieseln gelassen. Eine zweite, öfter angewendete Art besteht in der Erzeugung von Wasserschleiern durch Düsen. Abbildung 185 zeigt einen Sendric-Heizapparat der Firma Gebrüder Sulzer, A.-G., bestehend aus Vorwärmheizkörper, Luftwaschraum mit Streudüsen, Tropfenfänger, Nachwärmheizkörper und Zentrifugalventilator.

Abb. 183. Filterkammer mit Tuchfilter im Hadwig-schulhaus St. Gallen.

Sämtliche Filter erfordern aufmerksame Wartung. Verschmutzung von Tuchfiltern hat zur Folge, daß die hindurchgehende Luftmenge stark abnimmt. Das ist namentlich der Fall, wenn der Staub feucht wird und verfilzt oder verkrustet. Bei öfterem Feuchtwerden können sie auch faulen. Luftwaschung durch Koksfilter ist wenig sauber, wenn der Koksinhalt nicht oft erneuert wird und führt, wie die Waschung mit Düsen, unter Umständen zu einer nicht erwünschten Befeuchtung der Luft, was allerdings durch Verwendung genügend kalten Wassers vermieden werden kann. Dann ist es sogar möglich, im Sommer eine gewisse Kühlung der Luft, bei weitgehender Abkühlung sogar eine Wasserausscheidung, herbeizuführen, so daß die Luft nach ihrer Wiedererwärmung in den Kanälen nicht nur kühler, sondern, trotz der Berührung mit dem Wasser, trockener in die Räume eintritt, als wenn sie direkt hinaufbefördert worden wäre.

Abb. 184. Rahmenteile einer Viscin-Filterzelle.
Ausführung der Deutschen Luftfilter-Baugesellschaft m. b. H. Berlin.

Abb. 185. Sendric-Heizapparat mit Luftwascheinrichtung der Firma Gebrüder Sulzer A.-G., mit weggenommener Vorderwand, um das Innere zu zeigen.

Selbstverständlich muß bei allen Naßfiltern dafür gesorgt werden, daß die Luft keine Wassertropfen in die Kanäle und Räume mit hinaufreißt. Hiezu dienen Tropfenfänger (Abb. 185) oder, wie zur Staubablagerung, große Räume, in denen die Wassertropfen zu Boden fallen.

Alle Filter und Luftwäscher setzen der Luftströmung Widerstand entgegen und vermindern die Einfachheit der Anlagen, weshalb sie, wenn möglich, wegzulassen sind.

Unbedingt erforderlich ist dagegen ein Heizapparat, in dem die Luft bei Lüftungsanlagen auf 20 bis 22°C, bei Luftheizungen auf 40 bis 50°C erwärmt werden kann. Diese Gebläseheizkörper bestehen aus gußeisernen Sonderelementen (Abb. 38, 180, 185), schmiedeeisernen Röhrenkesseln oder ähnlichen Apparaten, die von der Luft in guter Verteilung durchstrichen und mit Dampf oder warmem Wasser beheizt werden. In Fabriken kann dazu auch vorhandene Abwärme, z. B. Abdampf von Dampfhämmern, dienen. Die Erwärmung der Luft mit Feuerluftöfen, sog. Kaloriferen, ist meist nur noch bei Luftheizungen (s. Abschnitt I 3 d) und auch dort selten mehr anzutreffen. Steht billiger Strom in ausreichender Menge zur Verfügung, so wird bisweilen außer dem Dampf- oder Warmwasserapparat auch ein elektrischer Heizkörper eingebaut, damit es an kühlen Sommertagen und in den Übergangszeiten möglich ist, die Luft ohne Anheizen des Kessels auf elektrischem Wege zu wärmen. Bei reichlicher Bemessung der Heizapparate können die Lüftungsanlagen bis etwa +5°C Außentemperatur auch zur Heizung der Räume benützt werden. Beispiele für derartige Ausführungen sind die Tresorräume von Banken, die Säle von Kirchgemeindehäusern, Schulhäuser mit Pulsionslüftungen usw.

Weiter ist es möglich, die Heizelemente der Gebläseheizkörper im Sommer von kaltem Wasser durchströmen zu lassen und dadurch eine gewisse Kühlung der Luft zu bewirken. Infolge des geringen Temperaturunterschiedes zwischen Luft und Wasser ist der Kühleffekt allerdings gering. Die Temperaturabnahme beträgt selten mehr als 2 bis 3°C. Auch ist darauf Rücksicht zu nehmen, daß im Kühlapparat starke Wasserausscheidung aus der Luft stattfindet, das Wasser daher abzuleiten (Abb. 179) und der Apparat gegen Rosten gut zu schützen ist. Ein weiteres Mittel, die Räume im Sommer kühl zu halten, besteht darin, daß die Lüftungsanlage nachts, wenn die Temperatur der Luft im Freien niedrig ist, im Betrieb gelassen und dadurch eine Auskühlung der Mauern bewirkt wird. Sie dienen dann tagsüber als Wärmeakkumulatoren. Auch dadurch lassen sich aber nur geringe Effekte erzielen[1]). Handelt es sich um Lager- und Kühlräume, Leichenhallen, Theater mit Sommerbetrieb usw., so sind Kühlmaschinen aufzustellen.

e) Ventilatoren.

Ihres besseren Wirkungsgrades wegen sind, wenn immer möglich, Zentrifugalventilatoren mit Spiralgehäusen und Diffusoren (Abb. 180) zu verwenden. Schraubenventilatoren (Abb. 186) sind nur am Platz, wenn es sich um direktes Ausblasen der Luft von einem Raum in einen anderen oder ins Freie handelt, d. h. große Luftmengen bei geringen Drücken (bis max. 10 mm WS) zu fördern sind.

---

[1]) S. Ges.-Ing. 1910 S. 565 und 919.

Der Antrieb der Ventilatoren erfolgt meist durch Elektromotoren, in Fabriken auoh etwa von Transmissionswellen aus. Ferner kommen gelegentlich Kleindampfturbinen zur Verwendung. Abb. 187 zeigt die Anordnung in der Universität Zürich, wo der Antrieb der Ventilatoren im Sommer von Elektromotoren, im Winter, wenn der Abdampf zur Lufterwärmung verwendbar ist, von Kleindampfturbinen aus erfolgen kann. Dadurch ist der Betrieb verbilligt und die Sicherheit gegen Betriebsunterbrüche erhöht.

Für geräuschlosen Gang, wie er in Konzert- und Vortragssälen, Theatern, Kinos, Schulen usw. verlangt werden muß, sind bei Verwendung von Zentrifugalventilatoren folgende Bedingungen zu erfüllen: Der vom Ventilator zu überwindende Gesamtwiderstand soll 15 bis 20 mm WS und die Umfangsgeschwindigkeit des Ventilatorflügels 12 m/s nicht übersteigen. Ferner ist es zweckmäßig, den Ventilator vom Elektromotor aus durch einen Riemen anzutreiben, weil dadurch eine Übertragung des bisweilen auftretenden Motorgeräusches auf den Ventilator ausgeschlossen ist. Auch besteht dann die Möglichkeit, durch Änderung der Riemenrollen die Umlaufzahl beliebig zu verändern. Zweckmäßig ist es auch, die Antriebsmotoren der Ventilatoren mit Tourenregulierung zu versehen.

Weiter ist der Lagerung des Ventilators und Elektromotors Aufmerksamkeit zu schenken. Hierfür gilt dasselbe, was unter Abschnitt I 3 b

Abb. 186. Lüftung einer Schmiede mit einem Schraubenventilator von 1200 mm Flügeldurchmesser.
Ausführung der Firma Gebr. Sulzer, A.-G.

hinsichtlich Lagerung der Pumpenaggregate bei Pumpenheizungen gesagt wurde. Bisweilen werden zwischen Ventilator und anschließendem Blechkanal zur Verhinderung der Übertragung von Vibrationen Segeltuchverbindungen eingeschaltet. Sie sind aber überflüssig, wenn die Ventilatoren, wie vorstehend angegeben, langsam laufen gelassen werden.

Die ausführende Firma hat volle Garantie dafür zu übernehmen, daß keine störenden Geräusche auftreten und ist diese Bedingung im Lieferungsvertrag ausdrücklich zu erwähnen. Bemerkungen wie: der Ventilator wird »praktisch« oder »technisch« geräuschlos laufen, sind nicht anzuerkennen, weil die Meinungen über eine derartige Geräuschlosigkeit nach Vollendung der Anlage oft auseinandergehen. Wenn Geräusch nichts ausmacht, beispielsweise bei industriellen Anlagen, so können die Ventilatoren schneller laufen gelassen werden, wodurch sie kleiner und daher billiger ausfallen. Ist der Elektromotor in der Offerte nicht mit inbegriffen, so muß er, den Angaben der Installationsfirma entsprechend, bauseitig beschafft werden. Ebenso ist die Erstellung der Fundamente für die Ventilatoren und Elektromotoren Sache des Architekten.

f) Luftkanäle.

Vom Ventilator resp. Heizapparat führen die Zuluftkanäle nach den Räumen. Sie bestehen aus den horizontalen Verteil- und den gewöhnlich durch die Mauern hochsteigenden Vertikalkanälen. Während

Abb. 187. Ventilationsanlage in der Universität Zürich.
Ausführung der Firma Gebr. Sulzer, A.-G.

die Horizontalkanäle mehreren Räumen dienen können, sind die Vertikalkanäle für jeden einzelnen Raum von unten an gesondert zu führen, weil sonst Schallübertragungen von einem Raum zum andern auftreten. In gewissen Fällen, z. B. in Krankenhäusern, ist jede Verbindung unter den einzelnen Räumen außerdem, der Übertragung von Krankheitserregern wegen, auszuschließen.

Die Horizontalkanäle werden am besten aus Blech, und zwar in Hinsicht auf die Rostgefahr aus galvanisiertem Eisenblech, erstellt (Abb. 180 und 187). Bisweilen wird auch Rabitz verwendet, der aber, seiner Schuppigkeit und gelegentlichen Undichtigkeit wegen, weniger zweck-

mäßig ist. Blechkanäle haben dichte, glatte, daher der Luftströmung
wenig Widerstand entgegensetzende und leicht zu reinigende Wandungen. Zwecks Kleinhaltung des Widerstandes sind scharfe Ecken,
plötzliche Querschnittsänderungen, enge Gitterquerschnitte usw. zu
vermeiden. Sämtliche Übergänge sind gut abgerundet und in schlanken
Formen zu erstellen, damit keine Luftwirbel auftreten. Lange Kanäle
müssen, namentlich wenn sie in unbeheizten Räumen liegen, durch
Korkplatten oder ähnliche Isoliermittel, gut gegen Wärmeverluste geschützt werden.

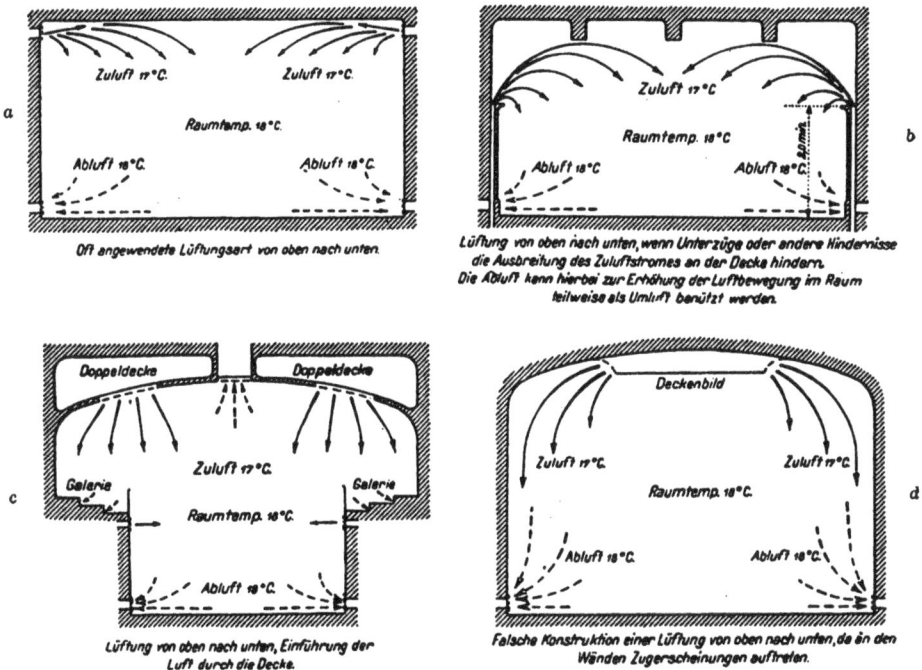

Abb. 188. a bis d. Schematische Darstellung einiger Lüftungsmöglichkeiten für Säle.

Aus demselben Grunde sind auch die Vertikalkanäle nach Möglichkeit in die Innenmauern zu verlegen. Bei Backsteinbauten können
sie wie Kamine erstellt werden. Bei Betongebäuden sind sie auszusparen. Bisweilen werden auch glasierte Tonröhren verwendet, die aber bei
Backsteinbauten nicht über 60 bis 70 cm lang sein dürfen, weil sonst infolge ungleichen Setzens Risse in der Mauer und dem Putz entstehen.

In bereits bestehenden Gebäuden müssen die Kanäle an unauffälligen
Stellen durch die Räume hochgeführt werden. Dann benützt man als
Material am besten Blech, das mit Gipsdielen, Schilfbrettern, Holz
oder einem ähnlichen Material umkleidet wird.

Die Luftgeschwindigkeit in den Kanälen beträgt normalerweise nicht mehr als 3 bis 4 m/s. Bei sehr beschränkten Platzverhältnissen ist man schon auf 10 und 12 m/s gegangen, es ist jedoch zu berücksichtigen, daß der Widerstand mit dem Quadrat der Geschwindigkeit wächst und bei größerem Widerstand die Ventilatoren schneller

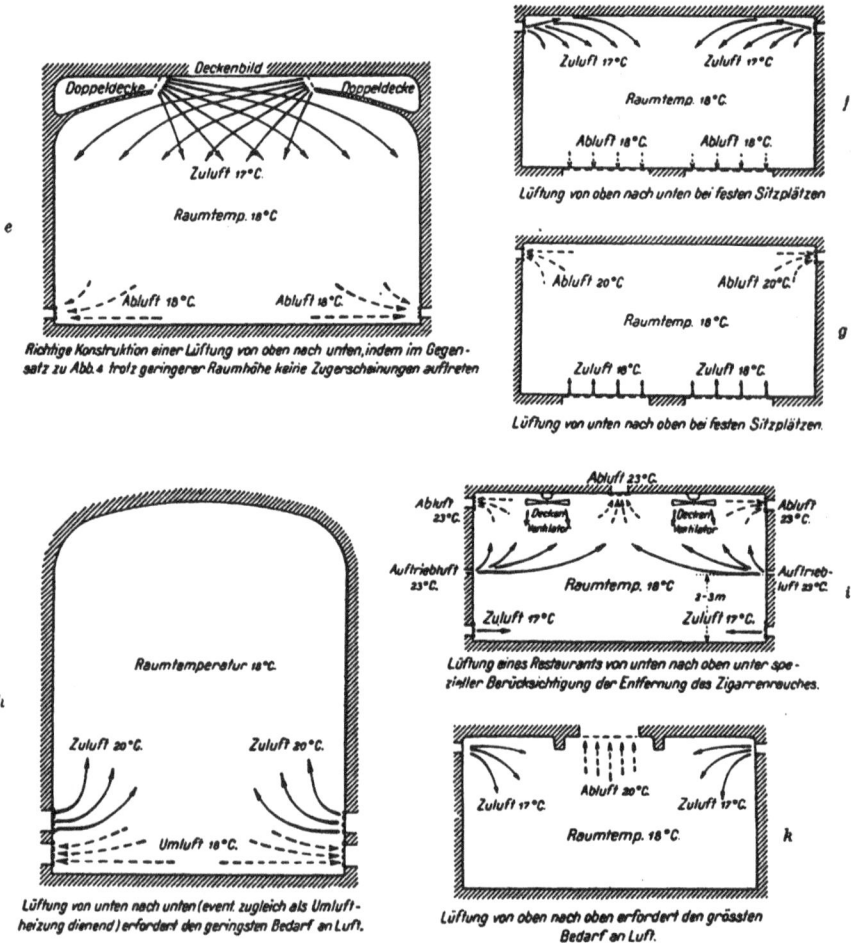

Abb. 188. e bis k. Schematische Darstellung einiger Lüftungsmöglichkeiten in Sälen.

laufen müssen, wodurch der Kraftverbrauch gesteigert und der geräuschlose Gang in Frage gestellt wird.

Wichtig ist, daß die Kanäle zur leichten Reinigung genügend viele Putzöffnungen erhalten. Als bequem haben sich mit Vorreibern befestigte, gut schließende Putzdeckel erwiesen.

g) Luftführung in den Räumen. (Anordnung der Luftein- und -austrittgitter).

Die Luftaustrittgeschwindigkeit in die Räume kann man machen: Sofern die Austrittgitter oben in den Seitenwänden liegen, bis zu 3 m/s, bei in horizontaler Richtung sehr ausgedehnten Räumen bis zu 5 m/s. Dabei ist es angezeigt, die Luft schief nach oben zu blasen. Bei Anordnung der Lufteintrittgitter im unteren Teil der Seitenwände oder in der Decke soll die Geschwindigkeit dagegen 0,3 m/s nicht übersteigen, weil hierbei die anwesenden Personen von der Seite resp. von oben her, vom Luftstrom direkt getroffen werden nnd denselben leicht als Zug empfinden. Das ist namentlich der Fall, wenn die Temperatur der einströmenden Luft niedriger als diejenige der Raumluft ist. Beim Einblasen durch die Decke ist es angezeigt, keine Sitzplätze direkt unter die Öffnungen zu legen. Bisweilen werden unter den Deckeneintritten auch Ablenkflächen aus Blech oder Rabitz angebracht, damit die Luft gezwungen ist, nach den Seiten hin auszutreten.

Abb. 189. Einfache Luftgitter mit Jalousieklappen.

Der Luftführung in den Räumen kommt sowohl vom hygienischen als wirtschaftlichen Standpunkt Bedeutung zu. In jedem einzelnen Fall ist die zweckmäßigste gegenseitige Anordnung der Ein- und Austrittgitter festzustellen und dafür zu sorgen, daß die frische Luft den Raum nicht unbenützt, z. B. nur der Decke oder einer Seitenwand entlang, durchstreicht. Sie muß der Zone, in der sich die Menschen aufhalten, zugute kommen und eine vollständige Durchspülung des Raumes bewirken.

Von den Hygienikern wird Luftbewegung und die dadurch auftretende gründliche Durchmischung der Luft als erstrebenswert bezeichnet. Zug unterscheidet sich von Luftbewegung dadurch, daß nur einzelne Teile des Körpers vom Luftstrom getroffen werden, was bekanntlich unangenehme Folgen haben kann, während bei Luftbewegung der Körper allseitig umspült wird.

Abb. 190. Umluftgitter in der
Friedenskirche in Bern.

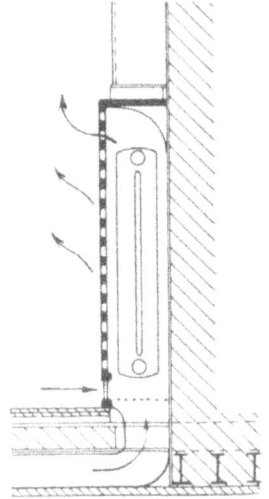

Abb. 191. Frischluftzuführung durch
die Heizkörperverkleidungen.
Ausführungen u. a. im Kirchgemeindehaus Enge (Zürich) und Kasino Bern.

Abb. 192. Luftaustritte in einer Spinnerei.
Zur Verfügung gestellt von Gebr. Sulzer, A.-G.

Abb. 193. Großer Hörsaal in der Universität Zürich mit Zuluftgitter unter
der Decke.
Zur Verfügung gestellt von Gebr. Sulzer,
A.-G.

Die Luftführung muß der Raumart angepaßt werden. In gewissen Fällen ist es richtiger, nach den Abb. 175 und 179 von oben nach unten, in anderen entsprechend Abb. 177 von unten nach oben, bisweilen nach den Abb. 178 und 188h von unten nach unten oder nach Abb. 188k von oben nach oben zu lüften. In Abb. 188a bis k sind verschiedene Möglichkeiten schematisch dargestellt. Meist liegen die Zu- und Abluftgitter an gegenüberliegenden Wänden, es kommt aber auch vor, daß sie an derselben Seitenwand nach Abb. 188h direkt übereinander angeordnet sind. Das kann bei Luftheizung mit Umluftbetrieb zweckmäßig sein, weil dort die 40- bis 50grädige Luft nach ihrem Austritt sofort in die Höhe steigt, also keine Gefahr besteht, daß sie dem unter dem Zuluftgitter gelegenen Abluftgitter direkt zuströmt. Auch bei Kühlanlagen kann eine solche Anordnung in Frage kommen, wobei die kühle Luft aber unten einzuführen ist.

Abb. 194. Inneres des »Bubenberg«-Kinos in Bern mit Luftgittern über der Bühne und in der Decke. Der Frischluftventilator fördert 16 000 m³/h, der Abluftventilator 10 000 m³/h. Die Heizfläche des mit Warmwasser geheizten Sendric-Heizapparates ist 72, diejenige des Warmwasserheizkessels 22 m². Ausführung der Firma Gebr. Sulzer, A.-G, Winterthur.

Die Zuluft nach Abb. 188g durch Bodengitter in den Raum austreten zu lassen, ist aus hygienischen Gründen verwerflich, weil beim Darüberschreiten, sowie beim Kehren der Fußböden Staub und Schmutz in die Kanäle hinunterfallen. Die Anbringung unterer Zuluftgitter hat daher, wie schon unter Abschnitt I 3d bemerkt, immer an vertikalen Flächen, beispielsweise den Seitenwänden, oder bei fester Bestuhlung an den Stützen der Sitze, zu erfolgen.

Die Abluft oben aus den Räumen austreten zu lassen, ist zweckmäßig, wenn es sich um Lokale handelt, in denen geraucht wird oder Dämpfe entstehen, also in Küchen, Wäschereien, gewissen Fabrikräumen usw., oder wenn Wärme abgeführt werden soll. Rauch, Dampf und Wärme haben das Bestreben, aufzusteigen, und es wäre daher verkehrt, sie durch Lüftung von oben nach unten wieder in die Zone der Menschen herunterzuholen.

Soll dagegen in einem Raum die Wärme nach Möglichkeit beisammengehalten werden, so sind untere Abluftgitter angezeigt. Bisweilen werden sowohl obere, als untere erstellt. Bei Dampf-, Gas- und Staubentwicklung sind die Absaugstellen möglichst direkt am Entstehungsort anzubringen (Hauben über Kochherden, Saugrüssel um Schleifscheiben usw.), damit die Verunreinigungsprodukte nicht erst den Raum durchstreichen müssen, bis sie zur Abluftöffnung gelangen.

Abb. 195. Halle im Schloßhotel Pontresina mit Decken-Luftgittern in Rabitzkonstruktion.
Zur Verfügung gestellt von der Firma Gebr. Sulzer, A.-G.

In jedem Falle sind sorgfältige Erwägungen anzustellen. Sie sind jedoch mehr Sache des Lüftungsingenieurs, weshalb hier nicht weiter darauf eingetreten werden soll. Ingenieur und Architekt müssen sich bezüglich Lage und Ausgestaltung der Zu- und Abluftöffnungen rechtzeitig verständigen. Wenn mit der Projektierung der Lüftungsanlagen erst nach Erstellung der Rohbauten begonnen wird, so können Kompromisse erforderlich werden, die nicht vom Guten sind.

Selbstverständlich ist bei der Anordnung der Gitter auf die Architektur der Räume Rücksicht zu nehmen; dieser Gesichtspunkt darf aber nicht allein ausschlaggebend sein. Es ist meist möglich, die Luftgitter mit genügend großen freien Querschnitten in unauffälliger Weise und dennoch am rechten Ort, z. B. in Form von Deckenrosetten, durchbrochenen Wandfüllungen oder Unterzügen usw. anzubringen. Gut eignen sich Rabitzkonstruktionen für solche Zwecke. Einige verschiedene Gitterarten und -Anordnungen sind in den Abb. 189 bis 200 wiedergegeben.

h) Abluft.

Die Abluft kann bei hohen Sälen bisweilen direkt durch die Decke in den darüber liegenden unbenützten Dachboden abgeführt werden. Ist dies nicht möglich, so verlegt man die Abluft-, wie die Zuluftkanäle in die Mauern. Zur Vermeidung unnötiger Widerstände sollen sie glatte Wandungen erhalten.

Abb. 196. Zuluftraum über der Decke des großen Saales im Kasino Bern mit Zuluftgittern in Rabitzkonstruktion. (Arch. M. Hofmann, Bern).
Zur Verfügung gestellt von Gebr. Sulzer, A.-G.

Sie werden entweder im unbenützten Dachboden ausmünden gelassen, (Abb. 201,) einzeln über Dach geführt oder in einem im Dachboden liegenden Sammelkanal zusammengezogen (Abbildung 202).

Die erstgenannte Ausführungsart hat die Vorteile, daß der Wind den Gang der Anlage am wenigsten stört und eine Durchwärmung des Dachbodens stattfindet, welche die Abkühlungsverluste der darunter gelegenen Räume vermindert. Anderseits besteht die Gefahr, daß sich bei der Abkühlung der Luft im Dachboden Wasser ausscheidet, was Durchfeuchtung des Gebälkes und Rosten der Eisenteile zur Folge haben kann. Ob dies zu befürchten ist, hängt von der Art

Abb. 197. Anordnung der Zuluftgitter in der Stadthalle Hannover.
Zur Verfügung gestellt von Gebr. Körting A.-G., Hannover-Linden.

der Anlage und den Betriebsverhältnissen, sowie der Dachkonstruktion ab. An einzelnen Orten ist das freie Ausmündenlassen der Abluftkanäle in den Dachboden untersagt, weil bei Feuerausbruch im unteren Teil des Gebäudes die Gefahr der Feuerübertragung aufs Kehl-

Abb. 198. Deckenausschnitt aus der Kuppel der Stadthalle Hannover. Die Deckenverzierungen enthalten die Abluftschlitze. Zur Verfügung gestellt von Gebr. Körting A.-G., Hannover-Linden.

Abb. 199. Inneres des Suvrettahauses St. Moritz. Die Säulen sind hohl und dienen als Abluftkanäle. Das Abströmen der Raumluft erfolgt durch die durchbrochenen Säulensockel Zur Verfügung gestellt von der Firma Gebr. Sulzer, A.-G.

Abb. 200. Küche im Kasino Bern mit Abluftkanälen unter der Decke. Links ein zu Reinigungszwecken geöffnetes Gitter. Zur Verfügung gestellt von der Firma Gebr. Sulzer, A.-G.

gebälk besteht. Auf alle Fälle sollte man die Ausmündungsstellen mit Klappen versehen, die von unten her durch Drahtseile, Wasser oder

Druckluft betätigt werden können (Abb. 201). Das Schließen der Klappen im Nichtgebrauchsfalle ist auch zweckmäßig, um unnötig starke Auskühlung der gelüfteten Räume infolge des Luftauftriebes zu vermeiden. Ferner sollen die Abluftkanäle nicht im Boden des Dachraumes, sondern, wie Abb. 201 veranschaulicht, etwa 60 cm über demselben ausmünden.

Abb. 201. Über Boden ausmündende Abluftkanäle im Heiligenberg-schulhaus Winterthur. Die Abschlußklappen sind mittels Druckluft vom Parterre her stellbar.
Ausführung der Firma Gebr. Sulzer, A.-G., Winterthur.

Vom Dachboden entweicht die Abluft meist durch mit Jalousien versehene Dachluken oder besondere Dachaufsätze. Es ist darauf Rücksicht zu nehmen, daß durch den Wind keine Luftstauungen, und damit Störungen des guten Ganges der Anlage, herbeigeführt werden. Die als Luftaustritte dienenden offenen Dachluken sollen daher auf beiden Dachseiten gelegen sein, und Aufsätze müssen den First überragen.

Nicht in den Dachboden dürfen die Abluftkanäle ausmünden, wenn die Abluft stark verunreinigt ist, d. h. wenn sie von Aborten, Bädern, Küchen, Laboratorien oder Räumen, in denen geraucht wird, herrührt. In diesen Fällen muß die Luft direkt über Dach geleitet werden.

Da viele Einzelaustrittstellen der Dacharchitektur jedoch nicht förderlich sind, werden die Vertikalkanäle auch deswegen etwa in horizontalen Sammelkanälen aus verzinktem Eisenblech, Holz oder in Rabitz zusammengefaßt. Dadurch ist zugleich die Möglichkeit geschaffen, durch einen einzigen, an den Sammelkanal angeschlossenen Abluftventilator die Luft aus verschiedenen Räumen abzusaugen. Abb. 176.

Die im Dachboden aufgestellten Abluftventilatoren sollen sowohl vom zentralen Regulierraum im Keller als vom Dachboden aus angelassen und abgestellt werden können (Abb. 202).

Handelt es sich nicht um stark verdorbene Luft, so kann man sie nach Abb. 202 auch in dem Falle in den Dachraum austreten lassen.

Keinesfalls dürfen aber Abzüge einerseits von Aborten, Bädern usw. und andererseits von Versammlungsräumen, Bureaux, Schul- oder gar Krankenzimmern durch einen gemeinsamen Sammelkanal vereinigt werden, weil es bei abgestelltem Ventilator sonst möglich ist, daß die Luft durch einzelne Kanäle hochsteigt, durch andere niedersinkt und auf diese Weise unliebsame Erscheinungen auftreten.

Abb. 202. Abluft-Sammelkanäle aus verzinktem Eisenblech und Abluftventilator mit Ausblasestutzen im Dachboden. Zur Verfügung gestellt von der Firma Gebr. Sulzer, A.-G.

XIV. Befeuchtungs- und Entnebelungsanlagen.

Viel Ähnlichkeit mit den Lüftungsanlagen haben die bisweilen ebenfalls hygienischen, vor allem aber technischen Zwecken dienenden Befeuchtungs-, Entnebelungs-, Trocken-, Staubsaug- und Spänetransportanlagen. Die letztgenannten sind ausgesprochene Sonderausführungen, über die eine umfangreiche Fachliteratur besteht (s. Abschnitt XVII), weshalb ich auf ihre Behandlung verzichte. Auf die Befeuchtungs- und Entnebelungsanlagen muß jedoch kurz eingetreten werden.

–Befeuchtungsanlagen sind in Spinnereien (besonders Ringspinnsälen) und Webereien Erfordernis, weil der Fabrikationsprozeß nur sachgemäß vor sich geht, wenn die Luft einen gewissen Feuchtigkeitsgrad aufweist. Dies gilt sowohl für Textilfasern pflanzlichen als tierischen Ursprungs. Ist die Luft zu trocken, so sind die Fasern rauh und stehen infolge elektrischer Spannungen von den Maschinen ab oder werden kraus und lassen sich daher nur schwer zu Gespinsten oder

Geweben verarbeiten. Ferner brechen geleimte Kettfäden wie Glas, wenn die Luft zu trocken ist. Die Produkte werden unegal, Qualität und Quantität der Produktion leiden. Unterschreitet die Luftfeuchtigkeit ein gewisses Maß, so können feine Garnnummern überhaupt nicht mehr hergestellt werden. Bei feuchter Luft findet dagegen ein Ausgleich der elektrischen Spannungen statt, die Gewebe werden glatt und gleichmäßig. Allerdings ist auch zu große Feuchtigkeit schädlich, weil dann der Leim weich und der Faden schwach wird, das verarbeitete Material auf den Zylindern der Spinnmaschinen klebt und Schleifenbildungen entstehen. Geht über Nacht oder die Feiertage die Temperatur zurück, so können infolge Übersättigung der Luft auch Wasserniederschläge und daher Rostbildungen, Mauerdurchfeuchtungen usw. entstehen. Weiter tritt in solchen Fällen die Gefahr auf, daß von Oberlichtern, Eisenträgern usw. Wassertropfen auf die Ware hinunterfallen. Um dies zu verhüten, ist dafür zu sorgen, daß das Schweißwasser richtig abfließen kann.

Die Befeuchtungsanlagen sind so auszuführen, daß der relative Feuchtigkeitsgehalt und die Temperatur der Luft in den gewünschten Grenzen gehalten werden können.

Beispielsweise werden verlangt:

Zahlentafel 61.

in	relative Feuchtigkeitsgehalte von
Baumwollspinnereien	65 bis 70% bei mindestens 18 bis 20°C Lufttemperatur. Um so mehr, je feiner die Faser
Vorwerke	55 bis 60%
Wollspinnereien (Kammgarnspinnereien: für feine Wollsorten (Sidney, Australien usw.)	80 bis 85% bei mindestens 21°C Luftt
für mittlere Wollsorten (Cap, Croisés usw.)	70 » 80% » » 21° » »
für grobe Wollsorten (Lamm, Croisés, englische Wollen, Alpokaps) . . .	60 » 70% » » 21° » »

In den Vorarbeitssälen kann der Feuchtigkeitsgehalt geringer sein.

Baumwollwebereien:	
bei feuchtem Schußgarn	60 bis 70%
» trockenem Schußgarn	70 » 80%
Seidenspinnereien	80%
Seidenwebereien	65 bis 75%
Verarbeitung von Leinen, Hanf, Jute. .	60%

Namentlich bei der Woll- und Leinenverarbeitung ist die Innehaltung der angegebenen Verhältnisse von großem Einfluß.

Aus dieser Zusammenstellung geht hervor, daß zum Teil sehr feuchte und zugleich warme, d. h. weder angenehme, noch gesundheitsfördernde Luft nötig ist. Dagegen kann mit den Befeuchtungsanlagen, wenn sie nach Abb. 203 ausgeführt werden, die Luft gleichzeitig erneuert werden, indem der umgewälzten Luft ein Teil frische beigefügt und dafür ein gleicher Teil verdorbene ins Freie entweichen gelassen wird. Auf diese Weise gelingt es wenigstens, die durch die Ausdünstung der Anwesenden, das Material, Schmieröl, event. Gasbeleuchtung usw. auftretenden Gerüche zu vermindern. Auch können mit solchen Anlagen die Räume im Sommer gegen allzuhohe Erwärmung geschützt werden, was wesentlich zum Wohlbefinden der Arbeiter und damit zu ihrer Leistungsfähigkeit beiträgt. Shedbauten erfordern zur Erreichung von 70 % relativer Feuchtigkeit bei 22° C Raumtemperatur eine mindestens vierfache Lufterneuerung pro Stunde.

Abb. 203. Luftbefeuchtungs- und Lüftungsanlage in einer Spinnerei.
Zur Verfügung gestellt von Gebr. Sulzer, A.-G.

F Frischluftentnahme. H Heiz- resp. Kühlapparat. W Befeuchtungskammer. K Luftverteilkanäle. O Luftaustrittöffnungen. C_2 Umluftkanäle. R_1 Rollwand zum Abschluß der Frischluftöffnung. R_2 Regulierklappen in den Umluftkanälen. P Heizrohr.

Außer in der Textilindustrie kann künstliche Luft-Befeuchtung auch in der Tabak- und Porzellanindustrie, in Strohverarbeitungswerken, einzelnen Betrieben der Munitionsfabrikation usw. Betriebsverbesserungen mit sich bringen.

Das Wesen der in den Abb. 203 und 204 dargestellten Anlagen besteht darin, daß die Luft von einem Ventilator durch eine Heiz- und Befeuchtungskammer sowie Verteilkanäle in die Arbeitsräume ausgeblasen wird. Im Heizapparat H wird sie im Winter mittels Dampf oder Heißwasser gewärmt, im Sommer event. durch Kaltwasser gekühlt. Die Befeuchtung erfolgt meist mittels Wasserschleiern, die durch Streudüsen W erzeugt und von der Luft langsam durchstrichen werden. Wichtig ist, daß keine Wassertropfen in die Kanäle und Räume hinauf mitgerissen werden. Dazu ist entweder ein langer Kanal *K* von großem Querschnitt erforderlich, den die Luft langsam durchströmt, wobei sie alles mechanisch mitgeführte Wasser fallen läßt, oder ein Tropfenfänger (Abb. 185), in dem die Wassertropfen durch Schikanen aus dem Luftstrom abgeschieden werden. Im ersten Fall stellen sich die baulichen Kosten höher, im zweiten braucht es mehr Kraft zum Antrieb des Ventilators, da die Tropfenfänger einen gewissen Widerstand darstellen. Statt Zerstäubung des Wassers mittels Streudüsen kann auch Verdunstung aus Verdampfungsschalen zur Anwendung kommen.

Ferner ist für gute Verteilung der zugeführten Luft im Raum zu sorgen, damit die Luftbeschaffenheit überall angenähert die gleiche ist

Abb. 204. Spinnereisaal mit Zuluftkanal für Luftbefeuchtung, Ventilation und Heizung. Ausführung der Firma Gebr. Sulzer, A.-G.

und keine Zugerscheinungen entstehen. Bei den Ausführungen Abb. 203 und 204 sind die Luftverteilkanäle an den Decken angeordnet und mit zahlreichen Luftaustritten versehen, in Abb. 192 sind über die ganze Länge des Raumes verteilte, in Holz erstellte vertikale Zuluftkanäle erstellt. Die Querschnitte der Öffnungen sind bei der Inbetriebnahme der Anlage auszuregulieren, so daß der Luftaustritt gleichmäßig erfolgt.

Weiter ist von solchen Anlagen zu verlangen, daß die vom Ventilator geförderte Luftmenge, der Witterung entsprechend, mittels Schiebern, oder besser Tourenregulierung des Ventilators, geändert werden kann. Im allgemeinen werden den Sälen in der warmen Jahreszeit große, im Winter, aus ökonomischen Gründen, kleinere Luftmengen zugeführt.

Die den Raum verlassende Abluft wird in der warmen Jahreszeit bei Geschoßbauten durch die geöffneten Fensterflügel, bei Shedbauten durch in den Oberlichtern angebrachte Öffnungen ins Freie geleitet.

Bei kaltem Wetter, d. h. wenn die Frischluft angewärmt werden muß, wird das Abluftquantum durch teilweises oder vollständiges Schließen der Fensteröffnungen eingeschränkt, dafür läßt man die Luft durch Zirkulationskanäle C_2 zum Ventilator zurückströmen. Durch Schieber oder Klappen R_1 und R_2 ist es möglich, das Verhältnis der Um- und Frischluft nach Belieben zu regeln.

Solche Anlagen können außer zur Befeuchtung und Kühlung auch zum Heizen dienen, es ist jedoch angezeigt, daneben eine direkt wirkende Dampf- oder Warmwasserheizung vorzusehen, um die Säle, unabhängig vom Betriebe der Ventilation, am Morgen vor Arbeitsbeginn, oder über die Feiertage, wärmen und im strengen Winter die Lüftungsanlage damit unterstützen zu können. Während der Betriebszeit wird die Heizung zu einem großen Teil durch die von den Maschinen abgegebene Reibungswärme besorgt, so daß die direkte Heizung nach Beginn der Arbeitszeit in Spinnereien meist abgestellt werden kann.

Zur Ventilation und Luftbefeuchtung einzelner Räume können auch lokale Apparate nach Abb. 205 verwendet werden, deren Wirkungsweise auf dem gleichen Prinzip beruht, wie diejenige der eben beschriebenen Zentralanlagen. Die Regelung des Befeuchtungseffektes geschieht durch verschieden hohe Erwärmung des Zerstäubungswassers, wodurch die Verdunstung beeinflußt wird. Die gewünschte Wassertemperatur ist durch

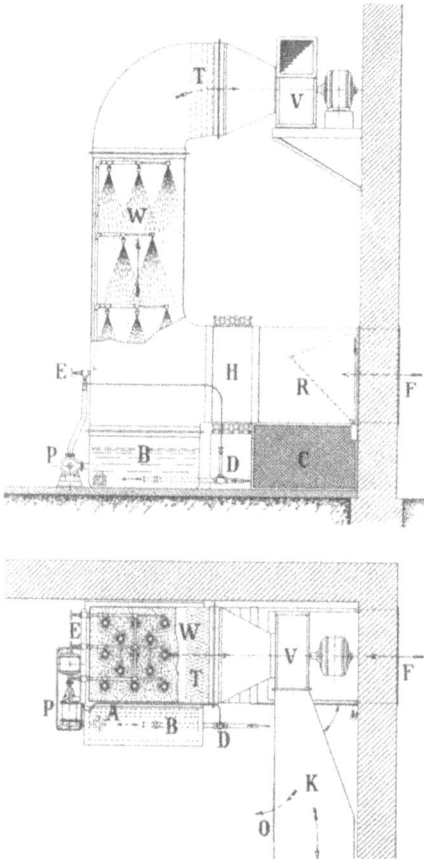

Abb. 205. Sendric-Luftbefeuchtungsapparat der Firma Gebr. Sulzer, A.-G.
V Ventilator. *H* Heizapparat. *F* Frischlufteintritt. *W* Befeuchtungsraum. *T* Tropfenfänger. *R* Regulierklappe. *C* Umlufteintritt. *B* Warmwasserreservoir. *P* Pumpe. *E* Hahn. *D* automatisch geregeltes Dampfventil.

Einstellung eines automatischen, auf das Dampfventil *D* wirkenden Reglers mit Leichtigkeit erreichbar.

Weiter sind verschiedene Apparate und Einrichtungen geschaffen worden, die wohl eine Befeuchtung, dagegen keine Erneuerung der Raumluft bewirken. Es ist unmöglich, hier auf alle derselben einzutreten, immerhin müssen wenigstens die Druckluft-Befeuchtungsanlagen kurz behandelt werden, weil sie in neuerer Zeit ihrer Einfachheit, Zweck-

mäßigkeit, leichten Anpassungsfähigkeit an die jeweiligen Betriebsver-
hältnisse und Billigkeit wegen große Verbreitung gefunden haben. Sie
bestehen aus drei Hauptteilen: dem Luftverdichter, beispielsweise einem
Kapselgebläse oder besser einem mehrstufigen Hochdruck-Zentrifugal-
ventilator, weil dabei kein Öl in die Luft gelangt (Abb. 206), der Regu-
liereinrichtung (Abb. 207) und dem Rohrnetz mit den Zerstäubungs-
düsen (Abb. 208). Der erforderliche Luftdruck beträgt 0,3 bis 0,4 Atm.
Die Reguliervorrichtung paßt die zerstäubte Wassermenge der Temperatur und dem Feuchtigkeitsgehalt der Raumluft automatisch an. Sie
kann derart wirken, daß bei zu hoher Sättigung einzelne Düsengruppen
abgeschlossen werden. Die Anzahl der in den Sälen verteilten Düsen

Abb. 206. Doppelkompressor für Druckluftbefeuchtungsanlagen.
Ausführung der Firma Gebr. Sulzer, A.-G.

richtet sich nach dem verlangten Feuchtigkeitsgrad, der Art der Maschinen und der Größe des erforderlichen Luftwechsels, der bei solchen
Anlagen einer besonderen Lüftungsanlage zu übertragen ist.

Die Düsenform wird von den einzelnen Firmen verschieden ausgeführt. Anzustreben sind vollkommene Zerstäubung des Wassers, damit
Tropfenbildung ausgeschlossen ist. Es können deshalb von einer Düse
normalerweise nicht mehr als 3 bis 5 l/h Wasser zerstäubt werden. Weiter
soll die gewünschte Leistung leicht einstellbar sein und dürfen keine Ver-
kalkungen vorkommen. Abb. 208 zeigt die Düsenform, wie sie von der
Firma Gebrüder Sulzer, A.-G., verwendet wird. Durch das dünne Rohr
wird die Druckluft, durch das dicke das Wasser zugeführt, und in Abb. 209
ist eine solche Anlage in einem Ringspinnsaal (Shedbau) wiedergegeben[1]).

---

[1]) Weiteres über Druckluftbefeuchtungsanlagen s. Z. d. V. d. I. vom 21. Okt.
1922, S. 1000, und Technik und Betrieb 1924, Nr. 4 und 5.

Befeuchtungsanlagen waren in England früher unbekannt und sind auch heute noch wenig im Gebrauch, weil dort die Luft, infolge der marinen Lage des Landes, wesentlich feuchter ist als im Innern des europäischen Kontinentes. Die englischen Textilfabriken nahmen daher von jeher eine privilegierte Stellung ein. In Europa müssen notgedrungen Einrichtungen der vorstehend beschriebenen Art erstellt werden, um den fehlenden Naturzustand herbeizuführen. Die Wahl des Systems und die Disposition der Anlagen werden durch technische, physikalische und wirt-

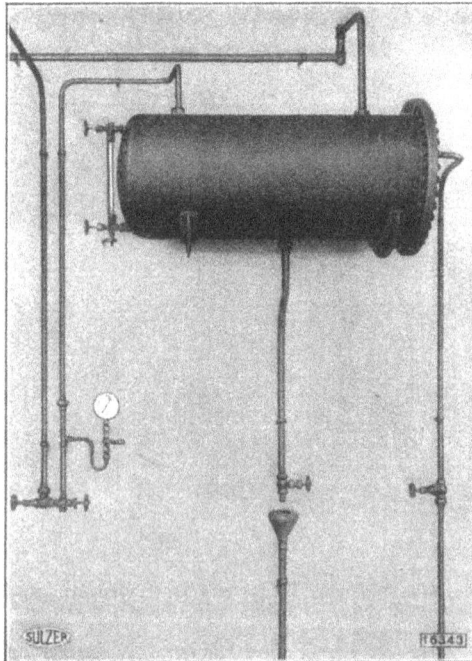

Abb. 207. Reguliervorrichtung zu den Druckluftbefeuchtungsanlagen, Bauart Sulzer.

schaftliche Erwägungen bedingt. In letzter Hinsicht kommt z. B. in Betracht, daß in einer Spinnerei mit Ringspinnmaschinen der Kraftaufwand zum Antrieb des Kompressors nur eine untergeordnete Rolle spielt, während in Seidenwebereien, deren Maschinen verhältnismäßig wenig Kraft erfordern, der Mehrkraftbedarf für eine solche Befeuchtungsanlage stark ins Gewicht fällt.

Im Gegensatz zu den Befeuchtungsanlagen dienen die Entnebelungsanlagen dazu, der Luft Wasserdampf zu entziehen. Sie finden an Orten Verwendung, wo viel mit Wasser, insbesondere heißem Wasser oder Dampf, gearbeitet wird wie beispielsweise in Färbereien, Bleichereien, Milchsiedereien, Konservenfabriken, Schlachthöfen, Naßspinnereien und -zwirnereien und Waschküchen, weil sonst infolge von Nebelbildung Unsichtigkeit im Raum entsteht und sich an kalten Flächen, wie Fenstern, Oberlichtern, Decken, Mauern, Maschinen usw. Niederschläge bilden, was zu Mauerdurchfeuchtungen und anderen unliebsamen Erscheinungen, z. B. Tropfenbildung führen kann.

Abb. 208. Zerstäubungsdüse zu den Druckluftbefeuchtungsanlagen, Bauart Sulzer.

Abb. 209. Druckluftbefeuchtungsanlage in einem großen Ringspinnsaal (Shedbau). Ausführung der Firma Gebr. Sulzer, A.-G.

Um das Eindringen der Nässe in die Mauern und Decken zu verhindern kann man sie mit einem undurchlässigen Putz, z. B. einem Portlandzementputz, resp. einem Ölfarb- oder Lackanstrich, versehen. Dann findet aber u. U. wieder unerwünschte Tropfenbildung auf der Oberfläche statt. In solchen Fällen ist es gut, die Mauern und Dächer isolierend zu erstellen, um die innere Oberflächentemperatur über der

Sättigungstemperatur der Raumluft zu halten. Unter Abschnitt VII 5 ist angegeben, wie der Temperaturverlauf durch Wände, und damit auch ihre Oberflächentemperaturen, berechnet werden können. Wenn die normale Sättigung der Raumluft nahezu 100% beträgt, so ist es indessen auch bei bester Isolation kaum möglich, das Niederschlagen von Wasser ganz zu vermeiden. Die Wände und Decken solcher Räume sind daher so zu konstruieren, daß sie eine gewisse Durchfeuchtung ertragen können, ohne Schaden zu nehmen. Gipsputz ist beispielsweise zu vermeiden, ferner ist darauf Rücksicht zu nehmen, daß feuchtwerdende Eisenteile, z. B. von Rabitzkonstruktionen, rosten und Kork beim Naßwerden braun-

Abb. 210. Schweineschlachthalle mit Entnebelungseinrichtung im Schlachthof Bern. Ausführung der Firma Gebrüder Sulzer, A.-G.

rote, organische Substanz ausscheidet, die, wenn der Kork direkt unter dem Putz liegt, häßliche Flecken auf diesem erzeugt. Leicht tritt in feuchten Räumen auch Schimmelpilzbildung auf. Weiteres hierüber s. Abschnitt IX 2.

Diese Übelstände lassen sich im Sommer durch kräftige Ventilation (z. B. einen Luftwechsel gleich dem 20- bis 25fachen des Rauminhaltes) beseitigen. Im Winter genügt die Zuführung kleinerer Luftmengen (z. B. gleich dem 10fachen des Rauminhaltes) bei entsprechend hoher Erwärmung (beispielsweise auf 40- bis 50° C), wodurch die Luft relativ trocken und daher wasseraufnahmefähig wird. Ein m³ kann beispielsweise im Maximum enthalten: bei 20° C 17 g, bei 40° C 51 g Wasser. Zweckmäßig ist es, die Luft möglichst nahe dem Entstehungsort der

Dämpfe einzuführen, damit ihre Beseitigung unmittelbar erfolgt und nicht erst, nachdem sie einen großen Teil des Raumes durchstrichen haben. Menge und Temperatur der zugeführten Luft sind durch Touren-regulierung des Ventilators und Unterteilung des Heizapparates in weiten Grenzen regelbar zu machen.

Ein Ausführungsbeispiel ist in Abb. 210 wiedergegeben. Die aus den Bottichen aufsteigenden Dämpfe werden von der etwa in halber Höhe des Raumes durch die gelochten Rohre austretenden warmen Luft aufgesogen. Der Erfolg ist auffallend. Während bei abgestellter Ventilation dichte Dampfwolken aufsteigen und der Raum von Nebeln angefüllt ist, vermindern sich diese Erscheinungen nach Inbetriebsetzung der Warmluftzufuhr auf ein schwaches Dämpfen der Wasseroberfläche.

Um die Abluft abströmen zu lassen, sind verschließbare Decken- oder Wandöffnungen anzubringen. Bisweilen werden auch Abluftventi-latoren eingebaut.

Auch bei diesen Anlagen ist rechtzeitige Fühlungnahme des Architekten mit der projektierenden Firma, vor Erstellung des Baues, von größter Wichtigkeit.

Unter diesen Abschnitt gehören auch die Maßnahmen zur Vermeidung des Beschlagens der Schaufenster. Dieselben sind in einem kurzen Referat von O. Ginsberg im Ges.-Ing. vom 29. Aug. 1925 S. 435 besprochen. Danach ist die Freihaltung der Schaufenster von Niederschlägen und die Bildung von Eis bei Auslagen, die von den Verkaufsräumen n i c h t abge-trennt sind, nur mit Doppelfenstern durchführbar. Dagegen genügt dichter Abschluß durch eine Trennungswand auch bei einfachen Fenstern meist. Wird außerdem Luftzirkulation zwischen Schaufensterraum und dem Freien durch Anbringen entsprechender Öffnungen herbeigeführt, so läßt sich der gewünschte Effekt mit Sicherheit erreichen. Ist mit Rücksicht auf die ausgelegten Waren eine mäßige Erwärmung der Luft erforderlich, so genügt eine Temperatur von 5 bis 10°C. Als Heizkörper können glatte Warmwasser- oder Dampf-Heizrohre, elektrische Heizkörper oder, im Notfall, in Luftheizkammern aufgestellte Ofen dienen. Bei Warmwasser-heizung sind Maßnahmen gegen das Einfrieren zu treffen. Offene Gas-flammen in den Auslagen sind, der Wasserbildung wegen, zu vermeiden.

XV. Ausschreibung und Begutachtung, Vergebung und Abnahme von Heizungs- und Lüftungsanlagen.

Öffentliche Ausschreibung von Heizungsanlagen erfolgt gewöhnlich nur bei staatlichen Objekten. Bei privaten, namentlich kleineren An-lagen, werden in der Regel einige Firmen, zu denen der Architekt resp. Bauherr Vertrauen hat, zur Konkurrenz eingeladen. Die Ausarbeitung der Projekte erfordert bedeutende Arbeit und sollten daher nicht unnötig viele Firmen zugezogen werden, denn schließlich erfolgt die Vergebung doch nur an eine einzige. Anderseits ist es aber auch nicht zweckmäßig, nur eine Firma mit der Projektausarbeitung zu betrauen und die Anlage konkurrenzlos zu vergeben, es sei denn, daß der Architekt oder Bauherr selber oder ein zugezogener Experte in der Lage ist, den Vorschlag in technischer Beziehung, und die Offertpreise auf ihre Angemessenheit, zu prüfen.

Bei partienweiser Übertragung an mehrere Firmen ist größte Vorsicht im Auseinanderhalten der Aufträge am Platz, zweckmäßiger ist es in solchen Fällen eine Firma als alleinverantwortliche Generalunternehmerin zu bezeichnen, so daß der Bauherr weiß, an wen er sich bei allfälligen Reklamationen zu halten hat.

1. Projektunterlagen zur Ausarbeitung kleiner Projekte.

Für das Entwerfen und Berechnen kleiner Anlagen genügen die Baupläne und die Beantwortung folgender Fragen:

a) betreffend Heizung.

1. Für welche niedrigste Außentemperatur ist die Anlage zu berechnen?
2. Welche Räume sind zu beheizen und auf welche Temperatur? Welche Räume sind zu temperieren? (Die verlangten Temperaturen werden am besten in den Plänen notiert.)
3. Für welche Räume ist bei der Wärmebedarfsberechnung ein bestimmter Luftwechsel zu berücksichtigen?
4. Wie ist das Gebäude nach den Himmelsrichtungen gelegen? (Auf den Plänen anzugeben.)
5. Ist das Gebäude freistehend oder ein- resp. mehrseitig, an andere beheizte Gebäude angebaut? In letzterem Falle ist die Temperatur der anstoßenden Räume nach Möglichkeit anzugeben.
6. Welche Windrichtung ist vorherrschend?
7. Welche Teile des Gebäudes sind dem Winde besonders ausgesetzt?
8. Handelt es sich um ein altes Gebäude, einen Um- oder Neubau?
9. Woraus bestehen die Außenmauern? (Aus Backstein, Sandstein, Stampf-, Guß- oder armiertem Beton, Kunststein, Riegelmauerwerk oder aus was für einem Material? Voll- oder Hohlmauerwerk?)
10. Erhalten die Außenmauern äußeren Mörtelverputz oder Schindelbelag oder bleiben sie unverputzt?
11. Erhalten die Außenwände eine innere Verschalung oder Isolierung? Wenn ja, aus was für einem Material? Werden einzelne Zimmer getäfelt, event. welche und wie hoch?
12. Welche Räume erhalten einfache Fenster? Welche einfache Fenster mit Doppelverglasung? Welche Winterfenster?
13. Wie hoch sind die Fenster im Lichten?
14. Wie groß ist die Höhe vom Fußboden bis Unterkant Fensterbrett?

15. Sind die Fensterbrüstungen bündig mit der Mauer oder vertieft? Um wieviel?

16. Sind die event. vorhandenen Oberlichter einfach oder doppelt verglast? Wie groß ist in letzterem Falle der Zwischenraum zwischen den Scheiben?

17. Sind Rolladen vorhanden? Liegen dieselben zwischen oder außerhalb der Fenster?

18. Wie ist die Konstruktion der Zwischendecken im Souterrain, in den Zwischengeschoßen und im Dachstock beschaffen?

19. Wie ist die Bedachung ausgeführt?

20. Welches sind die verschiedenen Geschoßhöhen (inkl. Bodendicke)?

21. Welche Teile des Gebäudes sind unterkellert?

22. Sind Kessel- und Kohlenraum bereits bestimmt resp. welche Räume können dazu in Frage kommen?

23. Kann der Kesselraum gewünschtenfalls teilweise oder auf seiner ganzen Grundfläche vertieft werden und um wieviel?

24. Ist ein bestehender Kamin zur ausschließlichen Benützung für den Heizkessel vorgesehen? Welches sind seine Abmessungen im Lichten? Ist er über den Dachfirst hochgeführt?

25. Sind die zur Heizkörperaufstellung in den Zimmern bestimmten Stellen in den Plänen bezeichnet?

26. In welchen Zimmern werden die Heizkörper verkleidet und wie ist die Verkleidung beschaffen?

27. Sollen die Leitungen durchwegs (event. in welchen Räumen?) frei sichtbar oder in Mauerschlitzen verlegt werden?

28. In welchen Räumen sind sie zu isolieren?

29. Ist auf spätere Ausdehnung der Heizung Rücksicht zu nehmen? Wenn ja, in welchem Umfange?

30. Bei Pumpenheizung sind über die verfügbare Stromart zum Antrieb des Elektromotors genaue Angaben zu machen (Gleich- oder Wechselstrom, Spannung in Volt, Periodenzahl bei Wechselstrom).

b) betreffend Lüftung.

1. Welche Räume sind zu lüften (event. zu kühlen)?

2. Welches ist die Bestimmung dieser Räume? (Angaben betr. Personenzahl und Rauminhalt auf den Plänen erwünscht.)

3. Bis zu welcher tiefsten Außentemperatur ist die maximale Luftmenge zu garantieren?

4. Welcher Kellerraum kann zur Unterbringung des Ventilators und des Heizapparates benützt werden?

5. Über die verfügbare Stromart zum Antrieb des Ventilators sind dieselben Angaben zu machen wie vorstehend unter 30.

6. Wo können in den zu lüftenden Räumen die Luftgitter angebracht werden?

c) betreffend Warmwasserversorgung.

1. Ist die Anlage mit einem eigenen Kessel oder in Verbindung mit der Zentralheizung zu erstellen? Soll elektrischer Betrieb vorgesehen werden (event. nur für den Sommer)?
2. Wo sind anzuschließen: Badwannen? Toilettenhähne? andere Zapfstellen?
3. Wie groß ist der Wasserinhalt der Badwannen?
4. Sind Zink-, Gußeisen- oder Kachelbadwannen vorgesehen?
5. Wie groß ist der Druck in der Kaltwasserleitung, im Dachstock gemessen?

Weiter sind anzugeben:

1. Ablieferungstermin des Projektes.
2. Wann mit der Montage begonnen werden kann.
3. Ablieferungstermin der Anlage.

2. Programme zur Projektierung großer Anlagen.

Bei großen Anlagen empfiehlt es sich, die Projekte und Offerten auf Grund von Programmen ausarbeiten zu lassen und ist deren Aufstellung einem unabhängigen Experten zu übertragen.

Genaue Wegleitung für die Aufstellung von Programmen zu geben, ist nicht möglich, da sie in jedem Falle den Verhältnissen anzupassen sind.

Allgemein sei bemerkt, daß den Firmen die Möglichkeit frei gelassen werden muß, ihre Erfahrungen zur Geltung zu bringen und selber Vorschläge zu machen. Die Programme (Submissionsbedingungen) sollen nur die von den Bewerbern unbedingt zu berücksichtigenden, allgemeinen Richtlinien enthalten, um zu verhindern, daß unnötige Arbeit geleistet wird. Sie müssen in Hinblick auf größtmögliche Wirtschaftlichkeit des Betriebes aufgestellt werden, ferner ist festzulegen, nach welchen Positionen die Einzelpreise anzugeben sind, weil Gleichartigkeit der Offerten die Vergleichung und damit Beurteilung sehr erleichtert.

Die Abschnitte der Programme können z. B. folgende Überschriften erhalten:

1. Grundlagen für den Wettbewerb (maßgebende Bestimmungen usw.).
2. Grundlagen für die Berechnung (Außen- und Innentemperaturen zulässige Belastung der Heizkessel, Heizkörper usw.)
3. Bauliche Unterlagen (Antworten auf die unter XV 1 a aufgeführten Fragen).
4. Beschreibung der zu offerierenden Anlagen. (Heizsystem, untere oder obere Verteilung, Kesselanlage, zu wählende Heizkörpermodelle, event. Pumpenanlage, Gruppenunterteilung, Rohrleitungen, Isolierung, zentraler Regulierraum, Warmwasserversorgungsanlage, Lüftung, Material, Ausführung usw.)

5. Eingabe. (Pläne, Abbildungen, Beschreibungen, Berechnungen, Angaben über Kraftbedarf usw., Kostenberechnung nach Einzelpositionen.)
6. Abnahmebedingungen. (Garantien, Druckprobe, probeweise Inbetriebsetzung, event. Probeheizung.)
7. Eingabe- und Vollendungstermine (Lieferfristen).
8. Zahlungsbedingungen. (Verbindlichkeitsdauer der Offerte.)

3. Expertentätigkeit und Honorarverrechnung.

Unter die Obliegenheiten der Experten fallen je nach Umständen einzelne oder alle der nachstehend aufgeführten Arbeiten:

1. Ausarbeitung genereller Vorschläge betreffend der auszuführenden Anlage (event. in Form eines Vorprojektes).
2. Aufstellung des Programms auf Grund der generellen Vorschläge oder eines Vorprojektes.
3. Prüfung der auf Grund der Submissionsausschreibung eingegangenen Projekte in technischer Beziehung, hinsichtlich Wirtschaftlichkeit des Betriebes und bezüglich Offertpreisen.
·4. Beratung der Architekten resp. Bauherren bei Vergebung der Anlage.
5. Überwachung der Montagearbeiten.
6. Vornahme der Druckprobe, probeweisen Inbetriebsetzung und Abnahme der Anlage.
7. Nötigenfalls Vornahme einer Probeheizung im ersten auf die Vollendung der Montage folgenden Winter.

Betreffend die Punkte 3 und 5 bis 7 ist den bauleitenden Architekten jeweils ein schriftlicher Bericht einzureichen.

Der Umfang der vorzunehmenden Arbeiten und das entsprechende Honorar wird am besten zum voraus vereinbart. Allgemeingültige Angaben über angemessene Honorarforderungen lassen sich nicht machen, da die einzelnen Fälle verschieden liegen. Bisweilen ist es aber doch erwünscht, Anhaltspunkte, die als Grundlagen für die Verhandlungen dienen können, zu besitzen. Dazu läßt sich etwa folgende Tabelle benützen. Das Expertenhonorar hat bei vollständiger Übertragung der vorstehend genannten Arbeiten (unter Berücksichtigung schweizerischer Verhältnisse) beispielsweise zu betragen:

Zahlentafel 62.

bei einer Offertsumme der Heizung von: Fr.	Prozente der Offertsumme %	bei einer Offertsumme der Heizung von: Fr.	Prozente der Offertsumme: %
5 000—	6,0	80 000—	2,25
10 000—	4,5	90 000—	2,1
20 000—	3,75	100 000—	2,0
30 000—	3,35	150 000—	1,6
40 000—	3,0	200 000—	1,25
50 000—	2,75	300 000—	1,1
60 000—	2,6	400 000—	1,05
70 000—	2,4	500 000—	1,0

Davon entfallen auf:

	bis zu einer Bausumme von:		
	10000 Fr.	10000 bis 100000 Fr.	über 100000 Fr.
Punkte 1 und 2: Ausarbeitung genereller Vorschläge und eines Programms (Die Ausarbeitung eines Vorprojektes ist darin nicht inbegriffen. Erforderlichenfalls ist sie auf Grund besonderer Vereinbarungen besonders zu honorieren, mit ca. 2,5 bis 3% der Offertsumme)	20 %	20 %	20%
Punkt 3: Prüfung der eingegangenen Projekte, sofern die Zahl derselben 4 bis 5 nicht übersteigt	43 %	40 %	38%
Punkt 4: Beratung bei der Vergebung	5 %	4 %	2%
Punkt 5: Überwachung der Montagearbeiten . .	12 %	22 %	30%
Punkt 6: Druckprobe, probeweise Inbetriebsetzung und Abnahme inkl. Bericht	20 %	14 %	10%

Das Expertenhonorar hätte demnach zu betragen bei einer

Offertsumme von: Fr.	5000	10000	50000	100000	500000
für Pos. 1 und 2: Fr.	60	90	275	400	1000
» Pos. 3 »	129	180	550	800	1900
» Pos. 4 »	15	18	55	80	100
» Pos. 5 »	36	99	303	440	1500
» Pos 6 »	60	63	192	280	500
Total	300	450	1375	2000	5000

Position 1 und 2 können sich wesentlich erhöhen, wenn die Aufstellung des Programmes größere Studien, event. gar die Ausarbeitung eines Vorprojektes erfordert.

Position 3 wird sich je nach der Zahl der zu prüfenden Projekte vermindern oder erhöhen. Sie fällt im allgemeinen kleiner aus, wenn die Eingabe auf Grund eines detaillierten Programmes erfolgt, weil dann die in den Offerten enthaltenen technischen Angaben und Preise direkt miteinander vergleichbar sind.

Position 4 wird event. durch die in Position 3 inbegriffene schriftliche Berichterstattung über die Projekte überflüssig.

Position 5 richtet sich danach, ob die Ausführung der Anlage einer guten Firma übertragen wird, so daß die Kontrolle der Montagearbeiten durch den Experten fast ganz überflüssig wird, oder ob öftere Kontrolle nötig ist. In letzterem Falle kann sich der Betrag wesentlich erhöhen.

Position 6 ist so verstanden, daß die Abnahme der Anlage in einem Male erfolgen kann. Muß sie infolge von Mängeln wiederholt oder aus baulichen Gründen etappenweise vorgenommen werden, so erhöht sich der Betrag.

Nicht inbegriffen in der Aufstellung sind Reiseauslagen und die vom Experten bisweilen ebenfalls verlangte Beschäftigung mit den Bauarbeiten.

Wenn sich die auf die Positionen 5 und 6 entfallenden Arbeiten zum Voraus nicht leicht bestimmen lassen, so ist es angezeigt, die betreffenden Beträge, der aufgewendeten Zeit entsprechend, nachträglich zu verrechnen. Ebenso empfiehlt sich dies für die Probeheizung, wenn eine solche bei Streitigkeiten zwischen Bauherr und Lieferant oder Mieter und Vermieter erforderlich wird.

Findet Verrechnung nach der aufgewendeten Zeit statt, so ist ein Betrag für Arbeiten am Wohnort (für schweizerische Verhältnisse zurzeit z. B. Fr. 60 pro Tag oder Fr. 8 pro Stunde) und ein solcher für auswärtige Arbeiten (z. B. Fr. 80 pro Tag oder Fr. 10 pro Stunde) in Rechnung zu stellen. Außerdem sind die Reisespesen II. Klasse, sowie Auslagen für Telephon, Porto, Material, Transporte, Abnützung von Instrumenten usw. zu verrechnen.

Nach der Honorarordnung für Ingenieurarbeiten des Schweizerischen Ingenieur- und Architektenvereins wird:

a) auch diejenige Zeit mitgerechnet, die für Vorarbeiten, Reisen oder Fahrten nach dem Bestimmungs- oder Verhandlungsort hin und zurück aufgewendet werden muß;

b) bei kürzerer Inanspruchnahme als 1 Tag das Honorar im Verhältnis zur aufgewendeten Zeit, im Minimum aber $\frac{1}{4}$ Tag berechnet;

c) für Gutachten, Expertisen und Konsultationen, welche entweder große Erfahrungen bedingen oder für den Auftraggeber große wirtschaftliche Vorteile zur Folge haben, kann der Ingenieur ein, der Bedeutung seiner Dienste angemessenes, höheres Honorar verlangen. .

In anderen Ländern können zum Teil ganz andere als die vorstehend angegebenen Zahlen in Frage kommen. So beziehen die Mitglieder der englischen »Association of Consulting Engineers« nach den Regeln und Tarifen des Verbandes, betitelt »The Professional Rules and Practice, Scale of Fees, and List of Members« 10 bis 20 guinees per Tag (= Fr. 260 bis 520). Für Bauten und Konstruktionen aller Art beziehen sie üblicherweise (für Spezifizierung, Zeichnungen, Offerteinholung, Instruktionen, Bauleitung und Abnahme) ca. 5% bei Bausummen über Fr. 250000 und 5 bis 10% bei Bausummen unter Fr. 250000.

4. Vergebung von Heizungs- und Lüftungsanlagen.

Die Vergebung der Anlagen hat nicht ausschließlich vom Gesichtspunkt des niedrigsten Angebotes aus zu erfolgen. Preisunterbietungen unter ein gewisses Maß, wobei sich der Besteller selber sagen muß, daß für einen solchen Preis die Anlage nicht sachgemäß erstellt werden kann, sollen von ihm im eigenen Interesse nicht unterstützt werden. Billige Anlagen weisen meist hohe Betriebs- und Unterhaltungskosten auf und kommen, wenn sie nachträglich verbessert werden müssen, teuer zu stehen. Bisweilen ist es überhaupt nicht mehr möglich, begangene Fehler gut zu machen. Wenn der Architekt oder Bauherr seiner Sache nicht sicher ist, tut er daher gut, sich rechtzeitig, d. h. schon vor Beginn des Baues, von einem Sachverständigen beraten zu lassen. Auch dann noch ist es aber nötig, in der Wahl der Firma vorsichtig zu sein. Die Erstellung von Heizungs- und Lüftungsanlagen ist zu einem großen Teil Vertrauenssache. Der Sachverständige kann nur Projekt-Fehler beheben, nicht aber dafür garantieren, daß die Anlage tadellos ausfällt. Dazu müßte er sie in allen Teilen vollständig durchrechnen, das zur Verwendung kommende Material prüfen und die Montage ständig überwachen können, was in den seltensten Fällen möglich ist. Es kann vorkommen, daß eine Anlage, trotz eines sachgemäßen Projektes, mißrät, weil die Firma nicht über das erforderliche Monteurpersonal verfügt. Dem Verfasser sind schon von ihm begutachtete Warmwasserheizungen zur Abnahme überwiesen worden, die bei Vornahme der Druckprobe an allen Ecken und Enden undicht waren und deshalb zum großen Teil ummontiert werden mußten. Derartige Vorkommnisse bringen die Unternehmerfirma um ihren Gewinn, verzögern und verteuern die Fertigstellung der Bauarbeiten. Bei Vergebung der Anlagen ist es daher wichtig, zu wissen, ob die in Frage stehende Firma in der Lage ist, gewissenhafte Arbeit zu liefern oder nicht. Oft kommt es vor, daß weniger bekannte Firmen sich große Mühe geben, ihre Anlagen vorzüglich auszuführen und die Bauherrschaft in jeder Beziehung zufriedenzustellen, namentlich wenn es sich um sog. »Reklameanlagen« handelt. Anderseits kommt es aber auch vor, daß kleine Unternehmer, ehemalige Schlosser, Spengler, Heizungsmonteure usw., die tüchtige Praktiker sein mögen, jedoch nicht über die nötigen technischen Kenntnisse und die erforderlichen kaufmännischen Eigenschaften verfügen, Geschäfte eröffnen, ohne ihrer Aufgabe gewachsen zu sein. Sie garantieren leichten Herzens für »tadellosen Gang« ihrer Anlagen bei »größter Wirtschaftlichkeit des Betriebes«, »Verwendung nur bester Materialien«, »in jeder Beziehung einwandfreie Montage« bei Preisen, welche diejenigen der anderen Firmen wesentlich unterschreiten. Fällt der Besteller auf solche Angebote herein und reklamiert später, so werden alle erdenklichen Ausflüchte gebraucht und die Schuld dem und jenem zugeschrieben, nur nicht der eigenen Unzulänglichkeit. Das hat meist viel Scherereien, Ärger und Unbequemlichkeiten, womöglich die Anrufung von Schiedsgerichten oder Prozesse, und damit verbunden bedeutende Kosten, im Gefolge. Wenn der Besteller einfach die billigste Offerte aussucht, event. sogar minderwertige Firmen zur Konkurrenz zuzieht, um den Preis zu drücken, so geschieht es ihm recht, wenn er auf diese Weise hereinfällt. Auch ist es ein verwerflicher Standpunkt, einem offenbar unzureichenden Projekt den Vorzug zu geben, nur weil es billig ist, in der Absicht, später, wenn die Anlage den Anforderungen nicht genügt, den Unternehmer zu kostenlosen Mehrlieferungen zu veranlassen. Dieses Vorgehen kommt zum Glück selten vor, da es auch für die Besteller viel Unannehmlichkeiten mit sich bringt. Selbstverständlich wird es von Gerichten und anständigen Experten nicht geschützt. Ganz verkehrt wäre es aber auch, Firmen in Schutz zu nehmen, die, um gewissenhaft arbeitenden Unternehmern die Aufträge abzujagen, billig offerieren, jede gewünschte Garantie leisten, dann pfuschen und hinterher erklären, für diesen Preis sei die Lieferung einer besseren Anlage nicht möglich gewesen. Dieses leider verbreitete Unwesen muß von Bauherren, Architekten und Experten im Interesse anständiger Firmen und im Hinblick auf das Ansehen der Zentralheizungsindustrie unbedingt bekämpft werden. Fehler können jedem passieren. Der Anständige wird sich aber dazu bekennen und sie nach Möglichkeit wieder gutzumachen suchen. Bei der Vergebung von Anlagen soll man daher Firmen vorziehen, die Erfahrung besitzen, auf Grund derselben sowie einer rechtlichen Gesinnung keine Vorschläge machen, die ihnen den meisten Gewinn bringen, für den Bauherrn aber nicht die beste Lösung darstellen und nicht von ihren Anlagen weggehen, bis sie zur Zufriedenheit der Besteller arbeiten. Es macht sich stets bezahlt, solche Firmen zu wählen, auch wenn ihre Offertpreise etwas höher sind als diejenigen der anderen. In dieser Beziehung können unabhängige Berater dem Bauherrn bei rechtzeitiger Zuziehung oft viel Geld und Ärger sparen.

Liegen mehrere Projekte zur Begutachtung vor, so ist es üblich, das offerierte Material: Zahl, Art und Heizfläche der Kessel, Zahl, Art und Heizfläche der Radiatoren, Heizrohre usw., event. Größe der Leitungen und Expansionsgefäße, Leistung, Kraftverbrauch und Drehzahl der Pumpen, Ventilatoren usw., ferner die Preise tabellarisch nebeneinander zu stellen. Wenn die Eingaben nach einheitlichen Grundlagen entsprechend einem Programm erfolgt sind (s. Abschnitt XV 2), so ist diese Arbeit sehr erleichtert. Auch bestehen dann normalerweise keine Differenzen bezüglich Wahl des Systems, Umfang des Angebotes, Lieferzeiten, Garantien, Zahlungsbedingungen usw. Selbstverständlich sind besondere, vom Programm abweichende Ergänzungsvorschläge, welche von den Firmen auf Grund ihrer Erfahrungen etwa gemacht werden, sorgfältig auf ihre Vorzüge zu

18*

prüfen und unvoreingenommen zu würdigen. Ich vertrete den Standpunkt, daß die Firmen, welche zu großen, viel Arbeit erfordernden Wettbewerben eingeladen werden, für ihre Arbeiten eine angemessene Entschädigung erhalten sollen, sofern die eingereichten Offerten sachgemäß ausgeführt sind. Dadurch gehen die Projekte in den Besitz der Bauherrschaft über und ist diese berechtigt, aus denselben gute Ideen herauszunehmen und zu verwerten. Bei Nichtbezahlung der Projekte ist dieses Vorgehen nicht statthaft, auch ist es verwerflich, gute Firmen zur Mitkonkurrenz einzuladen mit der bestimmten Absicht, den Auftrag anderweitig zu vergeben, auf diese Weise aber kostenlos sorgfältig ausgearbeitete Vergleichsprojekte zu erlangen, an denen die anderen Eingaben gemessen werden können. Ist die Eingabe nicht auf Grund eines Programmes erfolgt, so weisen die Vorschläge meist erhebliche Unterschiede auf und erfordert die Beurteilung mehr Zeit. Oft sind dann die Angaben auch unvollständig und müssen durch Anfragen bei den Firmen ergänzt werden. Bei programmlosen Konkurrenzen wird außerdem von den Bewerbern nicht selten vergebene Arbeit geleistet, die bei Aufstellung von Projektunterlagen vermieden werden kann. Wenn beispielsweise der Bauherr oder der nachträglich zugezogene Experte eine Schwerkraft-Warmwasserheizung zur Ausführung bringen will, so fallen bei der Begutachtung alle Projekte mit Pumpen-Warmwasser- oder -Dampfheizung zum vornherein heraus.

Auf Einzelheiten betreffend Beurteilung der Angebote kann hier nicht eingetreten werden.

Der Vergebung von Heizungs- und Lüftungsanlagen werden in der Schweiz meist zugrunde gelegt: Submissionsbedingungen (Programm), Offerte, briefliche Abmachungen, ferner die »Besonderen Bedingungen für die Ausführung von Zentralheizungen«, Formular Nr. 135 des Schweiz. Ingenieur- und Architektenvereins, sowie des Vereins Schweiz. Zentralheizungs-Industrieller (s. Abschnitt XVI), die »Allgemeinen Bedingungen für die Ausführung von Hochbauarbeiten«, Formular Nr. 118 des S.I.A., event. auch die »Bedingungen für die Lieferung und Erstellung von sanitären Anlagen«, Formular Nr. 132 des S.I.A.

Außerdem besitzen die einzelnen Firmen ihre besonderen Lieferverträge. Wenn die Bestimmungen derselben mit denjenigen der angegebenen Formulare nicht übereinstimmen, so ist vor der Vergebung festzulegen, was als Grundlage gelten soll.

Insbesondere ist darauf zu achten, ob:

1. das Material franko Bahnhof des Bestimmungsortes oder Baustelle offeriert ist;
2. das einmalige Demontieren der Heizkörper behufs Erstellung anderer Bauarbeiten und das Wiedermontieren derselben, sowie das Wiederinbetriebsetzen der Anlage im Preise inbegriffen

sind. Dabei ist Voraussetzung, daß diese Arbeiten ohne Unterbrechung durchgeführt werden können;

3. wie die Zahlungsbedingungen formuliert sind. Ein empfehlenswerter Modus ist folgender:

50% sofort nach Ablieferung der Materialien,

40% während der Arbeit, wobei die Abschlagszahlungen bei großen Objekten in angemessenen Zwischenräumen, beispielsweise innerhalb 10 Tage nach Einreichung eines revisionsfähigen Ausweises über die Arbeitsleistung oder monatlich, zu erfolgen haben,

10% spätestens einen Monat nach Anerkennung der Abrechnung und Leistung einer allfällig vereinbarten Sicherheit. Die Prüfung der Rechnung hat in der Regel innerhalb Monatsfrist zu erfolgen. Bar geleistete Sicherheiten sind angemessen (zurzeit mit 5%) zu verzinsen.

4. Über die Stundenlöhne für Monteure und Hilfsmonteure sind Vereinbarungen zu treffen.

5. In wichtigen Fällen sind in Verbindung mit den Lieferfristen auch Konventionalstrafen vorzusehen, z. B. ½% der Vertragssumme für jede volle Woche Verspätung.

6. Ebenso wichtig sind klare Bestimmungen betr. Garantie. Art. 21 der allgemeinen Bedingungen, Formular 118 des S.I.A., lautet:

»Der Unternehmer ist für die Erfüllung der vertraglichen Bedingungen, insbesondere für die Güte aller von ihm im Akkord und Taglohn erstellten Arbeiten und gelieferten Materialien haftbar.

Wenn die besonderen Bedingungen nichts anderes bestimmen, beträgt die Garantiezeit zwei Jahre vom Tage der Abnahme seiner Arbeiten an in dem Sinne, daß der Bauherr alle in dieser Zeit sich zeigenden kleineren Mängel bis zum Ablauf der Garantiezeit rügen kann. Größere Mängel oder solche, deren verspätete Hebung Schaden nach sich zieht, sind sofort anzuzeigen. — Die gleiche Garantiezeit gilt für nachträglich ausgeführte Verbesserungen.

Für geheime Mängel, die erst nach Ablauf der Garantiezeit erkennbar werden und einen Schaden von mindestens Fr. 500 verursachen, bleiben die Bestimmungen des Art. 371, Absatz 2 des Schweiz. Obligationenrechtes[1]) vorbehalten.

---

[1]) »Die Ansprüche des Bestellers wegen Mängeln des Werkes verjähren gleich den entsprechenden Ansprüchen des Käufers. Der Anspruch des Bestellers eines unbeweglichen Bauwerkes wegen allfälliger Mängel des Werkes verjährt jedoch gegen den Unternehmer, sowie gegen den Architekten oder Ingenieur, die zum Zwecke der Erstellung Dienste geleistet haben, mit Ablauf von fünf Jahren seit der Abnahme.«

Sofern die Mängel nicht in gewöhnlicher Abnützung bestehen, hat sie der Unternehmer auf seine Kosten zu heben, oder wenn er innerhalb angemessener Frist dieser Pflicht nicht nachkommt, die durch die Reparatur entstehenden Kosten zu tragen oder die mangelhafte Lieferung zurückzunehmen, alles vorbehaltlich weiteren Schadenersatzes bei Verschulden.«

7. Während der Garantiedauer von zwei Jahren (für elektr. Installationen, Motoren, Pumpen usw. ein Jahr) ist von den Unternehmern eine entsprechende Bankgarantie zu verlangen.

Bei den Vergebungen kann der Experte immer wieder die Erfahrung machen, daß lokale Interessen in hohem Maße mitspielen und sogar dazu führen, daß die Ratschläge des Fachmannes überhört werden. Ein wichtiger Punkt ist z. B. der, ob die in Frage kommende Firma am Ort der Ausführung steuerpflichtig ist oder nicht. Dann wieder haben gewisse Bewerber Freunde oder Feinde in der Baukommission oder bei einer maßgebenden Behörde und dementsprechend mehr oder weniger Aussichten. Es sind die bekannten, im Geschäftsleben überall mitspielenden Faktoren. Bei größeren und, wenn Arbeitsmangel herrscht, auch bei kleineren Objekten werden von seiten der Unternehmer alle Hebel in Bewegung gesetzt, um ihre Einflüsse auszuüben. Der Experte tut gut, in möglichst objektiver Weise die technischen und wirtschaftlichen Vorzüge und Nachteile der einzelnen Projekte zu beleuchten, im übrigen aber die Bauherren so wenig als möglich zu beeinflussen und eine Firma nur dann für die Erteilung des Auftrages vorzuschlagen, wenn er hiezu aufgefordert wird. Er wird auch bei diesem zurückhaltenden Standpunkt noch von allen Firmen, die den Auftrag nicht erhalten, direkt und indirekt zu hören bekommen, wie sehr sie ihm seine »feindliche« Haltung verargen. Kaum irgendwo wie hier gilt der Ausspruch: »Wer nicht für uns ist, ist wider uns.«

5. Abnahme der Anlagen.

a) Druckprobe.

Große Warmwasserheizungen sind nach erfolgter Montage mit Wasser zu füllen, gut zu entlüften, anzuheizen und abkalten zu lassen, dann zu verschließen und durch Verbindung mit der Druckwasserleitung oder mittels einer Handpumpe unter Druck zu setzen. Der Überdruck (d. h. der über den statischen hinausgehende Druck) soll etwa 2 bis 3 Atm. betragen. Darauf sind alle Teile des Systems: Kessel, Heizkörper und Leitungen auf eventuelle Undichtigkeiten zu prüfen. Bei Anschluß an die Druckwasserleitung ist darauf zu achten, daß der Druck nicht übermäßig hoch steigt, weil sonst Defekte entstehen können und die Druckprobe mehr schadet als nützt.

Die meisten beobachteten Undichtigkeiten treten bei Rohrschlüssen, Heizkörperanschlüssen, Verschraubungen, Hähnen usw. auf und können durch besseres Nachziehen resp. neues Verpacken gewöhnlich leicht behoben werden. Außerdem treten etwa poröse Stellen auf, die durch Verstemmen oder, wenn dies nichts hilft, Auswechseln der betreffenden Teile zu beheben sind. Rohre mit gerissenen Nähten müssen ersetzt werden. Denjenigen Rohrteilen, die in Mauer- und Deckendurchbrüche, sowie Mauerschlitze zu liegen kommen, ist besondere Aufmerksamkeit zu schenken.

Ebensowichtig wie die eigentliche Druckprobe ist das Hochheizen der Anlage auf eine möglichst hohe Temperatur und die Kontrolle nach dem Abkalten. Hierbei zeigen sich besonders eventuelle Undichtigkeiten an Gewinden, Packungen usw.

Bei gewöhnlichen kleinen Warmwasserheizungen ist eine eigentliche Druckprobe nicht unbedingt erforderlich; hier begnügt man sich meist damit, das Wasser bis zum Überkochen zu erwärmen und hierauf das ganze System zu untersuchen. Auch bei großen Anlagen ist das Wasser nach der Druckprobe bis zur Dampfbildung zu erwärmen.

Bei den Dampfheizungen ist der Kessel wiederholt auf den Druck zu bringen, bei dem der Sicherheitsapparat in Funktion tritt, bisweilen wird die ganze Anlage zwecks Untersuchung unter den doppelten Arbeitsdruck gesetzt.

b) Probeweise Inbetriebsetzung.

Gewöhnlich in Verbindung mit der Druckprobe findet die probeweise Inbetriebsetzung zum Nachweise der Betriebsfähigkeit der Anlage statt. Dabei wird das Wasser vorerst nur auf die in der Offerte für gleichmäßiges Zirkulieren garantierte Mindesttemperatur gebracht resp. bei Dampfheizung der vereinbarte Dampfdruck erzeugt, und ist dabei die gleichzeitige und gleichmäßige Erwärmung aller Heizflächen festzustellen. Werden einzelne Heizkörper zu schnell warm, so hat der Monteur die Voreinstellung der betreffenden Hähne resp. Ventile zu drosseln. Bleiben bei Warmwasserheizung tief gelegene Heizkörper zurück, so kann dem Übelstand bis zu einem gewissen Grade durch Drosseln der am selben Vertikalstrang höher oben gelegenen Heizkörper abgeholfen werden.

Bei gut berechneten und sorgfältig montierten Anlagen sind nicht viel derartige Regulierarbeiten nötig; es kommt aber auch vor, daß sich während der Montage Änderungen an der Leitungsführung als notwendig erweisen und dadurch gewisse Mehr- oder Minderwiderstände auftreten, die nachträglich durch Ausregulieren behoben resp. ins Gleichgewicht gebracht werden müssen.

Kleine Unterschiede in der Erwärmung der Heizkörper auszuregulieren hat keinen Zweck solange die Rohrleitungen nicht isoliert sind und das Gebäude ordnungsgemäß bewohnt wird.

6. Probeheizung bei Streitigkeiten zwischen Bauherr und Lieferant oder zwischen Mieter und Vermieter.

Die probeweise Inbetriebsetzung der Anlagen dient nur zum Nachweis des ordnungsgemäßen Arbeitens, nicht aber zur Feststellung der bedungenen Heizwirkung. Zeigt sich bei Benützung des Gebäudes, daß einzelne Räume nicht genügend warm werden, so ist vom Bauherrn innerhalb der Garantiefrist eine Probeheizung unter Leitung der ausführenden Firma, und event. Beiziehung eines Experten, zu verlangen.

Solche Probeheizungen können gewöhnlich nicht bei der vertraglich vereinbarten tiefsten Außentemperatur vorgenommen werden, da diese nur selten und gewöhnlich nicht dauernd auftritt. Es ist aber wenigstens eine möglichst kalte Periode abzuwarten und dann bei Warmwasserheizung mit der, der betreffenden Außentemperatur entsprechenden Vorlauftemperatur (s. Abschnitt I 3 a) zu heizen.

Bei Dampfheizung müssen Räume, die normalerweise auf $+20^0$C beheizt werden und deren Wärmeverluste in der Hauptsache durch die Außenwände bedingt sind, also nicht oder doch nur in geringem Maße durch Verluste nach kälteren Korridoren, Treppenhäusern usw., auf folgende Temperaturen gebracht werden können:

Zahlentafel 65.

Bei einer Außentemperatur von .	-20	-15	-10	-5	0	$+5$	$+10^0$ C
müssen erreichbar sein	$+20$	$+23$	$+26$	$+29$	$+32$	$+35$	$+38^0$ C

(Siehe Recknagel, Was muß der Architekt und Baumeister über Zentralheizung wissen?)

. Werden nicht alle Räume gleichzeitig unter maximaler Beanspruchung der vorhandenen Heizflächen geheizt oder sind die Innenwände des zu untersuchenden Raumes an der Wärmeabgabe erheblich beteiligt, so werden die angegebenen Temperaturen jedoch nicht entfernt erreicht, um so weniger, je dünner die Scheidewände sind.

Bei der Durchführung von Probeheizungen ist wichtig, daß das Haus vom Bauen her nicht mehr feucht ist. Keinesfalls lassen sich solche Untersuchungen während des Bauens, wenn die Mauern noch naß und die Handwerker anwesend sind, durchführen. Ferner muß Beharrungszustand herrschen, und ist die Probeheizung daher so lange auszudehnen, bis dieser erreicht ist. Bei lange unbeheizt gebliebenen oder nur wenig temperierten Räumen sind hierzu mindestens drei Tage erforderlich.

Über die Art, wie und wo die maßgebenden Raumtemperaturen zu messen sind, ist das Nötige unter Abschnitt VII 2 gesagt.

XVI. Besondere Bedingungen für die Ausführung von Zentralheizungen.

aufgestellt vom Schweiz. Ingenieur- und Architektenverein in Verbindung mit dem Verein Schweizerischer Zentralheizungs-Industrieller.

Art. 1. Vorbemerkung.

Für die Ausführung der Arbeiten gelten die nachstehenden Bedingungen und zu ihrer Ergänzung die »Allgemeinen Bedingungen für die Ausführung von Hochbauarbeiten« des Schweiz. Ingenieur- und Architekten-Vereins. Im Falle von Differenzen mit den Vertragsbestimmungen gelten die besonderen Vorschriften vor den allgemeineren.

Art. 2. Heizungsprojekte.

Der Unternehmer erhält von der Bauleitung als Grundlage für das Heizungsprojekt zwei Sätze Pläne, in denen die gewünschte Stellung der Heizkörper eingezeichnet ist, sowie die technischen Notizen über die Konstruktion des Baues und die Anforderungen an die Heizung. Die Offerten ortsansässiger Firmen sollen im allgemeinen franko Verwendungsstelle gerechnet sein. Es ist auswärtigen Bewerbern und in Fällen, wo die Zufahrtsverhältnisse nicht abgeklärt sind, allen Bewerbern gestattet, ihre Offerte ohne Transportkosten von der nächsten Bahnstation zur Baustelle einzugeben.

Dem Unternehmer bleibt das geistige Eigentumsrecht an seinen Projekten gewahrt.

Bei den zugrunde gelegten ungünstigsten Außenverhältnissen werden die vorgeschriebenen Raumtemperaturen nur bei gleichzeitiger Erwärmung der zu beheizenden Räume zugesichert. Sie werden in den einzelnen Räumen 1,5 m über Fußboden in der Mitte des Raumes oder in der Mitte einer Scheidewand gemessen unter genügendem Schutz gegen Einflüsse der Wärmestrahlung vorhandener Heizkörper. Sie sollen gleichmäßig erreicht werden, ohne Überanstrengung der Heizung, und zwar bei Wasserheizungen bei einer Wassertemperatur im Vorlauf des Kessels von nicht über 90° C, d. h. bei günstigeren Außentemperaturen mit entsprechend geringeren Heizwassertemperaturen. Bei Niederdruckdampfheizungen, soweit sie nicht Spezialzwecken dienen, darf die höchste Spannung während des Beharrungszustandes den in der Offerte angegebenen Druck nicht überschreiten.

In der Offerte sollen Angaben über die Größe der gesamten eingesetzten Heizfläche der Kessel, Radiatoren und Röhren, sowie über die eingesetzte Wärmeabgabe pro m² der Kessel, über das gewählte Temperaturgefälle zwischen Vor- und Rücklauf, und auch über die Mindesttemperatur, bei der die Anlage gleichmäßig zirkuliert, enthalten sein. Bei größeren Anlagen sind auf Wunsch der Bauleitung die kalorischen Berechnungen vorzulegen.

Bei der Ausarbeitung des Heizprojektes hat der Unternehmer auf gefällige Anordnung der Zu- und Ableitungen nach bester Möglichkeit Bedacht zu nehmen. Die Aufstellung der Heizkörper ist zweckmäßig vorzusehen, womöglich an den in den Plänen vorgesehenen Stellen. Dasselbe gilt auch für die Ventilationsöffnungen.

Der Unternehmer hat die Querschnittgrößen für die Kamine zu bestimmen. Er ist für die Richtigkeit seiner Angaben verantwortlich. Sind die Züge schon vorhanden, so hat er die Bauleitung auf allfällig unrichtige Dimensionierung und auf ungünstige Plazierung des Heizkessels aufmerksam zu machen.

Art. 3. Material.

Für sämtliche Arbeiten ist erstklassiges, fehlerfreies Material zu verwenden. Die Konstruktion des Heizkessels muß in jeder Beziehung eine solide, in ökonomischer und praktischer Hinsicht den üblichen Anforderungen vollauf entsprechende sein. Die Heizkessel sollen mit Thermometer bzw. Manometer und bei größeren Anlagen mit automatischer Zugregulierung versehen sein.

Art. 4. Ausführung.

Der Unternehmer verpflichtet sich, die ihm übertragene Anlage bis in alle Details einwandfrei zu erstellen, entsprechend den neuesten in der Praxis gemachten Erfahrungen unter möglichster Schonung der übrigen Bauarbeiten.

Kurz nach Vergebung der Arbeit hat der Unternehmer auf Verlangen der Bauleitung einen Satz Pläne zu übergeben, aus denen die nötigen Mauer- und Deckendurchbrüche und Schlitze ersichtlich sind. Die hiezu nötigen Pläne werden dem Unternehmer von der Bauleitung zur Verfügung gestellt. Vor Beginn der Montage hat der Unternehmer im Bau die Mauer- und Deckendurchbrüche anzuzeichnen. In Verbindung mit der Bauleitung sind gleichzeitig die Leitungsführungen nach den Montageplänen zu besprechen und auch die Kamine zu untersuchen, letzteres wenn nötig unter Beiziehung der zuständigen Behörde.

Es ist auf die Ausdehnung der Heizleitungen Rücksicht zu nehmen. Alle Rohrleitungen müssen bei Durchführungen durch Decken und Wände isoliert werden. Rohrverbindungen in Böden, Mauern usw. sind möglichst zu vermeiden. Rohrleitungen, die in Mauerschlitze verlegt werden, sind zu streichen und zu isolieren.

Alle nicht wärmeabgebenden und die der Gefahr des Einfrierens ausgesetzten Leitungen sind aufs beste zu isolieren. Wo isolierte Leitungen sichtbar bleiben, sind sie zu bandagieren und zu streichen. Allfällig nötiger Schutz von Leitungen gegen chemische Einwirkungen anderer Baumaterialien ist bauseitig zu besorgen.

Wasserheizungen sind so zu bauen, daß sie sich selbsttätig entlüften. Für Ausnahmen ist die Zustimmung der Bauleitung nötig.

Bei Dampfheizungen ist für möglichst geräuschlosen Gang, für vollständigen Abfluß des Kondenswassers und Entweichen der Luft aus Heizkörpern und Leitungen zu sorgen.

Die Regulierhähne und Ventile sind so anzuordnen, daß sie bequem bedient werden können.

Art. 5. Nebenleistungen.

Im Übernahmepreis sind folgende Nebenleistungen inbegriffen:

a) Die Abgabe des Heizungsprojektes in einfacher Ausfertigung und die Lieferung der für den Vertragsabschluß nötigen Kopien der Preiseingabe.

b) Die Transportkosten der Materialien franko Verwendungsstelle im Bau, sofern nichts anderes vereinbart ist.

c) Die Lieferung der nötigen Bedienungsgeräte in solider und zweckmäßiger Ausführung.

d) Der einmalige Grundanstrich der der Rostgefahr ausgesetzten Eisenteile in den Kellerräumen und der in Mauerschlitzen isolierten Leitungen, sowie der Heizkörper vor ihrer Lieferung.

e) Das einmalige Demontieren der Heizkörper behufs Erstellung anderer Bauarbeiten und das Wiedermontieren der Heizkörper, sowie das Wiederinbetriebsetzen der Anlage. Diese Arbeiten sollen ohne Unterbrechung durchgeführt werden können.

f) Die Vornahme der Probeheizung und der Probe auf Dichtigkeit.

g) Alle Nebenleistungen, die zur vollständigen, betriebsfertigen Erstellung der Anlage gehören, insbesondere die Reisespesen und Auslagen der Angestellten und Monteure, sofern solche nicht durch außergewöhnliche bauliche Verzögerungen entstehen.

Der Unternehmer ist nicht berechtigt, von sich aus andere im Bau auf Rechnung des Bauherrn beschäftigte Arbeiter zu irgendwelchen Hilfeleistungen bei der Montage in Anspruch zu nehmen.

h) Auf Verlangen gleichzeitig mit der Rechnungsstellung die Eintragung allfälliger Änderungen an der Anlage in die Vertragspläne.

Art. 6. Nicht einbedungene Leistungen.

Von Seite des Bauherrn werden geleistet:

a) Die baulichen Arbeiten, wie Ein- und Untermauerung der Heizkessel, Unterlagen für Heizkörper, Erstellung von Kaminen, Kanälen, gemauertem Kesselanschluß, Durchbrechungen von Böden und Wänden, Versetzen von Klappen, Gittern, Schiebern usw., sowie das Einmauern von Trägern, Konsolen, Rohrschellen oder sonstigen Befestigungen, inkl. Schlagen der dazu nötigen Löcher; ferner der Anstrich, soweit er nicht gemäß Art. 5, Lit. d vom Unternehmer zu besorgen ist. — Andere Abmachungen im Sinne der Vereinbarung vom 16. Juni 1923 zwischen den beiden Verbänden sind zulässig.

b) Die Wasserzuleitung zur Fülleinrichtung beim Kessel oder Expansionsgefäß.

c) Die mit der Durchführung von Art. 5e) verbundenen besonderen Reisekosten, inkl. Vergütung der Reisezeit, sowie allfällige Mehrarbeiten, die bei bauseitig veranlaßter Unterbrechung dieser Arbeit entstehen.

d) Die Einräumung eines verschließbaren, trockenen und hellen Raumes als Lager und Werkstätte. Der Bauherr haftet jedoch nicht für die Sicherheit der im Bau untergebrachten Materialien, Werkzeuge usw. Nach Vollendung der Montage ist der Raum sofort zu räumen und zu reinigen.

e) Die Lieferung von Brennmaterial, Wasser und elektrischer Energie für die Inbetriebsetzung der Heizung während der Probeheizung und den Isolierungsarbeiten.

f) Die Vergütung der Kosten allfällig nachträglich vom Besteller gewünschter Mehrarbeiten oder Änderungen der Anlage.

Art. 7. Lieferfristen.

Die Einhaltung der vorgesehenen Lieferfristen setzt voraus, daß der Stand der Bauarbeiten eine ungehinderte Montierung gestattet und daß das Gebäude mit Unterböden, guter Stockwerkverbindung und bei kalter Jahreszeit wenigstens mit provisorischen Fenstern und äußeren Türen versehen sei.

Art. 8. Dichtigkeitsprobe und Probeheizung.

Nach beendigter Montage, jedoch vor Isolierung der Leitungen und vor Zumauerung der Durchbrüche wird die Anlage einer Druckprobe unterstellt, wobei sich keine Undichtigkeiten zeigen dürfen. Bei Wasserheizungen genügt im allgemeinen die Probe bis zum beginnenden Überkochen. Große Warmwasserheizungsanlagen werden überdies dem in der Preiseingabe vereinbarten Drucke ausgesetzt. Der Unternehmer hat auf seine Kosten für den Anschluß der nötigen Kontrollapparate, sowie event. der Einrichtungen (Pumpe) zur Erzeugung des maßgebenden Druckes zu sorgen. Im allgemeinen genügt konstante Stellung des Zeigers am Manometer während der Dauer einer Stunde. — Bei Dampfheizungen wird der Kessel wiederholt auf einen Druck gespannt, bei dem der Standrohrapparat in Funktion tritt.

Vor der Übergabe findet eine probeweise Inbetriebsetzung zum Nachweise der Betriebsfähigkeit statt. Bei dieser Probe sind Wasserheizungen vom Anheizen weg vorerst nur bis zu der in der Preiseingabe für gleichmäßiges Zirkulieren garantierten Mindesttemperatur zu heizen und ist die gleichzeitige und gleichmäßige Erwärmung aller Heizflächen festzustellen. Nachher ist das Wasser bis zum Überkochen zu erwärmen. — Bei Dampfheizungen ist für die probeweise Inbetriebsetzung Dampf von der in der Preiseingabe angegebenen Normalspannung zu verwenden. — Lüftungsanlagen und Luftheizungen werden auf geräuschlosen Gang, genügende Luftmenge und Lufterwärmungsmöglichkeit, sowie sachgemäßen Luftaustritt in die Räume geprüft.

Probe und Untersuchung der fertigen Anlage hat im Beisein der Bauleitung zu geschehen.

Die probeweise Inbetriebsetzung der Anlage dient nur zur Feststellung des ordnungsmäßigen Arbeitens, nicht aber zum Nachweise der bedungenen Heizwirkung. Falls Zweifel bezüglich Erreichung der letzteren bestehen, kann innerhalb der Haftzeit von Seite des Bauherrn eine Probeheizung unter Leitung der ausführenden Firma, d. h. eine Beheizung der Räume auf die gewährleistete Temperatur bei möglichst niederer Außentemperatur verlangt werden.

Art. 9. Bedienungsvorschriften.

Der Unternehmer hat ein Reglement über die Bedienung und die ersten Maßnahmen beim Defektwerden der Heizung dem Bauherrn zu übergeben bzw. im Heizraum anzubringen. Ferner muß er das Bedienungspersonal des Bauherrn in die Bedienung der Anlage gründlich einführen, soweit dies vor der Übergabe möglich ist.

Die wichtigsten Absperr-, Entleerungs- und Füllhahnen sind im Bau mit deutlichen Aufschriften zu versehen.

Art. 10. Zahlungsbedingungen.

Die Übernahmssumme ist zahlbar:

50% sofort nach Ablieferung der Materialien.
40% während der Arbeit gemäß Art. 20 der Allgemeinen Bedingungen.
10% spätestens einen Monat nach Anerkennung der Abrechnung und Leistung einer allfällig vereinbarten Sicherheit. Die Prüfung der Rechnung hat in der Regel innerhalb Monatsfrist zu erfolgen. An bar geleistete Sicherheiten werden mit 5% verzinst.

Art. 11. Garantie.

Der Unternehmer leistet im Sinne des Art. 21 der »Allgemeinen Bedingungen« während zwei vollen Betriebsperioden Garantie für die richtige Funktion und die Leistungsfähigkeit der Anlage. Als volle Betriebsperiode gilt die Zeit vom 15. November bis 31. März

Für elektrische Apparate, Motoren, Hochdruckkessel, Pumpen, Ventilatoren und andere Maschinen beträgt die Garantiezeit ein Jahr.

Hierbei ist Voraussetzung: sachgemäßer Betrieb mit guten Brennmaterialien, gut schließende Fenster, Türen, Rolladenkasten, sowie eine ausreichende Luftzirkulation bei Heizkörperverkleidungen.

Art. 12. Taglohnarbeiten.

In den Stundenlöhnen ist die Miete und Reparatur der gewöhnlichen Werkzeuge inbegriffen.

XVII. Literaturverzeichnis.

1. Allgemeines.

Aufhäuser, Brennstoff und Verbrennung. Verlag des Vereins deutscher Inge-, nieure, Berlin NW 7.

M. Berlowitz und M. Hottinger, Abschnitte Lüftung und Heizung im Weyl-schen Handbuch der Hygiene. Verlag von Joh. Ambr. Barth, Leipzig.

A. Bugge und A. Kolflaath, Ergebnisse von Versuchen für den Bau warmer und billiger Wohnungen an den Versuchshäusern der Norwegischen Techni-schen Hochschule. Deutsche Übersetzung von H. Grote. Verlag von Julius Springer, Berlin.

E. Davin, Das Heizöl (Masut). Deutsche Bearbeitung von E. Brühl. Verlag von J. Springer, Berlin.

O. Frick, Handbuch der Steinkonstruktionen, einschließlich des Grundbaues und des Beton- und Eisenbetonbaues. Verlag von W. Geißler, Berlin.

Friedrich und Müller, Die Bauwirtschaft im Kleinwohnungsbau, kritische Be-trachtungen der neuzeitlichen Bauweisen. Verlag von Wilh. Ernst & Sohn, Berlin.

G. de Grahl, Wirtschaftliche Verwertung der Brennstoffe. Verlag von R. Olden-bourg, München.

Hauptstelle für Wärmewirtschaft, Hefte 1 bis 5 über »Sparsame Wärmewirt-schaft«; ferner: Die Wärmeverwertung im Haushalt. Verlag des Vereins deutscher Ingenieure.

O. Knoblauch, R. Schachner und K. Hencky, Untersuchungen über die wärme-wirtschaftliche Anlage, Ausgestaltung und Benutzung von Gebäuden. Verlag von Joh. Alb. Mahr, München.

H. Kreüger und A. Eriksson, Untersuchungen über das Wärmeisolierungs-vermögen von Baukonstruktionen. Aus dem Schweizerischen übersetzt von H. Frhr. Grote. Verlag von J. Springer, Berlin.

II. Lier, Wärmetechnische und wärmewirtschaftliche Grundzüge im Kleinwoh-nungsbau. Herausgegeben vom Schweiz. Verband zur Förderung des ge-meinnützigen Wohnungsbaues, Geschäftsstelle: Flössergasse Nr. 15, Zürich.

H. Muthesius, Wie baue ich mein Haus? Verlag von F. Bruckmann, A.-G., München.

Nedden, Wie spare ich Kohle? V. d. I.-Verlag, Berlin SW 19.

A. Nenning, Moderne Holzbauweisen, mit einem Anhang: Statische Berechnungen. Verlag Joh. Alb. Mahr, München.

J. Oelschläger, Der Wärmeingenieur. Verlag von O. Spamer, Leipzig.

H. Recknagel, Was muß der Architekt und Baumeister über Zentralheizungen wissen? Verlag von R. Oldenbourg, München.

W. Scholtz, Wärmewirtschaft im Siedelungsbau. Verlag von Alb. Lüdtke, Berlin.

W. Schüle, Leitfaden der technischen Wärmemechanik. Verlag von J. Springer, Berlin.

Schweiz. Technikerverband, Die Kohlenoxydgefahren, ihre Entstehung und Bekämpfung. Brennstoffe und ihre rationelle Verwertung. Verlag von Aug. Wild, Stampfenbachstraße, Zürich.

H. Spitznas, Die Heizerausbildung. Verlag von R. Oldenbourg, München.

2. Betreffend Hygiene.

Esmarch, Hygienisches Taschenbuch für Medizinal- und Verwaltungsbeamte, Ärzte, Techniker und Schulmänner. Verlag von J. Springer, Berlin.

Flügge, Grundriß der Hygiene. Verlag von Walter de Gruyter & Co., Leipzig.

Nußbaum, Leitfaden der Hygiene für Techniker und Verwaltungsbeamte. Verlag von R. Oldenbourg, München.

K. Praußnitz, Atlas und Grundriß der Hygiene. Verlag von Lehmann, München.

Selter, Grundriß der Hygiene. Verlag von Steinkopff, Dresden.

Weyl, Handbuch der Hygiene. Verlag Joh. Ambr. Barth, Leipzig.

3. Betreffend Wärmeübergang, Wärmedurchgang und Wärmeschutz.

Andersen, Hilfsbuch für Wärme- und Kälteschutz. Verlag von Julius Springer, Berlin.

G. Dieterich, Tabellen zur Ermittelung der stündlichen Wärmeverluste. Verlag von R. Oldenbourg, München.

H. Gröber, Grundgesetze der Wärmeleitung und des Wärmeüberganges. Verlag von J. Springer, Berlin.

Hausbrand, Verdampfen, Kondensieren und Kühlen. Verlag von J. Springer, Berlin.

Hauptstelle für Wärmewirtschaft (s. unter 1. Allgemeines).

K. Hencky, Die Wärmeverluste durch ebene Wände. Verlag von R. Oldenbourg, München.

E. Heinrich und R. Stückle, Wärmeübergang von Öl an Wasser. V. d. I.-Verlag, Berlin SW 19.

W. Jürges, Der Wärmeübergang an einer ebenen Wand, Beiheft Nr. 19 zum Ges.-Ing. 1924. Verlag von R. Oldenbourg, München.

Ph. Michel, Wärme- und Kälteschutz. Bibliothek der gesamten Technik. Verlag M. Jänecke, Hannover.

Mitteilungen aus dem Forschungsheim für Wärmeschutz, München. Selbstverlag des Forschungsheims.

H. Reiher, Wärmeübergang von strömender Luft an Rohre und Röhrenbündel im Kreuzstrom. V. d. I.-Verlag, Berlin SW 19.

A. Schack und K. Rummel, Die Anwendung der Gesetze des Wärmeüberganges und der Wärmestrahlung auf die Praxis. Mitteilung des Fachausschusses des Vereins deutscher Eisenhüttenleute. Verlag von Stahleisen m. b. H., Düsseldorf.

ten Bosch, Die Wärmeübertragung. Verlag von Julius Springer, Berlin.

E. Warburg, Über Wärmeleitung und andere ausgleichende Vorgänge.

Eine große Zahl von Arbeiten betr. Wärmeüber- und Wärmedurchgang, z. B. von Cammerer, Classen, Eberle, Gröber, Mollier, Nusselt, van Rinsum, Schmidt, Sonnecken, Wamsler usw. sind in Zeitschriften, als Dissertationen, Forschungsarbeiten usw. erschienen.

4. Betreffend Kamine.

Die wärmewirtschaftlichen Anforderungen an den Bau der Hauskamine, bearbeitet von der Technischen Organisation des bayerischen Kaminkehrergewerbes, herausgegeben von der Bayerischen Landeskohlenstelle, München.

Feuer- und baupolizeiliche Verordnungen.

5. Betreffend Öfen.

Beihefte zum Gesundheitsingenieur (Verlag von R. Oldenbourg, München):

K. Brabbée, Beitrag zur Brennstoffwirtschaft im Haushalt.

K. Brabbée, Verfahren zur Untersuchung von Kachelöfen.

K. Brabbée, Zwei Gutachten betr. die Untersuchung von Vollkachelöfen.

Brandstäter, Verfahren zur Untersuchung eiserner Dauerbrandöfen.

Fudickar, Untersuchungen an Kachelöfen.

Drei Untersuchungen über Barlach-Feuerungen.

H. B o n i n , Über Heizleistung und Wirkungsgrad von eisernen Öfen. Herausgegeben
von der Vereinigung deutscher Eisenofen-Fabrikanten.
Hauptstelle für Wärmewirtschaft, Die Wärmeverwertung im Haushalt, Ent-
wurf eines gemeinverständlichen Vortrages. Verlag des Vereins deutscher
Ingenieure, Berlin.
Heiztechnische Kommission des Schweiz. Hafnergewerbes:
D̦er Kachelofen im Kleinwohnungsbau.
Der Wärmebedarf der Räume, eine Anleitung zum Berechnen der Ofen-
größen.
Ofenkonstruktionszeichnungen.
Heiztechnische Landeskommission für das Hafnergewerbe, München:
Heiz- und Kochanlagen für Kleinhäuser, eine Sammlung ausgewählter Kon-
struktionen.
Kachelöfen und Kachelherde in Bayern. 18 Konstruktionstypen.
Beide herausgegeben von der Bayerischen Landeskohlenstelle, München.
Grundsätze für Kachelofen- und Herdbau (Mindestleistungen). In Ausführung von
Generalversammlungsbeschlüssen des deutschen Ofensetzergewerbes. Ge-
druckt bei Alb. Lüdtke, Berlin.
J. R i e d l , Feuerungs- und Heizungstechnik für Kachelofensetzer. Verlag von Alb.
Lüdtke, Berlin.
W. S c h o l t z , Wärmewirtschaft im Siedelungsbau. Verlag von Alb. Lüdtke, Berlin.
O. F. V e t t e r , Heiztechnische und hygienische Untersuchungen an Einzelöfen und
Kleinwohnungen. Buchdruckerei H. Rütschi, Zürich 6.
W i e r z und B r a n d s t ä t e r , Der eiserne Zimmerofen. Herausgegeben von der wärme-
technischen Abteilung der Vereinigung deutscher Eisenofenfabrikanten.
Verlag von R. Oldenbourg, München.

6. Betreffend Zentralheizungs- und Lüftungsanlagen.

P. A l t e n d o r f , Die Konten- und Kalkulationseinrichtung einer Zentralheizungs-
fabrik.
Berichte über die Kongresse für Heizung und Lüftung. Erschienen bei
R. Oldenbourg, München.
M. B e r l o w i t z , Häusliche und gewerbliche Lüftungen. Verlag Carl Marhold,
Halle a. d. S.
K. B r a b b é e , H. Rietschels Leitfaden der Heiz- und Lüftungstechnik. Verlag
von J. Springer, Berlin.
K. B r a b b é e , Rohrnetzberechnungen in der Heiz- und Lüftungstechnik. Verlag
von J. Springer, Berlin.
L. D i e t z , Lehrbuch der Lüftungs- und Heizungstechnik, mit Einschluß der wich-
tigsten Untersuchungsverfahren. Verlag von R. Oldenbourg, München.
O. G i n s b e r g , Heizungsmontage, ein Handbuch für die Praxis. Verlag von R.
Oldenbourg, München.
O. G i n s b e r g , Zur Frage der generellen Regelung bei Niederdruckdampfheizungen.
Verlag von Carl Marhold, Halle a. d. S.
O. G i n s b e r g , Recknagels Hilfstabellen zur Berechnung von Warmwasserheizungen.
Verlag von R. Oldenbourg, München.
O. G i n s b e r g , Kalender für Gesundheits- und Wärmetechnik. Verlag von R. Ol-
denbourg, München.
G. de G r a h l , Wirtschaftlichkeit der Zentralheizung.
A. G r a m b e r g , Heizung und Lüftung von Gebäuden.
E. G r o n w a l d , Zentrifugal-Ventilatoren. Verlag von J. Springer, Berlin.
C. G u i l l e r y , Heizung und Lüftung von Bahnhofshochbauten.
K. H a r t m a n n , Reinhaltung der Luft in Arbeitsräumen.

V. Hüttig, Heizungs- und Lüftungsanlagen in Fabriken.

A. Izar, Moderni Sistemi di Riscaldamento e Ventilazione, Milano.

O. Kallenberg, Der praktische Heizungs- und Lüftungsinstallateur.

H. J. Klinger, neu bearbeitet von P. Pakusa und J. Ritter, Die Wohnungs-Warmwasserheizung (Etagenheizung). Verlag von Carl Marhold, Halle a. d. S.

O. Krell, Altrömische Heizungen. Verlag von R. Oldenbourg, München.

A. Marx, Heizung und Lüftung in bezug auf die Feuersicherheit der ·Theater. Verlag von F. Leinenweber, Leipzig.

J. E. Mayer, Zentralheizungs- und Lüftungsanlagen unter Berücksichtigung der Fernheizung.

J. E. Mayer, Lokal- oder Zentralheizung im modernen Wohnhaus. Freiburger Verlagsanstalt, Freiburg (Baden).

J. E. Mayer, Lüftungs- und Heizungsanlagen.

J. E. Mayer, Wie heizen wir unsere Kirchen? Freiburger Verlagsanstalt, Freiburg (Baden).

J. E. Mayer, Moderne Stallüftung. Verlag Paul Parey, Berlin.

K. Meier, Mechanics of Heating and Ventilating. Mc. Graw-Hill Book Co., New York and London.

Mitteilungen der Prüfungsanstalt für Heizungs- und Lüftungseinrichtungen. Verlag R. Oldenbourg, München.

O. Neumann, Handbuch der gesamten Dampfwäscherei für Textilstoffe. Verlag von Carl Marhold, Halle a. d. S.

A. K. Ohms, Heizungs-, Lüftungs- und Dampfkraftanlagen in den Vereinigten Staaten von Amerika. Verlag von R. Oldenbourg, München.

A. Oslender, Fernheizungen mit zahlreichen beigefügten Abbildungen und Berechnungstabellen.

Alex. Paul, Moderne Heizungsanlagen. Verlag von M. Hittenkofer, Strelitz in Mecklenburg.

II. Recknagel, Was muß der Architekt und Baumeister über Zentralheizungen wissen? Verlag von R. Oldenbourg, München.

J. Ritter, H. J. Klingers Kalender für Heizungs-, Lüftungs- und Badetechniker. Verlag Carl Marhold, Halle a. S.

E. Ritt, Berechnung der Rohrleitungen bei Niederdruckdampfheizungen. Selbstverlag des Verfassers, Straßburg-Neudorf.

M. Rothfeld, Lüftung und Heizung im Schulgebäude. Verlag von J. Springer, Berlin.

A. Rundzieher, L'état actuel de la question de la ventilation et du chauffage au point de vue théoretique et practique. Imprimerie K. J. Wyss, Berne.

P. Saupe, Unsere Zentralheizungen. Preisschrift veröffentlicht vom Verband Deutscher Zentralheizungs-Industrieller. Verlag von R. Oldenbourg, München.

J. Schmitz, Bestimmung der Rohrweiten von Dampfleitungen, insbesondere von Niederdruck- und Unterdruck-Dampfleitungen. Verlag von R. Oldenbourg, München.

B. Schramm, Taschenbuch f. Heizungsmonteure. Verlag von R. Oldenbourg, München.

E. Schulz; Neuere Entstaubungs-, Lüftungs- und Heizungsanlagen in der Textilindustrie.

H. v. Seiller, Die Zentralheizung.

R. Uber, Zentralheizungs- und Lüftungsanlagen in preußischen Staatsgebäuden. Verlag von ·Wilh. Ernst und Sohn, Berlin.

R. Uber, Bau- und Betriebstechnisches für Zentralheizungen in preußischen Staatsgebäuden. Verlag von Wilh. Ernst und Sohn, Berlin.

Uber, Kirchenheizungen. Verlag von Wilhelm Ernst und Sohn, Berlin.

H. Vetter, Zur Geschichte der Zentralheizungen bis zum Übergang in die Neuzeit. Beiträge zur Geschichte der Technik und Industrie, 3. Band 1911. Verlag von J. Springer, Berlin.

F. R. Vogel, Einrichtungen für Koch- und Wärmezwecke (Im Handbuch der Architektur).

O. Wieprecht, neu bearbeitet von J. Ritter, Entwerfen und Berechnen von Heizungs- und Lüftungsanlagen. Verlag von Carl Marhold, Halle a. d. S.

E. Wiesmann, Die Ventilatoren. Berechnung, Entwurf und Anwendung. Verlag von J. Springer, Berlin.

7. Betreffend Abwärmeverwertung zu Heizzwecke.

M. Gerbel, Kraft- und Wärmewirtschaft in der Industrie (Abfall-Energie-verwertung). Verlag von J. Springer, Berlin.

M. Hottinger, Abwärmeverwertung zu Heiz-, Trocken-, Warmwasserbereitungs- und ähnlichen Zwecken. Verlag von Julius Springer, Berlin.

E. Josse, Neuere Kraftanlagen, eine technische und wirtschaftliche Studie. Verlag von R. Oldenbourg, München.

L. Litinsky, Trockene Kokskühlung mit Verwertung der Koksglut. Verlag von Otto Spamer, Leipzig.

E. Reutlinger, Die Zwischendampfverwertung in Entwicklung, Theorie und Wirtschaftlichkeit. Verlag von J. Springer, Berlin.

L. Schneider, Die Abwärmeverwertung im Kraftmaschinenbetrieb mit besonderer Berücksichtigung der Zwischen- und Abdampfverwertung zu Heizzwecken. Verlag von J. Springer, Berlin.

H. Tilly, Über die Rentabilität von Zentralheizungen, unter besonderer Berücksichtigung der Abdampfausnützung und der Wirtschaftlichkeit der in diesem Zusammenhange arbeitenden Elektrizitätswerke von Heilanstalten. Verlag von R. Oldenbourg, München.

K. Urban, Ermitelung der billigsten Betriebskraft für Fabriken. Verlag von J. Springer, Berlin.

8. Betreffend elektrische Heizung.

W. Heepke, Die elektrische Raumheizung. Verlag von C. Marhold, Halle a. d. S.

M. Hottinger und A. Imhof, Elektrische Raumheizung. Fachschriftenverlag und Buchdruckerei-A.-G., Zürich.

9. Betreffend Warmwasserbereitungs- und -Versorgungsanlagen.

W. Heepke, Die Warmwasserbereitungs- und Warmwasserversorgungsanlagen. Verlag von R. Oldenbourg, München.

H. Roose, Warmwasserbereitungsanlagen und Badeeinrichtungen. Verlag von R. Oldenbourg, München.

C. Wolff, Öffentliche Bade- und Schwimmanstalten. Sammlung Göschen, Verlag G. J. Göschen, Leipzig.

10. Betreffend Trockenanlagen.

E. Hausbrand, Das Trocknen mit Luft und Dampf. Verlag von J. Springer, Berlin.

E. Hausbrand, Das Trocknen. Zeitschrift des Vereins deutscher Ingenieure, 13. August 1921 u. f.

E. Höhn, Das Dörren von Obst und Gemüse in der Industrie, verfaßt im Auftrag der Warenabteilung des Schweiz. Volkswirtschaftsdepartements, Bern. Verlag von E. Wirz, vormals J. J. Christen, Aarau.

O. Marr, Das Trocknen und die Trockner. Technische Handbibliothek Bd. 14, Verlag von R. Oldenbourg, München.

K. Reyscher, Die Lehre vom Trocknen in graphischer Darstellung. Verlag von
J. Springer.

W. Schule, Theorie der Heißlufttrockner. Verlag von J. Springer, Berlin.

11. Behördliche Verordnungen, Bedingungen und Regeln von Vereinen, Verbänden usw.

Anweisung zur Herstellung und Unterhaltung von Zentralheizungs-
und Lüftungsanlagen. Verlag von Wilh. Ernst und Sohn, Berlin.

Baudepartement der Stadt Basel:
Allgemeine Bedingungen und Berechnungsnormen für die Lieferung von
Zentralheizungen, Bade- und Lüftungsanlagen.
Allgemeine Vorschriften über die Bedienung von Zentralheizungen in den
Staatsgebäuden des Kantons Basel-Stadt.

Feuer- und baupolizeiliche Verordnungen.

Österreichischer Ingenieur- und Architekten-Verein, Vorschriften über
die Projektierung und Vergebung, sowie den Bau und Betrieb von Zentral-
heizungs- und Lüftungsanlagen. Selbstverlag des Verbandes.

K. Schmidt, Erlasse und Entscheidungen der deutschen Bundesstaaten betr.
Sicherung von Warmwasserheizungsanlagen.

Schweiz. Ingenieur- und Architektenverein:
Besondere Bedingungen für die Ausführung von Zentralheizungen, Formular
Nr. 118.
Allgemeine Bedingungen für die Ausführung von Hochbauarbeiten, Formular
Nr. 135.
Bedingungen für die Lieferung und Einrichtung von sanitären Anlagen,
Formular Nr. 132.

Verband der Zentralheizungs-Industrie e. V., Berlin W 9, Linkstraße 29,
Regeln für die Berechnung der Wärmeverluste und Heizkörpergrößen von
Warmwasser- und Niederdruckdampf-Heizungsanlagen und Hinweise. Selbst-
verlag des Verbandes.

11. Zeitschriften.

Archiv für Wärmewirtschaft. Verlag des Vereins deutscher Ingenieure, Berlin.

Beihefte zum Gesundheits-Ingenieur. Berichte von Heiztechnischen Ta-
gungen.

Chauffage et Industries Sanitaires, Paris.

Der Ofenbau, technisch-wirtschaftliche Rundschau für alle Gebiete der Ofen-
industrie, herausgegeben vom Schweiz. Hafnermeisterverband. Publikations-
organ der Heiztechnischen Kommission des Schweiz. Hafnergewerbes.

Die Feuerung. Zeitschrift für wirtschaftliche Wärmeerzeugung, Schriftleitung
A. Pradel.

Forschungsarbeiten.

Gesundheitsingenieur, Zeitschrift für die gesamte Städtehygiene. Verlag von
R. Oldenbourg, München.

Habilitationsarbeiten.

Haustechnische Rundschau, Zeitschrift für Haus- und Gemeindetechnik.
Verlag von Carl Marhold, Halle a. d. S.

Heizung und Feuerung. Belehrungs- und Beratungsblatt für Hausbrand
und Zentralheizungen. Herausg. Rud. Lenz. Schriftleitung H. Löffler.
Hägeli gasse 7, Wien XIII.

Mitteilungen aus dem Forschungsheim für Wärmeschutz, München.

Mitteilungen der Prüfungsanstalt für Heizungs- und Lüftungseinrichtungen. Verlag von R. Oldenbourg, München.

Mitteilungen der Wärmetechnischen Abteilung im Verbande der Zentralheizungs-Industrie e. V., Berlin W 9, Linkstraße 29.
Rivista di Ingegneria Sanitaria, Torino.
Schriften über sparsame Wärmewirtschaft. Verlag des Vereins deutscher Ingenieure, Berlin NW 7.
Wärmetechnik. Zeitschrift für neuzeitliche rationelle Wärmewirtschaft. Schriftleitung H. Wündrich, Meißen (Sachsen).
The Heating and Ventilating Magazine, New York.
Zeitschrift des Vereins deutscher Ingenieure, Berlin.
Zeitschrift des Bayerischen Revisionsvereins, München.
Zeitschrift für die gesamte Kälteindustrie, München.
Zeitschrift des Vereins Österreichischer Gesundheitstechniker, Wien, usw.

Sachverzeichnis.

FACHLITERATUR

Allgemeines

Bericht über den XI. Kongreß für Heizung und Lüftung. 17. bis 20. Sept. 1924 in Berlin. 420 S., 204 Abb., 2 Tafeln. 8⁰. 1925. Brosch. M 10.—

Beitrag zur Brennstoffwirtschaft im Haushalt. »Münchner und Charlottenburger Verfahren« zur Bestimmung des Wärmebedarfs von Bauweisen. Von **K. Brabbée.** 51 S. 57 Abb. 1920. Brosch. M. 3.—
Beihefte zum »Gesundheits-Ingenieur«, Heft 13.

Tabellen zur Ermittlung der stündlichen Wärmeverluste. Von **Gust. Dieterich.** 95 S. Tab. 4⁰. 1913. Geb. M. 18.—

Die Wärmeverluste durch ebene Wände. Von **Karl Hencky.** 132 S. 25 Abb. gr. 8⁰. 1921. Brosch. M. 4.—; geb. M. 5.80

Lehrbuch der Lüftungs- und Heizungstechnik. Mit Einschluß der wichtigsten Untersuchungsverfahren. Von **Dipl.-Ing. Dr. L. Dietz.** 2. umgearbeitete und vermehrte Auflage. 710 S. 337 Abb. 12 Tafeln. 8⁰. 1920. Brosch. M. 14.—; geb. M. 15.20

Die technischen Anlagen im Städt. Volksbad Nürnberg (Dreihallen-Schwimmbad). Beschreibung der Einrichtungen, Betriebsergebnisse. Von **Dipl.-Ing. Dr. L. Dietz.** 98 S. 32 Abb., 5 Tafeln. 8⁰. 1918. Brosch. M. 3.—

Der Betrieb von Generatoröfen. Von **R. Geipert.** 2. Aufl. 109 S. 8⁰. 1921. Brosch. M. 3.—, geb. M. 4.20

Die Heizungsmontage. Ein Handbuch für die Praxis. Von **Ing. Otto Ginsberg.** Teil I: Material und Werkzeuge. 200 S. 210 Abb., 7 Tafeln. kl. 8⁰. 1923. Kart. M. 4.30
Teil II erscheint im Frühjahr 1926.

Der Wärmeübergang an einer ebenen Wand. Von **Jürges.** 52 S., 27 Abb. Lex. 8⁰. 1924. Brosch. M. 3.60
Beihefte zum »Gesundheits-Ingenieur«, Heft 19.

Tabellen und Diagramme für Wasserdampf, berechnet aus der spezifischen Wärme. Von **Prof. Dr. O. Knoblauch.** Dipl.-Ing. **E. Raisch** und **H. Hausen.** 32 S. 4 Abb., 3 Diagrammtafeln. Lex. 8⁰. 1923. Brosch. M. 2.40
Sonderausgaben der Diagramme. Ausgabe A enthaltend: Je ein i, s- und i, p-Diagramm. Ausgabe B enthaltend: Zwei i, s-Diagramme. Preis der Ausgaben (2 Tafeln) in Streifband je M. 1.10.
Partiepreise: 10 Exemplare der Ausgaben A oder B je M. —.85. 25 Exemplare der Ausgaben A oder B je M. —.80. 50 Exemplare der Ausgaben A oder B je M. —.75. Diese Ausgaben werden auch gemischt abgegeben.

Reduktionstabelle für Heizwert und Volumen von Gasen. Von **K. Ludwig.** 2. Aufl. 16 S. Lex. 8⁰. 1925. Kart. M. 1.50

Der Wärmefluß in einer Schmelzofenanlage für Tafelglas. Eine wärmetechnische Untersuchung nach durchgeführten Messungen im Betrieb von **Dr.-Ing. H. Maurach.** 106 Seiten, 28 Abb., 1 Tafel. gr. 8⁰. 1923. Brosch. M. 5.—

Feuerungstechnische Rechentafel. Von **Dipl.-Ing. Rud. Michel.** 4. Aufl. 1 Tafel mit 6 Seiten Erläuterung, 4⁰. 1925. M. 2.70

Wärmetechnische Berechnung der Feuerungs- und Dampfkesselanlagen. Taschenbuch mit den wichtigsten Grundlagen, Formeln, Erfahrungswerten und Erläuterungen für Bureau, Betrieb und Studium. Von **Ing. Friedr. Nuber.** 3. Aufl. im Druck.

Taschenbuch für Heizungsmonteure. Von **Baurat Bruno Schramm.** 7. Aufl. 170 S. 122 Abb., 8 Tafeln. kl. 8⁰. 1921. Kart. M. 3.20

Gesundheitstechnik im Hausbau. Von R. Schachner. Erscheint im Frühjahr 1926.

Die Heizerausbildung. Von H. Spitznas. 2. Aufl. 271 S. 59 Abb. gr. 8⁰. 1924.   Brosch. M. 5.—; geb. M. 6.—

Wärme und Wärmewirtschaft der Kraft- und Feuerungsanlagen mit besonderer Berücksichtigung der Eisen-, Papier- und chem. Industrie. Von W. Tafel. 376 S. 123 Abb. gr. 8⁰. 1924.
Brosch. M. 9.50, geb. M. 11.—

Die praktischen und wirtschaftlichen Grundlagen der Wärmeverlust-Berechnung in der Heizungstechnik. Von Wierz. 26 S. Lex. 8⁰. 1922.   Brosch. M. 1.50
Beihefte zum »Gesundheits-Ingenieur«, Heft 15.

Temperaturmessung

Elektrische Temperaturmeßgeräte. Von G. Keinath. 284 S. 219 Abb. gr. 8⁰. 1923.   Brosch. M. 10.80, geb. M. 12.30

Anleitung zu genauen technischen Temperaturmessungen mit Flüssigkeits- und elektrischen Thermometern. Von Prof. Dr. O. Knoblauch und Dr.-Ing. K. Hencky. 2. Aufl. erscheint im Frühjahr 1926.

Dampfheizung

Untersuchungen an Regelvorrichtungen für Dampf- und Wasserheizkörper. Von Ambrosius. 80 S. 116 Abb. und 38 Zahlentafeln. Lex. 8⁰. 1918.   Brosch. M. 7.50
Beihefte des »Gesundheits-Ingenieur«, Heft 11.

Über Druckverhältnisse in Niederdruckdampfheizungen. Von Frenckel. — **Verfahren zur Untersuchung von Kachelöfen.** Von K. Brabbée. 49 S. 27 Abb. und 19 Zahlentafeln. Lex. 8⁰. 1921.   Brosch. M. 4.—
Beihefte des »Gesundheits-Ingenieur«. Heft 14.

Untersuchungen über Luftumwälzungsverfahren bei Niederdruckdampfheizungen. Von Werner. 52 S. 24 Abb. Lex. 8⁰. 1914.   Brosch. M. 3.—
Beihefte des »Gesundheits-Ingenieur«, Heft 5.

Warmwasserheizung

Reibungs- und Einzelwiderstände in Warmwasserheizungen. 52 S. 104 Abb., 20 Tafeln. Lex. 8⁰. 1913.   Brosch M. 8.—
Beihefte des »Gesundheits-Ingenieur«, Heft 1.

Beitrag zur Frage der Heizwirkung von Radiatoren. Zwei Gutachten betr. die Untersuchung von Vollkachelöfen. Von K. Brabbée. 22 S. 17 Abb. Lex. 8⁰. 1922. Brosch. M. 1.50
Beihefte zum »Gesundheits-Ingenieur«, Heft 18.

Sicherheitsvorrichtungen für Warmwasserkessel. 25 S. Lex. 8⁰. 1914.   Brosch. M. 2.—
Beihefte des »Gesundheits-Ingenieur«, Heft 6.

Versuche mit Sicherheitsvorrichtungen für Warmwasserkessel. 19 S. Lex. 8⁰. 1915.   Brosch. M. 2.20
Beihefte des »Gesundheits-Ingenieur«, Heft 8.

Hermann Recknagels Hilfstabellen zur Berechnung von Warmwasserheizungen. Herausgegeben von Dipl.-Ing. Otto Ginsberg. 4. verm. und verb. Aufl. 55 Tabellen in Fol. 1922.
Brosch. M. 3.50

Die **Warmwasserbereitungs- und Versorgungsanlagen.** Ein Hand- und Lesebuch für Ingenieure, Architekten und Studierende. Von Gewerbe-Studienrat **Wilhelm Heepke.** 2. Aufl. 723 S. 411 Abb. 8⁰. 1921. Brosch. M. 14.—; geb. M. 15.20

Erlasse und Entscheidungen der deutschen Bundesstaaten, betr. Sicherung von Warmwasser-Heizungsanlagen nebst Ausführungsformen. Von **Karl Schmidt.** 48 S. 18 Abb. 8⁰. 1917. Brosch. M. —.80; geb. M. 2.—

Öfen

Verfahren zur Untersuchung von Kachelöfen. Von **K. Brabbée.** Siehe unter »Dampfheizung«.

Verfahren zur Untersuchung eiserner Dauerbrandöfen. Von **Brandstäter.** 21 S. Lex. 8⁰. 1922. Brosch. M. 1.50
Beihefte zum »Gesundheits-Ingenieur«, Heft 16.

Untersuchungen an Kachelöfen. Von **Fudiekar.** 93 S. 21 Zahlentafeln. Lex. 8⁰. 1917. Brosch. M. 7.20
Beihefte des »Gesundheits-Ingenieur«, Heft 10.

Der eiserne Zimmerofen. Herausgegeben von der Wärmetechnischen Abteilung der Vereinigung deutscher Eisenofenfabrikanten. Bearbeitet von **Wierz** und **Brandstäter.** 120 S. 56 Abb. 8⁰. 1923. Brosch. M. 1.90

Drei Untersuchungen über Barlach-Feuerungen. 44 S. Lex. 8⁰. 1922. Brosch. M. 3.20
Beihefte zum »Gesundheits-Ingenieur«, Heft 17.

S. a. bei **Dampfheizung** unter Brabbée (Verfahren)

Zeitschriften — Kalender

Das Gas- und Wasserfach (Journal für Gasbeleuchtung und Wasserversorgung). Wochenschrift des Deutschen Vereins von Gas- und Wasserfachmännern, der Zentrale für Gasverwertung, der Gasverbrauch G. m. b. H., der Wirtsch. Vereinigung deutscher Gaswerke, Gaskokssyndikat A.-G. Schriftleitung Prof. Dr. **K. Bunte** u. **K. Lempelius.** 69. Jahrg. 1926. Erscheint wöchentlich. Bezugspreis viertelj. M. 5.—.

Gesundheits-Ingenieur. Zeitschrift für die gesamte Städtehygiene Organ der Versuchsanstalt für Heiz- und Lüftungswesen der Techn. Hochschule Berlin, des Verbandes der Zentralheizungs-Industrie e. V., der Vereinigung behördl. Ingenieure des Maschinen- und Heizungswesens und des Vereins Deutscher Heizungsingenieure. Herausgegeben von Prof. Dr. **R. Abel,** Geh. Regierungsrat **E. v. Böhmer,** Direktor **G. Dietrich.** 49. Jahrgang 1926. Erscheint wöchentlich. Bezugspreis viertelj. M. 4.—.

Hermann Recknagels Kalender für Gesundheits- u. Wärmetechnik. Taschenbuch für die Anlage von Lüftungs-, Zentralheizungs- und Badeeinrichtungen. Herausgegeben von Dipl.-Ing. **Otto Ginsberg.** 24. Jahrg. 1926 vergriffen. Jahrgang 1927 erscheint im November 1926.

»Recknagels Kalender wird seine führende Stellung auch in diesem Jahre behaupten.« »Wasser und Gas.«

R. OLDENBOURG, MÜNCHEN UND BERLIN

www.ingramcontent.com/pod-product-compliance
Lightning Source LLC
Chambersburg PA
CBHW031434180326
41458CB00002B/543